数学·统计学系列

［波］谢尔品斯基（Sierpinski） 著

余应龙 译

质数漫谈

On Prime Number

哈尔滨工业大学出版社

HARBIN INSTITUTE OF TECHNOLOGY PRESS

内 容 简 介

杰出的波兰数学家瓦茨拉夫·谢尔品斯基在这本书中收集了广大读者能接受的,关于质数理论的最重要的、有趣的结论.并且对一些尚未解决的问题提出了许多指示.

定理的证明只是在初等的,并且不十分复杂的情况下给出的.给读者提供大量的信息是本书的主要写作特征.此外,读者在本书中可以找到大量的可作为数学课外小组的材料.本书适用于爱好数学的中学高年级的学生,以及大学生和教师进行研读.

图书在版编目(CIP)数据

质数漫谈/(波)谢尔品斯基著;余应龙译. —哈尔滨:哈尔滨工业大学出版社,2022.7
ISBN 978 - 7 - 5603 - 9586 - 9

Ⅰ.①质…　Ⅱ.①谢…②余…　Ⅲ.①质数—研究
Ⅳ.①O122

中国版本图书馆 CIP 数据核字(2021)第 139402 号

策划编辑　刘培杰　张永芹
责任编辑　关虹玲　张　佳
封面设计　孙茵艾
出版发行　哈尔滨工业大学出版社
社　　址　哈尔滨市南岗区复华四道街 10 号　邮编 150006
传　　真　0451 - 86414749
网　　址　http://hitpress.hit.edu.cn
印　　刷　哈尔滨市石桥印务有限公司
开　　本　787 mm×1 092 mm　1/16　印张 13　字数 208 千字
版　　次　2022 年 7 月第 1 版　2022 年 7 月第 1 次印刷
书　　号　ISBN 978 - 7 - 5603 - 9586 - 9
定　　价　68.00 元

本书的目的是以最通俗的形式介绍我们已经知道的和尚未知道的关于质数的一些信息. 我们在初等算术中遇到过质数, 而且质数在数学的其他领域中, 尤其是在数论和代数中起着重要的作用.

公允地说, 数学被认为是演绎的科学. 但是对于演绎法, 或者说对于非所谓的完全演绎在数学中所起的作用不容小觑, 这是在大量观察的基础上, 由此推出预想中的一般定理的演绎. 这一点特别与质数的学习有关, 在学习过程中用这一方法揭示了许多重要的定理, 只不过发现这些定理的证明迟了些. 但是这种方法通常也会导致一些错误的假设. 现

在知道很多这样的假设, 在很多特殊的情况下验证了这些假设, 但是至今还是不知道这些假设是否正确. 关于这一点, 本书中将会谈起.

本书并不是质数理论的教科书; 本书的特色是提供一些基本的信息. 书中只是对一些定理加以证明, 而这些证明完全是初等的, 并且不会过难. 对于希望了解这些定理的证明, 加深对质数认知的读者, 我推荐我的书《数论》[①]的第二部分, 在那里还介绍了一些补充文献.

瓦茨拉夫·谢尔品斯基
1961 年 3 月于华沙

---

① 见谢尔品斯基的 Teoria liczb, II, Warszawa, 1959. ——俄译者

◎ 俄译者的话

　　波兰科学院院士瓦茨拉夫·谢尔品斯基的这本书的目前的译本与 1961 年夏天出版的波兰语原版稍有差别.

　　之后,鉴于我们对质数方面的认知作了一些补充.在 1962 年 3 月,作者告知我们要对本书作一些修改和补充.在本书的出版过程中,所有这些修改和补充都得到了尊重.

　　本书的编辑洛赞劳斯(Н. М. Розенгаус)对本书的手稿又作了一些改进,在此,我表示衷心的感谢.

И. Г. 梅尔尼科夫

1962 年 3 月 14 日是波兰数学家瓦茨拉夫·谢尔品斯基 (Sierpinski，Waclaw,1882—1969)八十岁的生日.

谢尔品斯基在中学时期就对数学感兴趣,并表现出卓越的才干.他于 1900 年进入华沙大学数学物理系学习,在那段时间里,他的出色工作使其成为了沃罗诺伊($Γ. Φ. Вороной$,1868—1908)数论的彼得堡学派最重要的代表人物之一.

谢尔品斯基将其最初的工作贡献给了数论问题,沃罗诺伊提出把这些问题作为大学生论文竞赛的课题.1904 年谢尔品斯基发表了论文《论在 $\tau(n)$ 是将 n 表示为两个整数的平方和的种数的条件下级数 $\sum_{n>a}^{n \leqslant b} \tau(n) f(n)$ 的和》.同年,因为这一工作是根据沃罗诺伊的提议,华沙大学授予谢尔品斯基金奖,并授予他数学科学的硕士学位.从此数论成为他最喜爱的事业,他在数论方面的论文数量快速增加.

1905 年谢尔品斯基因涉及学校青年的罢工事件,后来转而进入克拉科夫的亚格隆尼大学(Jagiellonian University),并在那里取得了博士学位.

1907 年谢尔品斯基取得了在集合论方面的第一个成果.在此期间,他在集合论领域、集合论对拓扑的应用、实变函数论,以及数学的其他领域中开始进行富有成果的活动.谢尔品斯基迅速闻名.1908 年他开始在利沃夫大学任教,在那里很快就取得了教授职称.谢尔品斯基在 1909 年到 1910 年间用波兰文发表

1

了一些著作,因而在 1911 年获得克拉科夫科学院的嘉奖.两年后,因他的《集合论概论》的发表,克拉科夫科学院再次给予他嘉奖.在 1918 年,又因其专著《数论》的发表得到嘉奖.

在第一次世界大战期间,谢尔品斯基被捕.他在莫斯科和伐特克被关押了四年.在那里他继续开展科学活动,并与鲁金(Н. Н. Лузин,1883—1950)等其他一些俄罗斯数学家有过有益的接触.

1917 年春,克拉科夫科学院推举谢尔品斯基为克拉科夫科学院通讯院士.

从 1919 年起,谢尔品斯基成为华沙大学的教授.在接下来的几年中,他和马祖凯维奇(S. Mazurkiewicz,1888—1945)以及亚尼雪夫斯基(Z. Janiszewski,1888—1920)在华沙创办了杂志《数学基础》(*Fundamenta Mathematicae*),该杂志在现代数学的发展中起了相当大的作用,一直出版至今.

1921 年,谢尔品斯基被选为波兰科学院正式院士.谢尔品斯基在教学、著书立说、组织方面的积极活动都体现出他具有独创性的才干,成为波兰数学学派的领军人物.各大洲的不同国家都赋予他名誉教授的称号,名誉博士的头衔.许多科学院和科学协会都推举他为通讯院士和名誉院士.谢尔品斯基闻名遐迩.谢尔品斯基万能曲线、谢尔品斯基三角形、谢尔品斯基地毯等术语已经成为在数学家之间的日常话题.

在第二次世界大战时期,谢尔品斯基并没有中断科学工作,甚至在地下大学任课.在 1945 年 5 月波兰解放后,谢尔品斯基在克拉科夫的亚格隆尼大学任教了一段时间,在 1945 年秋,他返回华沙为恢复大学做出了巨大的努力,像战前那样,他在欧洲、印度、加拿大、美国的各大学讲学.

1949 年谢尔品斯基因其科学成就获波兰人民共和国国家奖金.1951 年他被选为波兰科学院副院长.

1957 年 4 月谢尔品斯基参加苏联举办的纪念欧拉(Euler,1707—1783)诞辰 250 周年的科学大会.当年谢尔品斯基恢复了专门研究数论的国际杂志《数学学报》(*Acta Mathematica*)的出版.

谢尔品斯基所发表的成果汇编的内容超过 600 篇,其中大约有 30 种大学教材和专著.谢尔品斯基是十一个国家的科学院院士,是许多科学团体的成员.他的学生中目前有超过 20 个是波兰和其他国家的教授.例如,他的一个学生——年轻的天才数学家欣泽尔(A. Schinzel)不仅得到了博士的头衔,他还因在数论领域中的出色工作闻名于世.所以说波兰科学院的老前辈瓦茨拉夫·谢尔品斯基为波兰数学学派之父是当之无愧的.

И. Г. 梅尔尼科夫

◎ 目 录

1

§1　什么是质数？

　　一些最简单的问题就已经引出质数的概念，这些问题的产生与对自然数，或者说对正整数的乘法这样的初等的算术运算有关.

　　众所周知，两个自然数的乘积永远是自然数.因此，存在能表示为两个大于 1 的自然数的积的自然数.但是也存在不是两个大于 1 的自然数的积的自然数，例如 2,3,5 或 13 这样的数.我们就称这样的数为质数.

　　于是，每一个大于 1，但不是两个大于 1 的自然数的积的自然数，我们称之为质数.

　　现在提出一个问题，对于每一个自然数 $n > 1$，我们是否有可能确定它是不是质数.这一问题要由质数的定义本身来回答.

　　实际上，如果自然数 $n > 1$ 不是质数，那么它是两个大于 1 的自然数 a 和 b 的积，即 $n = ab$，这里 $a > 1, b > 1$，由此也推出 $n > a, n > b$.因此，不是质数的自然数 $n > 1$ 是两个大于 1，且小于 n 的自然数的积.这样的数称为合数.如果数 n 是合数，那么 $n = ab$，这里 a 和 b 是大于 1，且小于 n 的自然数.商 $n \div a = b$ 是自然数，于是 a 是自然数 n 的大于 1，且小于 n 的约数.所以，为了确定自然数 $n > 1$ 是质数，只要确定 n 没有大于 1，且小于 n 的约数即可.对此，只要作 $n-2$ 次除法，依次除以 $2,3,\cdots,n-1$.如果数 n 除以其中的任何一个都有余数，那么只有在这种情况下，数 n 才是质数.

1

因此，至少在理论上，我们总是能够（利用作有限次除法）确定给定的自然数是不是质数.实际上，当 n 是一个很大的数时，上面所说的方法可能产生相当大的困难.由于必要的计算冗长，因此迄今为止，我们不可能对于有（十进制）31 位数字的数 $2^{101}-1$ 采用这一方法，虽然用其他的方法已经证明这个数是合数.但是迄今为止还不知道这个数表示为两个大于 1 的自然数的积的任何分解式（尽管我们知道这样的分解式是存在的），同样，也不知道 $2^{2^{17}}+1$（有 39 457 位数字）这个数是不是质数.

§2　自然数的质因数

现在我们将证明关于质数的一些并不复杂的定理.

定理 1　每一个自然数 $n>1$ 至少有一个质因数.

证明　设 n 是大于 1 的自然数，它有大于 1 的约数，例如 n 本身.在 n 的大于 1 的约数中，存在一个最小的约数，记作 p.如果 p 不是质数，那么根据质数的定义，p 是两个大于 1 的自然数的积：$p=ab>a$.在这种情况下，a 是 p 的约数，这表明 n 有大于 1，且小于 p 的约数，这与 p 的定义矛盾.定理 1 证毕.

定理 2　每一个合数 n 至少有一个质因数小于或等于 $\sqrt{n}$.

证明　如果 n 是合数，那么 $n=ab$，这里 a 和 b 是大于 1，且小于 n 的自然数.显然我们可以假定 $a\leqslant b$.此时 $n=ab\geqslant a^2$，于是 $a\leqslant\sqrt{n}$.但是 a 是大于 1 的数.所以根据定理 1，a 有质因数 p，显然 $p\leqslant a$，于是 $p\leqslant\sqrt{n}$.但是 p 是 n 的约数 a 的约数，所以也是 n 的约数.所以数 n 有质因数 $p\leqslant\sqrt{n}$.于是定理 2 证毕.

§3　质数有多少个？

为了回答这一问题，我们证明以下定理.

定理 3　如果 n 是大于 2 的自然数，那么在 n 与 $n!$ 之间至少有一个质数.

证明　因为 $n>2$，那么整数 $N=n!-1$ 显然大于 1，于是根据定理 1，N 有质因数 $p\leqslant N$，于是 $p<n!$.如果假定 $p\leqslant n$，那么 p 是积 $n!=1\cdot2\cdot3\cdot\cdots\cdot n$ 的多个因子之一，即 p 是 $n!$ 的约数.但是因为 p 也是数 N 的约数，所以 p 是这两个数的差，即 $n!-N=1$ 的约数，这不可能.所以 $p>n$，因为显然已经有

2

$p<n!$,于是有 $n<p<n!$,即定理 3 证毕.

这样一来,对于每一个自然数 n,存在一个大于 n 的质数. 由此推得,存在无穷多个质数,这一点欧几里得(Euclid,前 330— 前 275)就已经知道了. 特别地,由此推出存在至少有 1 000 位数字(十进制)的质数. 但是在 1960 年,我们还不知道任何这样的数. 当时已知的最大质数是有 969 个数字的数 $2^{3\,217}-1$(详情请看 §25).

这里要强调的是在过去十年间,我们注意到对质数的研究有显著的进展. 直到 1951 年,最大的已知质数是有 39 位数字的数 $2^{127}-1$(在 1876 年就已证明这个数是质数). 目前已知的最大质数是有 1 332 位数字的数 $2^{4\,432}-1$.

关于定理 3,我们注意到在 1850 年,切比雪夫(П. Л. Чебышев,1821—1894)证明了一个更强的定理(所谓的贝特兰德(J. Bertrand,1822—1900)猜想),这一定理说,对于自然数 $n>3$,在 n 和 $2n-2$ 之间至少存在一个质数. 由此推出定理 3 中的 $n!$ 可以换成 $2n$. 现在这个定理的初等证明是有的,但是特别长[①]. 也可以证明对于自然数 $n>5$,在 n 和 $2n$ 之间至少存在两个质数[②].

从切比雪夫定理容易推出,对于每一个自然数 s,至少存在三个质数,其中每一个都有 s 位数字. 实际上,在数 10^{s-1},$2\cdot10^{s-1}$,$4\cdot10^{s-1}$ 和 $8\cdot10^{s-1}$ 中的每一个都有 s 位数字,而由切比雪夫定理,对于 $s>1$,存在质数 p,q,r,使

$$10^{s-1}<p<2\cdot10^{s-1}<q<4\cdot10^{s-1}<r<8\cdot10^{s-1}$$

因此,在数 p,q,r 中,每一个都有 s 位数字.

对于 $s=1$,我们有 4 个一位数质数 2,3,5,7. 两位数质数有 21 个,三位数质数有 143 个. 至少存在 3 个质数,其中每一个都有 100 位数字. 后来,罗宾森(R. M. Robinson)找到了这样的质数:$81\cdot2^{324}+1,63\cdot2^{326}+1,35\cdot2^{327}+1$.

到目前为止我们还不知道任何有一千位数字的质数,尽管我们知道至少存在三个这样的数.

§4　如何找到小于给定数的所有质数?

我们将要谈及的方法在古代就已经知道:它被称为埃拉托色尼斯筛法

[①]　例如,见谢尔品斯基的 Arytmetyca teoretyczna,Wyd. 2,Warszawa,1959,str. 88-94.

[②]　见谢尔品斯基的 Teorialiczb,II,Warszawa,1959,str. 400.

（Sieve of Eratosthenes）.

假定我们要找出不超过某个自然数 a 的所有质数. 为此我们依次写下 1 到 a 的所有连续自然数, 再在这个数列中划去所有不是质数的数: 首先划去 1, 然后, 对于每一个自然数 $n > 1$, 划去所有大于 n, 且能被 n 整除的数. 用这样的方法将每一个合数划去, 容易看出, 留下的只有质数.

这样一来, 在数列 $1, 2, 3, 4, \cdots, a$ 中, 我们划去了 1, 然后划去大于 2, 且能被 2 整除的数, 再划去大于 3, 且能被 3 整除的数. 能被 4 整除的数, 我们不必划了, 因为这些数已经在划去大于 2, 且能被 2 整除的数时划去了. 所以接着划去大于 5, 且能被 5 整除的数, 等等. 此时, 我们已经可以不划去任何大于 $\sqrt{a}$ 的数. 实际上, 如果 n 是大于 $\sqrt{a}$, 且小于或等于 a 的合数, 那么根据定理 2, 数 n 有质因数 $p \leqslant \sqrt{n}$, 于是 $p \leqslant \sqrt{a}$, 数 n 已经作为大于 p, 且能被 p 整除的数被划去了.

例如, 要得到小于或等于 100 的所有质数, 在数列 $1, 2, 3, \cdots, 100$ 中划去 1, 然后划去大于 2, 且能被 2 整除的数, 再划去大于 3, 且能被 3 整除的数, 然后划去大于 5, 且能被 5 整除的数, 最后划去大于 7, 且能被 7 整除的数. 这个数列中余下的数都是质数. 用这样的方法我们就得到了以下数列 (其中所有的质数都用黑体字表示):

1, **2**, **3**, 4, **5**, 6, **7**, 8, 9, 10, **11**, 12, **13**, 14, 15, 16, **17**, 18, **19**, 20, 21, 22, **23**, 24, 25, 26, 27, 28, **29**, 30, **31**, 32, 33, 34, 35, 36, **37**, 38, 39, 40, **41**, 42, **43**, 44, 45, 46, **47**, 48, 49, 50, 51, 52, **53**, 54, 55, 56, 57, 58, **59**, 60, **61**, 62, 63, 64, 65, 66, **67**, 68, 69, 70, **71**, 72, **73**, 74, 75, 76, 77, 78, **79**, 80, 81, 82, **83**, 84, 85, 86, 87, 88, **89**, 90, 91, 92, 93, 94, 95, 96, **97**, 98, 99, 100.

我们用 p_n 依次表示第 n 个质数. 此时有 $p_1 = 2, p_2 = 3, p_3 = 5, p_4 = 7, p_5 = 11, p_{10} = 29, p_{25} = 97$. 可以容易算出 $p_{100} = 541$.

在 1909 年人们就出版了小于 1 000 万的质数表[1], 表中对于每一个不能被 2, 3, 5, 7 整除, 且小于或等于 10 170 000 的自然数, 给出了它的最大的质因数. 在 1951 年出版了 1 100 万以内的质数表[2].

库利克 (J. F. Kulik, 1793—1863) 编制了包括前一亿个质数的表[3]. 检验后, 这些表已在编制在 1951 年出版的有第 1 100 万个质数的表时用到. 1959 年,

---

① D. N. Lehmer, Factor table for the first ten millions, Washington, Carnergie Institution, 1909.

② J. P. Kulik. L. Poletti, R. J. Porter, Liste des nombres du onzième million(plus précisément de 10 006 741 à 10 999 997). Amsterdam, 1951.

③ 库利克保存在贝纳的奥地利科学院的未出版的手稿.

贝克(C. L. Baker)和格伦堡(F. J. Gruenberger)编制了包含小于或等于 $p_{6\,000\,000}=104\,395\,301$ 的所有质数的显微胶片[①].

§5 孪生质数

依次排列的质数的无穷数列,即数列

$$2,3,5,7,11,13,17,19,23,29,31,37,41,43,47,\cdots$$

产生了一系列问题.其中只有几个是容易回答的.

例如,两个最小的质数 2 和 3 是连续自然数.现在提出一个问题,是否存在其他两个连续的自然数,它们都是质数.容易证明,这样的两个数是没有的.事实上,每两个连续的自然数中有一个是偶数,也就是说,如果这个偶数大于 2,那么它就是合数.

但是存在许多对连续奇数,它们都是质数,例如,3 和 5,5 和 7,11 和 13,17 和 19,29 和 31,41 和 43.我们称这样的质数对为孪生质数.3 000 万以内这样的质数对有 152 892 对.

很久以前就提出过这一问题,是否存在无穷多对孪生质数.这一问题至今尚未得到答案.因此,我们不知道 2 这个数是否有无穷多种方法表示为两个质数之差的形式.

现在提出一个假设,每一个偶数可以用无穷多种方法表示为两个连续质数之差的形式.但是我们甚至不能证明每一个偶数都可以这样的形式表示,哪怕只有一种方法表示,对许多连续偶数验证了:$2=5-3,4=11-7,6=29-23,8=97-89,10=149-139,12=211-199,14=127-113,16=1\,847-1\,831,18=541-523,20=907-887$.此外,我们甚至不能证明每一个偶数都是两个质数之差(即使并不相邻).

但是我们能够找出能表示为两个质数之差的所有奇数.实际上,如果奇自然数 n 是两个质数之差,即 $n=p-q$,那么这两个质数中必有一个是偶数,另一个是奇数.因此容易看出,在 p 和 q 这两个数中,q 应该等于 2.于是我们有 $n=p-2$,这里 p 是奇质数.因此,是两个质数的差的所有奇自然数比这个奇质数小 2.于是这些数就是 $1,3,5,9,11,\cdots$.这样的数有无穷多个.

---

① The first six million prime numbers. The RAND Corporation. Santa Monica,published by the Microcard Foundation,Madison,Wisconcin,1959.

但是,也存在无穷多个奇数,它们不是两个质数之差,例如,所有形如 $6k+1$ 的数,这里 k 是自然数.事实上,等式 $6k+1=p-2$(这里 p 是质数)是不可能的,因为由此推出 $p=6k+3=3(2k+1)$,即 p 是合数.

§6 哥德巴赫猜想

1742 年,哥德巴赫(C. Goldbach,1690—1764)提出了一个假设,每一个大于 2 的偶数是两个质数的和.这个假设至今还没有得到证明,也没有反例.对直到 100 000 以内的所有偶数验证这一假设都是正确的.曾经提出过一个更强的猜想,即每一个大于 6 的偶数是两个不同的质数的和.格拉泽夫斯基(S. Golaszewski)对小于或等于 50 000 的所有的数验证了这一猜想.

可以证明,后一个猜想等价于以下断言:每一个大于 17 的自然数是三个不同的质数的和.欣泽尔证明了,从哥德巴赫猜想推出,每一个大于 17 的奇数是三个不同的质数的和.

从哥德巴赫猜想也可推出,大于 7 的奇数是三个奇质数的和.事实上,如果 n 是自然数,且 $2n+1>7$,那么 $2n+1-3=2(n-1)>4$.根据哥德巴赫猜想,偶数 $2(n-1)>4$ 是两个质数的和 $p+q$,并且 p 和 q 不能是偶数,因为我们给出的数大于 4.因此,p 和 q 都是奇数,这表明,数 $2n+1=3+p+q$ 是三个奇质数的和.

我们不知道每一个大于 7 的数是否都是三个奇质数的和,但是对于足够大的奇数,这一点已由维诺格拉多夫(И. М. Виноградов,1891—1983)在 1937 年得到证明.我们甚至知道这样的数 $a(a=3^{3^{16}})$,每一个大于 a 的奇数都是三个奇质数的和.

因此,只是由于必须进行大量的计算才阻碍了对每一个大于 7 的数是否都是三个奇质数的和这一问题的解决,因为这里只要研究大于 7,且小于或等于 a 的奇数即可,而对于每一个给定的奇数,实施有限次简单的算术运算就可以解答这个数是不是三个奇质数的和.

不管怎样,哥德巴赫猜想的情况是:我们不能说这一猜想的答案是否正确,只要进行必要的大量的计算就可解决.

已经证明,每一个大于 1 的自然数是二十个或更少的质数的和.

已经证明,每一个大于 11 的自然数是两个或更多的不同质数的和.例如,

$12=5+7, 13=2+11, 17=2+3+5+7, 29=3+7+19.$

从哥德巴赫猜想推出,每一个奇整数(不管是正的还是负的)都可以用无穷多种方法表示为 $p+q-r$ 的形式,这里 p,q,r 是奇质数.

事实上,对于每一个整数 k,存在奇质数 r,使 $2k-1+r>4$(可以取任何足够大的质数作为 r).但此时 $2k-1+r$ 是大于 4 的偶数,于是根据哥德巴赫猜想,$2k-1+r=p+q$,这里 p,q 是奇质数.所以,$2k-1=p+q-r$,并且质数 r 可以任意大.由此推得上面提出的命题.

值得指出的是最后一个命题是由范·德·科普特(J. G. Vander Corput,1890—1975)在 1923 年证明的.但他的证明十分复杂[①].

我们注意到与哥德巴赫猜想有关的是,每一个大于 11 的自然数都是两个合数的和.事实上,如果 $n>11$ 是偶数,那么 $n-4$ 是大于 2 的偶数,因此是合数,这表明 n 是两个合数 4 和 $n-4$ 的和.如果 $n>11$ 是奇数,那么 $n-9$ 是大于 2 的偶数,因此是合数,这表明 n 是两个合数 9 和 $n-9$ 的和.但是,并不能由此得出结论说,研究合数要比研究质数容易.例如,我们不能给出在 $F_n=2^{2^n}+1(n=1,2,3,\cdots)$ 中是否存在无穷多个合数的答案(到目前为止我们只知道 37 个这样的合数,其中最大的是 $F_{1\,945}$).

哈代(G. H. Hardy, 1877—1947)和李特伍德(J. E. Littlewood, 1885—1977)谈到了以下命题(至今尚未证明),每一个足够大的非平方数的自然数都是一个整数的平方和一个质数的和.容易证明,存在无穷多个自然数的平方,它们是一个平方数和一个质数的和,也存在无穷多个自然数的平方,它们不是一个平方数和一个质数的和.

实际上,一方面,如果 p 是奇质数,那么 $\dfrac{p+1}{2}$ 是自然数,我们有

$$\left(\frac{p+1}{2}\right)^2=\left(\frac{p-1}{2}\right)^2+p$$

另一方面,如果 $n=3k+2$,这里 k 是自然数,那么当 x 是非负整数,p 是质数时,等式

$$n^2=x^2+p$$

不可能成立,因为由此可推出 $n>x$,以及

$$p=n^2-x^2=(n-x)(n+x)$$

---

① 见 J. G. Van der Corput. Acta Mathematica, 44, 50.

注意到 p 是质数,所以 $n-x=1, n+x=p$,这表明

$$p=2n-1=3(2k+1)$$

对于自然数 k,这不可能.

哈代－李特伍德的另一个定理:每一个足够大的自然数都是两个整数的平方以及一个质数的和,这一定理已由林尼克(Ю. В. Линник,1915—1972)在 1959 年证明.

§7　吉尔布莱斯猜想

吉尔布莱斯(N. L. Gilbreath)在 1958 年提出了以下命题.

如果我们将质数按照顺序写下,然后在第一行写下它们的差,第二行写下第一行中连续两数的差的绝对值,第三行写下第二行中连续两数的差的绝对值,依此类推,那么每一行的第一个数都是 1.

例如,前 17 行(由连续质数得出的)出现以下形式

```
2,3,5,7,11,13,17,19,23,29,31,37,41,43,47,53,59,61
  1 2 2 4 2 4 2 4 6 2 6 4 2 4 6 6 2
   1 0 2 2 2 2 2 2 4 4 2 2 2 2 0 4
    1 2 0 0 0 0 0 2 0 2 0 0 0 2 4
     1 2 0 0 0 0 2 2 2 2 0 0 2 2
      1 2 0 0 0 2 0 0 0 2 0 2 0
       1 2 0 0 2 2 0 0 2 2 2 2
        1 2 0 2 0 2 0 2 0 0 0
         1 2 2 2 2 2 2 2 0 0
          1 0 0 0 0 0 0 2 0
           1 0 0 0 0 0 2 2
            1 0 0 0 0 2 0
             1 0 0 0 2 2
              1 0 0 2 0
               1 0 2 2
                1 2 0
                 1 2
                  1
```

对吉尔布莱斯猜想的前 63 418 行进行了验证.但是我们不知道它的一般情况的正确性的证明.

用 a_n 表示使 n 行的第 (a_n+1) 个数是这一行中第一个大于 2 的最小自然数.因此,我们有,例如,$a_1=3,a_2=8,a_3=14$.计算表明,$a_4=14,a_5=25,a_6=24,a_7=23,a_8=22,a_9=25,a_{10}=59,a_{14}=97,a_{15}=174,a_{22}=280,a_{23}=740,a_{24}=874,a_{34}=866,a_{35}=2\ 180,a_{64}=5\ 940,a_{65}=23\ 266,a_{94}=31\ 533.$

如果可以证明,对一切自然数 $n,a_n>2$,那么由此可以容易确定吉尔布莱斯猜想的正确性.

§8　将自然数分解成质数的积

根据定理 1,我们将证明以下定理.

定理 4　任何大于 1 的自然数是每一个因子都是质数的乘积.

证明　设 n 是给定的大于 1 的自然数,根据定理 1,n(至少)有一个质因数 p',我们可以假定,p' 是 n 的最小的质因数.于是我们有 $n=p'n'$,这里 n' 是自然数.

如果 $n'=1$,那么 $n=p'$,n 是只有一个质因数的积.如果 $n'>1$,那么 n' 就有质因数 p'',我们可以假定 p'' 是 n' 的最小的质因数.同时 p'' 也是 n 的质因数,并且由 p' 的定义推出 $p'\leqslant p''$.

因此,$n'=p''n''$,如果 $n''=1$,那么此时 n 是两个质数 p' 与 p'' 之积(不必不同).如果 $n''>1$,此时我们可以像前面处理 n 和 n' 那样同样处理 n'',等等.因为 $n=p'n'$,$p'>1$,所以我们有 $n'<n$.类似地,得到 $n''<n'$,等等.所以自然数 $n,n',n'',\cdots$ 组成一个递减的数列,这一数列不可能多于 n 项.于是对于某个自然数 k,数 $n^{(k)}$ 将是这一数列的最后一项.但是在这种情况下 $n^{(k)}=1$,因为在 $n^{(k)}>1$ 的情况下,我们可以设

$$n^{(k)}=p^{(k+1)}n^{(k+1)}$$

得到这一数列的又一项.这样一来,我们有 $n=p'n',n'=p''n'',\cdots,n^{(k-1)}=p^{(k)}n^{(k)}$ 和 $n^{(k)}=1$,由此得到

$$n=p'p''p'''\cdots p^{(k)} \tag{1}$$

这里 $p',p'',\cdots,p^{(k)}$ 是质数,并且可以假定 $p'\leqslant p''\leqslant p'''\leqslant\cdots\leqslant p^{(k)}$(如果对 $n,n',\cdots$ 中的每一个,我们将确定它的最小的质因数).

乘积(1)的各个因数可以相等,式(1)可以写成以下形式

9

$$n = q_1^{a_1} q_2^{a_2} \cdots q_s^{a_s} \tag{2}$$

这里 s 是自然数,$q_1,q_2,\cdots,q_s$ 是以递增的顺序排列的不同的质数,$a_1,a_2,\cdots,a_s$ 是各个幂的自然数指数.

式(2)被称为数 n 的质因数标准分解式.

这样,我们不仅证明了定理4,还指出了对每一个大于1的自然数寻找标准分解式的方法.所以,对于每一个大于1的自然数寻找标准分解式的方法在理论上永远是可能的.但是在实际上可能要进行烦琐的计算,对于某些数来说,这样的计算过程很长,长到在目前甚至还不能利用最先进的计算机进行处理.例如,我们不知道 $2^{101}-1$(有31位数)这个数的质因数分解式,只证明了它是两个不同的质因数(目前还未知)的积,其中比较小的有11位数.我们也不知道数 $F_{17}=2^{2^{17}}+1$ 的质因数分解式,甚至还不知道这个数是不是质数.但是,对于有超过 10^{582} 位数字的数 $F_{1\,945}=2^{2^{1\,945}}+1$(因为 $2^{1\,945}=32\cdot2^{1\,940}=32\cdot(2^{10})^{194}>30\cdot(10^3)^{194}=3\cdot10^{583}$,推得 $F_{1\,945}>2^{3\cdot10^{583}}=(2^{10})^{3\cdot10^{582}}>10^{9\cdot10^{582}}$),几年前我们找到了它的最小的质因数.有587位数字的数 $5\cdot2^{1\,947}+1$ 就是这个质因数.但是我们不知道 $F_{1\,945}$ 这个数的质因数分解式,甚至不知道这个数的其他质因数(见 §22).

现在提出一个问题,大于1的自然数 n 的质因数分解式(2)是不是唯一的(如果数 $q_1,q_2,\cdots,q_s$ 组成一个递增的数列).质因数分解式的唯一性的证明是根据质数的一些并不复杂的定理.

定理5 质数 p 只有两个自然数约数,即 1 和 p.

证明 如果数 p 除了约数 1 和 p 以外,还有约数 a,那么显然有 $1<a<p$ 和 $p=ab$,这里 b 是大于1的自然数.因为如果 $b=1$,那么 $p=a$.这与 a 的假定矛盾,所以 p 是两个大于1的自然数的积,这与 p 是质数矛盾.于是定理5证毕.

容易看出,这样的定理也是成立的:恰好有两个自然数约数的自然数 p 是质数.实际上,在这种情况下,应该有 $p>1$.此外,如果 p 不是质数,那么 p 是两个大于1的自然数 a,b 的积.但是,由此得到 $p=ab$ 和 $b>1,1<a<p$,即 a 是数 p 的不同于 1 和 p 的约数,这表明 p 至少有三个不同的自然数约数.因此以下定理成立.

定理6 一个自然数是质数的充要条件是它只有两个自然数约数(显然是 1 和本身).

现在证明以下定理.

定理7 如果 a 和 b 是自然数,积 ab 能被质数 p 整除,那么 a 和 b 中至少有

一个能被 p 整除.

证明　如果定理 7 不成立,那么存在最小的质数 p,对于这样的 p,定理 7 不成立.对于这样的 p,存在两个自然数 a 和 b 的最小的积 ab,尽管这个积能被 p 整除,但 a 和 b 都不能被 p 整除.现在将证明此时 a 和 b 都小于 p.事实上,如果的确这样,例如,设 $a>p$,因为 a 不能被 p 整除,那么有等式 $a=kp+a_1$, $a_1<p,a_1>0$.由此推得 $ab=(kp+a_1)b=kpb+a_1b$.因为 ab 和 kpb 两数都能被 p 整除,所以 a_1b 也能被 p 整除.但是 $a_1<p<a,a_1$ 不能被 p 整除,并且 $a_1b<ab$,这与积 ab 的假定矛盾.于是证明了 $a<p$.同理可证 $b<p$,这表明 $ab<p^2$.

此外,由于 ab 能被 p 整除,我们有 $ab=lp$,这里 l 是大于 1 的自然数,否则 $p=ab$,这里 $a>1,b>1$(因为 a 和 b 不能被 p 整除).

另一方面,根据不等式 $ab<p^2$,得到 $l<p$.由于 l 是大于 1 的自然数,我们有质因数 $q\leqslant l<p$.现在考虑到数 p 的定义,以及乘积 ab 能被 l 整除,也能被质数 $q<p$ 整除,我们得出结论,约数 a 和 b 中至少有一个能被 q 整除.例如,如果 a 能被 q 整除,那么 $a=a'q$.但是 l 能被 q 整除,于是 $l=tq$,这里 t 是自然数.而因为 $ab=lp$,所以 $a'qb=tqp$,于是 $a'b=tp$,并且考虑到 $a=a'q$,我们有 $a'<a$,于是 $a'b<ab$,这与乘积 ab 的假定矛盾.这样,与定理 7 不成立的假定矛盾.

由上面已经证明的定理,利用归纳法可以证明以下推论.

推论　如果 $a_1,a_2,\cdots,a_m$ 是自然数,它们的乘积被质数 p 整除,那么在 a_1, $a_2,\cdots,a_m$ 中至少有一个能被 p 整除.

证明　对于 $m=2$,这一推论成立.假定推论对 m 个数成立,设 $a_1,a_2,\cdots,$ a_m,a_{m+1} 是自然数.如果乘积 $a_1a_2\cdots a_m a_{m+1}$ 能被质数 p 整除,那么根据定理 7,在 $a_1a_2\cdots a_m$ 和 a_{m+1} 这两个数中至少有一个能被 p 整除.如果数 $a_1a_2\cdots a_m$ 能被质数 p 整除,那么由归纳假定,推论对 m 个数成立,于是在 $a_1,a_2,\cdots,a_m$ 中,至少有一个能被 p 整除.于是,由推论对 m 个数成立推出,推论对 $m+1$ 个数也成立.

现在假定存在一些自然数有两种不同的标准分解式.在这样的自然数中显然存在最小的.设这个数是 n,除了标准分解式

$$n=q_1^{a_1}q_2^{a_2}\cdots q_s^{a_s} \tag{3}$$

以外,还有分解式

$$n=r_1^{b_1}r_2^{b_2}\cdots r_t^{b_t} \tag{4}$$

这里 $r_1,r_2,\cdots,r_t$ 是递增的质数数列,$b_1,b_2,\cdots,b_t$ 是自然数.由式(3),数 n 能被 q_1 整除,所以由式(4)和定理 7 的推论,在 $r_1,r_2,\cdots,r_t$ 中至少有一个能被 q_1 整除.显然这个数是 r_1,这是因为 q_1 是数(4)的最小的质因数.但是根据定理 5,质

数 r_1 只有两个约数:1 和 r_1,由于 q_1 也是 r_1 的质因数,所以应该有 $r_1 = q_1$.用 q_1 代替式(4)中的 r_1,由式(3),对于 n'(这里 $n = n'q_1$),我们得到以下等式

$$n' = q_1^{a_1-1} q_2^{a_2} \cdots q_s^{a_s} = r_1^{b_1-1} r_2^{b_2} \cdots r_t^{b_t}$$

因为数 n' 小于 n,所以与数 n 的假定相对应,数 n' 只有一个标准分解式,由此容易推出 $s = t, r_2 = q_2, r_3 = q_3, \cdots, r_s = q_s, a_1 = b_1, a_2 = b_2, \cdots, a_s = b_s$.所以假定不成立,分解式(3)和(4)相同.于是存在一些自然数有两种不同的标准分解式这一假定导致矛盾.

这样就证明了下述定理.

定理 8 每一个自然数 n,如果不考虑各因数的顺序,那么质因数分解式是唯一的.

§9 质数能以怎样的数字开头和结尾

位数超过一位的质数的末位数不可能是偶数,因为此时这个数是大于 2 的偶数,因此是合数;末位数也不可能是 5,因为在这种情况下,大于 5 的数都能被 5 整除,也是合数.于是大于 10 的质数的末位数只能是 1,3,7 或 9.

关于超过 10 的质数的数字,特别是关于质数的末几个数字或前几个数字的综合情况,没有更多的报导,因为以下定理成立:

如果有任何两个有限的数字数列(十进制)$a_1, a_2, \cdots, a_m$ 和 $b_1, b_2, \cdots, b_n$,这里 $b_n = 1, 3, 7$ 或 9,那么存在足够大的质数 p,其前 m 位数依次是 $a_1, a_2, \cdots, a_m$,而后 n 位数依次是 $b_1, b_2, \cdots, b_n$[①].

特别地,由这一定理推出,存在开头和末尾都有足够多的数字 1(中间的数字可以不是 1)的数.但是,是否存在无穷多个各位数字都是 1 的质数我们还不知道.我们只知道某些质数的各位数都是 1,例如

$$11 \text{ 和 } 11\ 111\ 111\ 111\ 111\ 111\ 111\ 111 = \frac{10^{23}-1}{9}$$

是质数.事实上,后者是质数的证明(由克拉依奇克(M. B. Kraitchik, 1882—1957)提出)很复杂.然而容易证明,如果所有数字都是1的数是质数,那么它的数字的个数也必是质数.但是这一条件并不是充分的,例如

$$111 = 3 \cdot 37, 11\ 111 = 41 \cdot 271, 1\ 111\ 111 = 239 \cdot 4\ 649$$

---

① 这一定理的证明见谢尔品斯基的 Sur les nombres premiers ayant des chiffres initiaus et finals donnés(关于前若干位和末若干位都是给定数字的质数),Acta Arithmetics,5,1959,265-266.

有 37 位数字的数 $\dfrac{10^{37}-1}{9}$ 也是合数.

有一些不仅仅只有数字 1 的质数,在改变其数字的顺序后仍是质数.其中两位数有:13 和 31,17 和 71,37 和 73,79 和 97,三位数有:113,131,311;199,919,991;337,373,733.我们不知道其他这样的数,也不知道这样的数是不是有限个.里切尔特(H. E. Richert)证明了,对于 $3<n<6\cdot 10^{175}$,除了所有 n 位数都是 1 的质数以外,不存在这样的数.

莫泽尔(L. Moser)找出了所有小于 100 000,且各位数字以相反的顺序写出时不改变数值的质数.这样的数有 102 个.而小于 1 000 的数有:101,131,151,181,313,353,373,383,727,757,787,797,919,929.但我们不知道是否存在无穷多个这样的质数.

我们不知道,是否存在无穷多个前若干位数和末若干位数都是 1,其余的数字都是 0 的质数,例如,101.容易证明这样的质数应该是形如 $10^{2^n}+1$ 的数,这里 n 是自然数,但是这一条件并不是充分的,例如,$10^{2^2}+1=73\cdot 137$.

我们知道许多各位数字中没有 0 的质数,但是不知道这样的数有有限个,还是有无穷多个.可以证明,对于任意自然数 m,存在各位数字中有多于 m 个 0 的质数.我们不知道对于任意自然数 m,是否存在这样的数 a,大于 a 的任意质数 p 的所有数字的和大于 m.

§10 不超过已知数的质数的个数

对于给定的数 x,用 $\pi(x)$ 表示不超过 x 的质数的个数.例如,我们有 $\pi(1)=0,\pi(2)=1,\pi(3)=2,\pi(4)=2,\pi(5)=3,\pi(10)=4,\pi(100)=25,\pi(1\,000)=168,\pi(10\,000)=1\,229,\pi(10^8)=5\,761\,455,\pi(10^9)=50\,847\,534,\pi(10^{10})=455\,052\,512$.

洛歇尔－厄尔恩斯特(L. Locher-Ernst)注意到,对于 $n>50$,表达式

$$f(n)=\frac{n}{\dfrac{1}{3}+\dfrac{1}{4}+\dfrac{1}{5}+\cdots+\dfrac{1}{n}}$$

可以给出 $\pi(n)$ 的足够好的近似值.例如,$\pi(10^3)=168$,而 $f(10^3)=167.1$.对于 $n=10^3,\pi(n):f(n)=1.005$.

可以用初等的方法证明(尽管证明的过程很长,又很复杂),当 n 无限增大时,$\pi(n):f(n)$ 趋近于 1.

当 n 很大时,计算 $f(n)$ 变得相当困难.但是,我们知道了 $\pi(n)$ 的另一些近

似表达式，例如，表达式 $\frac{n}{\ln n}$（这里 $\ln n$ 表示 n 的自然对数）. 阿达玛（J. Hadamard，1865—1963）和布谢恩（Vallée Poussin de la Ch.）在 1896 年证明了，当 n 无限增大时，$\pi(n)$ 与 $\frac{n}{\ln n}$ 的比趋近于 1. 由此推得，当 n 无限增大时，第 n 个质数 p_n 与 $n\ln n$ 的比趋近于 1[①]. 可以证明第 10 亿个质数（即数 p_{10^9}）是 11 位数.

容易证明，对于自然数 $n>1$，如果 n 是质数，那么不等式 $\frac{\pi(n-1)}{n-1}<\frac{\pi(n)}{n}$ 成立. 如果 n 是合数，那么不等式 $\frac{\pi(n-1)}{n-1}>\frac{\pi(n)}{n}$ 成立. 可以证明，当 n 无限增大时，$\pi(n)$ 与 n 的比趋近于 0. 十分显然，对于自然数 n，有 $\pi(p_n)=n$.

容易证明，存在要有多少个就有多少个连续自然数组成的数列，其中一个质数都没有. 例如，由以下 m 个数组成的数列就是这样的例子

$$(m+1)!+2,(m+1)!+3,(m+1)!+4,\cdots,(m+1)!+(m+1)$$

因为这一数列中的第一个能被 2 整除，第二个能被 3 整除，……，第 m 个能被 $m+1$ 整除，所有这些数都是合数.

对于 $m=100$，这是一个很大的数，但是在质数 370 261 和 370 373 之间的 111 个数是连续的合数. 从 1 671 800 到 1 671 900 的 100 个连续自然数中没有一个是质数.

是否存在质数 p，在这个质数的两边有任意多个合数，也就是说，是否存在质数 p，使 $p-k$ 和 $p+k$（这里 $k=1,2,\cdots,m$）的每一个数都是合数，我们要证明这一点看来比较困难.

朗道（E. Landau，1877—1938）的这一定理的证明也很困难：对于足够大的自然数 n，我们有 $\pi(2n)<2\pi(n)$. 或者换句话说，对于这样的 n，小于或等于 n 的质数要多于 n 和 $2n$ 之间的质数.

我们不知道，对于所有的自然数 $x>1,y>1$，是否都满足不等式 $\pi(x+y)\leqslant\pi(x)+\pi(y)$.

§11　按顺序的第 n 个质数的一些性质

根据谢尔克（H. J. Scherk）在 1830 年证明的定理，对于自然数 n，在适当选

[①]　见谢尔品斯基的 Teoria liczb，II，Warszawa，1959，str. 415.

取"+"号或"-"号后,有以下公式

$$p_{2n} = 1 \pm p_1 \pm p_2 \pm \cdots \pm p_{2n-2} + p_{2n-1}$$

$$p_{2n+1} = 1 \pm p_1 \pm p_2 \pm \cdots \pm p_{2n-1} + 2p_{2n}$$

例如

$$p_6 = 1 + p_1 - p_2 - p_3 + p_4 + p_5$$

$$p_7 = 1 + p_1 - p_2 - p_3 + p_4 - p_5 + 2p_6$$

或 $13 = 1 + 2 - 3 - 5 + 7 + 11, 17 = 1 + 2 - 3 - 5 + 7 - 11 + 2 \cdot 13$.

也可以证明对于自然数 n,在适当选取"+"号或"-"号后,有

$$p_{2n+1} = \pm p_1 \pm p_2 \pm \cdots \pm p_{2n-1} + 2p_{2n}$$

例如

$$p_7 = p_1 + p_2 - p_3 - p_4 + p_5 + p_6$$

或

$$17 = 2 + 3 - 5 - 7 + 11 + 13$$

欣泽尔证明了,如果 a 和 b 是正数,并且 $a < b$,那么存在质数 p 和 q,使 $a < \dfrac{p}{q} < b$.

可以证明,对于每一个正实数 x,当 n 无限增大时,通项为 $\dfrac{p_{\pi(nx)}}{n}$ 的数列趋向于 x.

已经证明,存在无穷多个质数 p,后一个质数较前一个质数接近于 p,同样,存在无穷多个质数 p,前一个质数较后一个质数接近于 p.换句话说,已经证明,存在无穷多个自然数 n,使 $p_{n+1} - p_n < p_n - p_{n-1}$,即 $p_n > \dfrac{p_{n-1} + p_{n+1}}{2}$,同样,存在无穷多个自然数 n,使 $p_n < \dfrac{p_{n-1} + p_{n+1}}{2}$.

但是我们不知道.是否存在无穷多个自然数 n,使 $p_n = \dfrac{p_{n-1} + p_{n+1}}{2}$.

上面所说的命题的答案应该是正确的.例如,对 $n = 16, 37, 40, 47, 55, 56, 240, 273$,我们有 $p_n = \dfrac{p_{n-1} + p_{n+1}}{2}$.

厄多斯(P. Erdös, 1913—1996)和图兰(P. Turán, 1910—1976)证明了,存在无穷多个自然数 n,使 $p_n^2 > p_{n-1}p_{n+1}$,也存在无穷多个自然数 n,使 $p_n^2 < p_{n-1}p_{n+1}$.

此外,已经证明,对 $n = 3, 4, 5, \cdots$,有 $p_{n+1} < p_{n-1} + p_n$.

15

对于连续质数,以下定理(虽然证明不难,但是相当长)也成立:

对每一个自然数 m,存在自然数 n,有

$$\frac{1}{p_1} + \frac{1}{p_2} + \cdots + \frac{1}{p_n} > m$$

(对于 $m = 10n$,就已经达到几万了.)

可以指出,存在由两对孪生质数组成的四个连续质数,例如,11,13,17,19 或 179,181,191,193.如果这样的组合由 $p, p+2, p+6, p+8$ 组成,那么我们就命名为四生质数(четверка).这里列举的例子中,第一组是四生质数,第二组不是.当 $p = 5, 101, 191, 821, 1\,481, 3\,251$ 时,我们得到其他一些四生质数.现在提出一个假设,四生质数有无穷多组.

1959 年,根据格鲁别夫(В. А. Голубев)统计,在前 1\,000 万个质数中有 899 组四生质数,在前 1\,500 万个质数中有 1\,209 组四生质数.费里尔(A. Ferrier)指出,目前已知的最大的四生质数是当 $p = 2\,863\,308\,731$ 时得到的.

§12　多项式与质数

现在提出一个问题,是否存在变量 x 的整系数多项式 $f(x)$,对于 x 的每一个自然数值,都给出质数 $f(x)$.我们将证明,这样的多项式是不存在的.设

$$f(x) = a_0 x^m + a_1 x^{m-1} + \cdots + a_{m-1} x + a_m$$

是整系数 $a_0, a_1, \cdots, a_m$(这里 $a_0 \neq 0$)的 m 次多项式.如果我们取 $a_0 < 0$,那么对于充分大的 x,有 $f(x) < 0$,所以我们假定 $a_0 > 0$.众所周知,此时存在整数 x_0,使 $n = f(x_0) > 1$,且当 $x > x_0$ 时,有 $f(x) > f(x_0)$.

我们将证明,对任意自然数 k,数 $f(x_0 + kn)$ 是合数.设 x 和 h 是自然数,此时对于一切自然数 i,数 $(x+h)^i - x^i$ 能被 $(x+h) - x = h$ 整除,由此推出对于 $i = 1, 2, \cdots, m$,数 $a_i(x+h)^{m-i} - a_i x^{m-i}$ 能被 h 整除,这表明 $f(x+h) - f(x)$ 也能被 h 整除.但是在这种情况下,$f(x_0 + kn) - f(x_0)$ 能被 kn 整除,或者 $f(x_0 + kn) - n = tn$,得到 $f(x_0 + kn) = (t+1)n$,我们知道 $f(x_0 + kn) > f(x_0) = n$,这就证明了,$f(x_0 + kn)$ 能被自然数 $n > 1$ 整除,因此是合数,这就是我们要证明的.

这样,我们就证明了,如果 $f(x)$ 是整系数多项式,这里变量 x 的最高次项的系数为正,那么对于 x 的无穷多个自然数值,数 $f(x)$ 是合数.

但是我们知道这样一些多项式,对于许多连续自然数 x,它取质数值.欧拉

16

多项式 $x^2 + x + 41$ 就是这样的多项式,这个多项式对于 $x=0,1,2,\cdots,39$ 给出不同的质数.上面的假定是说存在无穷多个 x 的值,使 $x^2 + x + 41$ 是质数.

我们不知道,是否存在这样的自然数 $a > 41$,对于 $x=0,1,2,\cdots,a-2$,数 $x^2 + x + a$ 的每一个值都是质数.在所有 $a \leqslant 10^9$ 的情况下,这是不存在的.

多项式 $x^2 - 76x + 1\,601$ 对于 $x=0,1,2,\cdots,79$ 都给出质数,但是这些质数不是完全不同的.

现在产生一个问题,是否存在这样的多项式,对于变量的自然数值给出无穷多个质数.显然存在这样的一次多项式,例如,多项式 $2x+1$,但是我们不知道是否存在次数大于 1 的这样的多项式.我们不知道对于 $x=1,2,4,6,10$ 给出质数值的多项式 $x^2 + 1$ 是不是这样的多项式.对于 $x \leqslant 10\,000$,有 842 个形如 $x^2 + 1$ 的质数(这里 x 是自然数);对于 $x \leqslant 100\,000$,有 6 656 个这样的质数,对于 $x \leqslant 180\,000$,有 11 223 个这样的质数.我们提出这样的假设:对于每一个自然数 k,存在无穷多个形如 $x^2 + k$(这里 x 是自然数)的质数.

显然,只存在一个形如 $x^3 + 1$ 的质数(这里 x 是自然数),但是还要说说这样的假设:存在无穷多个形如 $x^3 + 2$ 的质数,以及形如 $x^3 - 2$ 的质数(这里 x 是自然数)(分别当 $x=1,3,5,29$ 和 $x=9,15,19,27$ 时得到质数).

1962 年勃列奇欣(Б. М. Бредихин)证明了存在无穷多个形如 $x^2 + y^2 + 1$ 的质数,这里 x,y 是整数.可以证明(虽然也很难)存在无穷多个形如 $x^2 + y^2 + z^2 + 1$ 的质数,这里 x,y,z 是自然数.后面(在 §19 中)我们将证明,存在无穷多个形如 $x^2 + y^2$ 的质数,这里 x,y 是自然数.我们不知道,是否存在无穷多个质数是三个整数的立方和.

§13　由质数组成的等差数列

已经证明,存在无穷多个由三个不同的质数组成的等差数列.我们知道许多个由第一个数是 3 的三个不同的质数组成的等差数列.例如:3,7,11;3,11,19;3,13,23;3,17,31;3,23,43;3,31,59;3,37,71;3,41,79;3,43,83.但是不知道是否有无穷多组.

容易证明,不可能存在由第一个数是 2 的三个不同的质数组成的等差数列(因为这个数列的第三项是大于 2 的偶数).现在提出一个假设:存在由第一个数是任意奇质数的三个不同的质数组成的等差数列.

由公差为 2 的三个质数组成的等差数列只有一个:3,5,7(因为三个连续奇

17

数中必有一个能被 3 整除). 同样,公差为 4 的这样的等差数列只有一个:3,7,11. 显然,不可能有由公差为奇数的三个质数组成的等差数列. 现在提出一个假设:存在无穷多个由公差为 6 的三个质数组成的等差数列. 例如,这样的数列有:5,11,17;11,17,23;17,23,29. 也存在由公差为 6 的五个质数组成的等差数列:5,11,17,23,29. 但这是唯一的,因为在由公差为 6 的五个质数组成的等差数列中有一项能被 5 整除.

现在我们提出一个问题,是否存在由任意多个不同的质数组成的等差数列. 在我们所知道的这样的数列中,长度最大的有 12 项. 这一数列是格鲁别夫找到的,首项是 23 143,公差是 30 030.

我们不知道,是否存在由 100 个不同的质数组成的等差数列. 康托(M. Cantor)证明了,在由 $n(n>1)$ 个大于 n 的质数组成的一个等差数列中,公差应该被每一个小于或等于 n 的质数整除. 由此推出,如果存在由 100 个不同的质数组成的等差数列,那么它的公差应该是相当大的数,至少有几十位数字.

现在提出这样的假设,如果 r 是能被每一个小于或等于 n(这里 n 是给定的大于 2 的自然数)的质数整除的自然数,那么存在无穷多个公差为 r,由 n 个连续质数组成的等差数列. 例如,47,53,59 是公差为 6 的三个连续质数组成的等差数列. 151,157,163;167,173,179 是其他的这样的数列. 我们也知道有公差为 6,由四个连续质数组成的等差数列,例如,251,257,263,269 或 1 741,1 747,1 753,1 759.

§14 费马小定理

定理 9 如果 p 是质数,那么对于每一个整数 a,数 a^p-a 能被 p 整除.

证明 设 p 是给定的质数,那么对于数 $a=1$,定理显然成立. 现在假定 a 是某个自然数,定理成立. 根据牛顿的二项式公式,我们有

$$(a+1)^p = a^p + \begin{bmatrix} p \\ 1 \end{bmatrix} a^{p-1} + \begin{bmatrix} p \\ 2 \end{bmatrix} a^{p-2} + \cdots + \begin{bmatrix} p \\ p+1 \end{bmatrix} a + 1 \qquad (1)$$

这里对于 $k=1,2,\cdots,p-1$

$$\begin{bmatrix} p \\ k \end{bmatrix} = \frac{p(p-1)(p-2)\cdots(p-k+1)}{1 \cdot 2 \cdots k}$$

并且我们知道,数 $\begin{bmatrix} p \\ k \end{bmatrix}$ 是整数. 由此推得,数 $1 \cdot 2 \cdots k \cdot \begin{bmatrix} p \\ k \end{bmatrix}$ 能被 p 整除,于是

18

由定理 7 的推论,在数 $1,2,\cdots,k,\begin{pmatrix} p \\ k \end{pmatrix}$ 中至少有一个必能被 p 整除. 但是因为

$k < p$,所以在数 $1,2,\cdots,k$ 中任何一个都不能被 p 整除,于是数 $\begin{pmatrix} p \\ k \end{pmatrix}$ 应该能被 p

整除. 考虑到式(1),我们推得 $(a+1)^p - a^p - 1$ 能被 p 整除. 我们发现,将该式加上能被 p 整除的数 $a^p - a$(因为我们假定,定理对 a 成立)以后,数 $(a+1)^p - (a+1)$ 能被 p 整除,即定理对 $a+1$ 成立.

这样我们就用归纳法证明了定理对每个自然数 a 成立. 对于数 0,显然定理也成立.

如果 a 是负整数,那么当 $p = 2$ 时,我们有 $a^2 - a = a(a-1)$,因为在两个连续整数 $a-1$ 和 a 中总有一个是偶数,所以总有 $2 \mid a^2 - a$[①]. 此外,当 p 是奇质数时,我们有 $(-a)^p = -a^p$,所以 $(-a)^p - (-a) = -(a^p - a)$. 于是,对于负整数 a,定理也成立. 这样就完全证明了定理 9.

作为定理 9 的特殊情况,对于 $a = 2$,我们得到对于任意整数 p,数 $2^p - 2$ 能被 p 整除这一定理. 现在产生一个问题,逆定理是否成立,也就是说,如果 n 是大于 1 的自然数,且 $n \mid 2^n - 2$,那么 n 应该是质数吗?

对于许多涉及质数的猜测的定理,对大量的特殊情况下的质数进行了检验. 譬如说,如果我们检验了大于 1,且小于或等于 300 的所有连续自然数,发现每一个使 $2^n - 2$ 能被 n 整除的自然数 n 都是质数. 也许就是这一方法使很久以前的中国人对以下定理进行了检验:对于大于 1 的自然数 n,如果数 $2^n - 2$ 能被 n 整除,那么 n 是质数. 但是,这一定理并不成立,因为现在我们发现,数 $2^{341} - 2$ 能被 341 整除,而 $341 = 11 \cdot 31$ 是合数.

对于数 $2^{341} - 2$ 能被 341 整除,我们可以用以下方式进行验证. 显然,$2^{341} - 2 = (2^{31})^{11} - 2^{11} + 2^{11} - 2$. 数 $2^{10} - 1 = 1\,023 = 3 \cdot 341$ 能被 341 整除,这表明数 $(2^{10})^3 - 1$ 也能被 341 整除(因为熟知,对于自然数 a,b 和 k,数 $a^k - b^k$ 能被 $a - b$ 整除). 数 $2^{11} - 2 = 2(2^{10} - 1)$ 和 $2^{31} - 2 = 2[(2^{10})^3 - 1]$ 能被 341 整除,由此推出数 $(2^{31})^{11} - 2^{11}$ 也能被 341 整除. 由对于数 $2^{341} - 2$ 的等式,我们马上得到这个数能被 341 整除,这就是要证明的.

自然产生一个问题,是否存在无穷多个自然数 n,使中国定理不成立. 为了

---

① 记号 $r \mid s$ 表示数 s 能被 r 整除. 读作:r 整除 s.

证明这个答案是肯定的,只要证明,对于每一个不满足以上定理的奇合数(对于奇合数341而言,不满足定理),存在一个大于n的奇合数也不满足上面的定理.

于是我们假定,奇合数$n=ab$(这里a,b是大于1的自然数)不满足中国定理,即$n \mid 2^n-2$.数$m=2^n-1=(2^a)^b-1$是奇合数,因为它能被大于1(因为$a>1$),且小于m(因为$b>1$)的数2^a-1整除,并且$m>n$(因为$n>1$).因此还只要证明$m \mid 2^m-2$.我们有$n \mid 2^n-2$,但n是奇数,于是$n \mid 2^{n-1}-1$,即$2^{n-1}-1=kn$,这里k是自然数.由此得到$2^{m-1}=2^{2(2^{n-1}-1)}=2^{2kn}=(2^n)^{2k}$.因此,数$2^{m-1}-1=(2^n)^{2k}-1$能被数$2^n-1=m$整除.于是$2^m-2$也能被$m$整除,这表明合数$m$不满足中国定理,这就是要证明的.

现在还产生这样的问题,是否存在不满足中国定理的偶合数.只是在1950年,雷默(D. H. Lehmer,1868—1938)找到了这样的数:161 038.寻找这个数是一件很复杂的事情,验证这个数是数$2^{161\,038}-2$的约数并不困难.容易验证$161\,038=2 \cdot 73 \cdot 1\,103$,$161\,037=3^2 \cdot 29 \cdot 617$,$2^9-1=7 \cdot 73$,$2^{29}-1=1\,103 \cdot 486\,737$,由此推得,数$2^{161\,037}-1$能被$2^9-1$和$2^{29}-1$整除,这表明$2^{161\,037}-1$也能被73和1 103整除.因此,数$2^{161\,038}-2$能被2,73和1 103整除,因为这三个数是不同的质数,所以$2^{161\,038}-2$能被它们的积161 038整除,这就是要证明的.

在1951年,皮格尔(N. G. W. H. Beeger)发现,存在无穷多个偶数n,使2^n-2能被n整除.

也已证明,存在无穷多对不同的质数p和q,使数$2^{pq}-2$能被pq整除.在1958年,欣泽尔证明了,对于任何整数a和任何自然数m,存在不同的质数$p>m$和$q>m$,使$pq \mid a^{pq}-a$.

现在提出一个与不正确的中国定理有关的问题:是否存在合数n,对于每一个整数a,数a^n-a能被n整除.这样的合数n称为绝对伪质数[①].现在说一个假设(至今尚未证明),这样的数有无穷多个.其中最小的数是$561=3 \cdot 11 \cdot 17$.

为了证明数561是绝对伪质数,只要证明对于一切整数a,数$a^{561}-a$能被质数3,11,17整除.

显然,如果a能被3整除,那么数$a^{561}-a$能被3整除.如果a不能被3整除,那么a是形如$3k \pm 1$的数,由此得$a^2-1=(3k \pm 1)^2-1=3(3k \pm 2)k$,于是$3 \mid a^2-1$;由此得$3 \mid a^{2 \cdot 280}-1$,即$3 \mid a^{561}-a$.

---

① 绝对伪质数这一名称对合数n,仍有2^n-2能被n整除.

显然,如果 a 能被 11 整除,那么数 $a^{561}-a$ 能被 11 整除.根据费马定理,对于一切整数 a,$11 \mid a^{11}-a=a(a^{10}-1)$,所以如果数 a 不能被 11 整除,那么推得 $11 \mid a^{10}-1$,于是 $11 \mid a^{10 \cdot 56}-1$,这样已经得出结论 $11 \mid a^{561}-a$.

如果数 a 能被 17 整除,那么数 $a^{561}-a$ 能被 17 整除.根据费马定理,对于一切整数 a,$17 \mid a^{17}-a$.所以如果数 a 不能被 17 整除,那么推得,$17 \mid a^{16}-1$,于是 $17 \mid a^{16 \cdot 35}-1$,这表明 $17 \mid a^{561}-a$(因为 $16 \cdot 35+1=561$),这样,我们证明了数 561 是绝对伪质数.

以下各数也是绝对伪质数

$$5 \cdot 29 \cdot 73, \quad 7 \cdot 13 \cdot 31, \quad 7 \cdot 23 \cdot 31, \quad 7 \cdot 31 \cdot 73$$
$$13 \cdot 37 \cdot 61, \quad 5 \cdot 17 \cdot 29 \cdot 113 \cdot 337 \cdot 673 \cdot 2\,689$$

我们还已知其他一些这样的数,这里不一一列举.

由费马小定理推出,如果 p 是大于 2 的质数,那么数 $2^{p-1}-1$ 能被 p 整除.现在产生一个问题,是否存在质数 p,使 $2^{p-1}-1$ 能被 p^2 整除.我们只知道两个这样的质数 p,即 1 093 和 3 511,我们也知道,没有小于 100 000 的其他质数 p;但是我们不知道,是否存在超过 100 000 的这样的数,以及是不是有有限个.我们同样不知道,是否存在无穷多个这样的质数 p,使 $2^{p-1}-1$ 不能被 p^2 整除.

由费马小定理容易推出,如果 p 是质数,那么数 $1^{p-1}+2^{p-1}+3^{p-1}+\cdots+(p-1)^{p-1}+1$ 能被 p 整除.裘伽(G. Guiga)在 1950 年提出了一个假设,这一整除性只对质数成立,并对所有小于或等于 $10^{1\,000}$ 的数作了检验.

§15　每一个形如 $4k+1,4k+3$ 和 $6k+5$ 的数都有无穷多个质数的定理的证明

设 n 是大于 1 的任何自然数.此时 $n!$ 是偶数,奇数 $(n!)^2+1$ 是大于 1 的数,根据定理 1,它有质因数 p,显然 p 是奇数,因此 p 是形如 $4k+1$ 或 $4k+3$ 的数(这里 k 是整数),并且 $p>n$.假定 $p=4k+3$.显然,我们有 $(n!)^2+1 \mid (n!)^{2(2k+1)}+1$,因为我们知道,对于自然数 a 和奇数 m,数 a^m+1 能被 $a+1$ 整除(这是因为 $a^m+1=(a+1)(a^{m-1}-a^{m-2}+\cdots-a+1)$).因为 $2(2k+1)=4k+2=p-1$,考虑到 $p \mid (n!)^2+1$,所以我们可以推出 $p \mid (n!)^{p-1}+1$,于是 $p \mid (n!)^p+n!$.但是,根据费马定理,$p \mid (n!)^p-n!$.由此推出 $p \mid 2n!$,这是不可能的,因为 p 是大于 n 的奇质数.于是 p 应该是形如 $4k+1$ 的数.所以,我们证明了对于每一个自然数 $n>1$,存在大于 n,形如 $4k+1$ 的质数(数 $(n!)^2+$

1 的每一个质因数都是这样的数). 这样就证明了下述定理.

定理 10 形如 $4k+1$ 的质数有无穷多个.

现在提出一个与我们刚才的证明有关的问题, 对于每一个形如 $4k+1$ 的质数 p, 是否都存在自然数 n, 使 $p \mid (n!)^2+1$ (例如, 我们有 $5 \mid (2!)^2+1, 13 \mid (6!)^2+1$). 可以证明(见 §19), 如果 p 是形如 $4k+1$ 的质数, 那么 $p \mid \left[\left(\dfrac{p-1}{2}\right)!\right]^2 + 1$. 于是 $17 \mid (8!)^2+1, 29 \mid (14!)^2+1, 37 \mid (18!)^2+1$.

同样产生一个问题, 有多少个形如 $4k+3$ 的质数. 证明这样的质数有无穷多个要用到以下引理.

引理 每一个形如 $4k+3$ 的自然数至少有一个同样形式的质因数.

证明 设 $n=4k+3$. 显然, 这个数有形如 $4t+3$ 的自然数约数(这里 t 是整数), 因为它本身就是其中之一. 用 p 表示这样的因数中最小的一个. 显然 $p>1$. 如果 p 是合数, 我们就有 $p=ab$, 这里 a 和 b 是大于 1, 且小于 p 的自然数, 并且都是奇数, 因为 p 是形如 $4k+3$ 的数, 本身就是奇数. a, b 两数不可能都是形如 $4t+1$ 的数, 因为此时它们的积 $p=ab=(4t_1+1)(4t_2+1)=4(4t_1t_2+t_1+t_2)+1$ 是 $4t+1$ 的形式, 这不可能. 于是, a, b 两数中至少有一个是形如 $4t+3$ 的数. 因为 p 的质因数同时也是 n 的质因数, 所以 n 具有小于 p, 且形如 $4t+3$ 的自然数因数, 这与数 p 的定义矛盾. 于是, p 是质数. 引理证毕.

现在设 n 是任意自然数. 数 $4n!-1$ 显然是形如 $4k+3$ 的自然数. 根据引理, 它至少有一个形如 $4t+3$ 的质因数 p. 这里应该有 $p>n$, 因为能被 p 整除的数 $4n!-1$, 显然不能被任何一个大于 1, 且小于或等于 n 的自然数整除. 这样, 我们就证明了对于每一个自然数 n, 存在大于 n, 且形如 $4k+3$ 的质数.

因此, 我们就证明了下述定理.

定理 11 形如 $4k+3$ 的质数有无穷多个.

对于实数 x, 用 $\pi_1(x)$ 表示不大于 x, 形如 $4k+1$ 的质数的个数, $\pi_3(x)$ 表示不大于 x, 形如 $4k+3$ 的质数的个数. 例如 $\pi_1(10)=1; \pi_3(10)=2; \pi_1(17)=\pi_3(17)=3; \pi_1(100)=11; \pi_3(100)=13$. 对于 $x<26\,861$ 检验后, 有 $\pi_1(x) \leqslant \pi_3(x)$. 但是, 认为永远有 $\pi_1(x) \leqslant \pi_3(x)$, 那就错了. 因为里奇(J. Leech)在 1957 年确定, 对于 $x=26\,861$, 有 $\pi_1(x)=1\,473, \pi_3(x)=1\,472$.

早在 1914 年李特伍德就已证明, 存在无穷多个自然数 x, 有 $\pi_1(x)>\pi_3(x)$, 也存在无穷多个自然数 x, 有 $\pi_1(x)<\pi_3(x)$. 所以, 我们将看到, 即使这些关于质数的假定是建立在以进行大量的观察为基础上提出的, 但这样的假定还可能是那么地靠不住.

22

定理 10 和 11 可以用以下形式提出.

在等差数列

$$1,5,9,13,17,21,\cdots$$

和

$$3,7,11,15,19,23,\cdots$$

中的每一个都有无穷多个质数.

现在提出一个与此相关的问题:什么样的由自然数组成的无穷等差数列有无穷多个质数?

设给定一个无穷的等差数列

$$a,a+r,a+2r,\cdots$$

其中首项 a 和公差 r 都是自然数.

如果 a 和 r 有公约数 $d>1$,那么显然该数列中的每一个数都能被 d 整除,所以容易看出,除了首项可能是质数以外,每一项都不是质数. 由此推出:对于首项为 a 和公差为 r 的等差数列有无穷多个质数的必要条件是 a 和 r 没有大于 1 的公约数.正如狄利克雷(P. G. Lejeune Dirichlet,1805—1859)在 1837 年所证明的那样,这个条件也是充分的.

狄利克雷定理的证明虽然后来被不同的作者简化,但还是又长又复杂. 一个证明不是很简单的定理是,在每一个等差数列中,如果首项和公差没有大于 1 的公约数,那么至少可以找到一个质数. 可以认为,这个定理较狄利克雷定理弱一些. 但是,不难证明,两者等价.

狄利克雷定理的一些特殊情况(关于所谓等差数列的定理)可以简单地证明. 例如,对于 $a=5,r=6$ 的情况我们将给出证明,为此考察以下引理.

引理 每一个形如 $6k+5$ 的自然数至少有一个同样形式的质因数.

这一引理的证明完全类似于 $4k+3$ 型的数的证明,仅有的差别是把 $4k+3$ 换成 $6k+5$,然后利用形如 $6t+5$ 的数是不能被 2 和 3 整除的特征,于是可以得到形如 $6k+5$ 的数只可能有形如 $6t+1$ 或 $6t+5$ 的数的约数,而两个形如 $6t+1$ 的数的乘积仍是同样形式的数.

为了证明这一定理,我们任取自然数 n.此时数 $6n!-1$ 显然形如 $6k+5$,于是由引理,数 $6n!-1$ 将有同样的形式的质因数 p,并且容易看出 $p>n$.于是,对于每一个自然数 n,存在的形如 $6k+5$ 的质数 $p>n$.由此推得:

定理 12 形如 $6k+5$ 的质数有无穷多个.

因此,等差数列 $5,11,17,23,29,35,\cdots$ 有无穷多个质数.因此,包括前一个等差数列的所有项的等差数列

$$2,5,8,11,14,17,20,\cdots$$

更不用说,有无穷多个质数,也就是说,存在无穷多个形如 $3k+2$ 的质数.

可以容易证明,还存在另一些等差数列,它们都有无穷多个质数.例如,数列 $8k+1$ 就是这样的数列(这里 $k=1,2,3,\cdots$).

§16 关于质数的一些猜想

现在设 n 是给定的大于 1 的自然数.将自然数 $1,2,3,\cdots,n^2$ 排成 n 行,每一行 n 个数,也就是列成表 1.

表 1

1	2	$\cdots$	k	$\cdots$	n
$n+1$	$n+2$	$\cdots$	$n+k$	$\cdots$	$2n$
$2n+1$	$2n+2$	$\cdots$	$2n+k$	$\cdots$	$3n$
$\vdots$	$\vdots$	$\vdots$	$\vdots$	$\vdots$	$\vdots$
$(n-1)n+1$	$(n-1)n+2$	$\cdots$	$(n-1)n+k$	$\cdots$	n^2

这张表格的各列都形成一个等差数列(有 n 项).欣泽尔提出了一个假设,如果 k 是小于 n 的自然数,且与 n 没有大于 1 的公约数,那么表格中的第 k 列至少有一个质数.高尔泽列夫斯基(A. Gorzelewski)对所有小于或等于 100 的自然数 n 检验了这一假设.

谢尔品斯基提出了一个假设,所研究的表格(这里 $n>1$)的每一行至少包含一个质数.这一假设是由欣泽尔利用韦斯特(A. E. Western)和雷默(D. H. Lehmer)的表格对所有小于或等于 4 500 的自然数 n 验证的.表格的第一行(对于 $n>1$)总是包含质数 2.表格的第二行至少包含一个质数是肯定的,容易看出,它等价于切比雪夫定理,因此是正确的.同样证明了对于 $n\geqslant3$,表格的第三行至少包含一个质数,换言之,(对于 $n\geqslant3$)在 $2n$ 和 $3n$ 之间至少有一个质数(对于 $n=2$ 也成立).一般地,证明了对于 $n\geqslant9$,在表格的前九行中的每一行中至少包含一个质数.

因为表格的最后两行是

$$(n-1)^2,(n-1)^2+1,\cdots,n^2-n$$
$$n^2-n+1,n^2-n+2,\cdots,n^2$$

24

所以由谢尔品斯基的假设推出,每两个连续自然数的平方之间至少有两个质数.

此外,因为容易证明:如果 m 是自然数,那么存在自然数 n,使

$$m^3 \leqslant (n-1)^2 \text{ 和 } n^2 \leqslant (m+1)^3$$

成立.所以由谢尔品斯基的假设推出,每两个连续自然数的立方之间至少有两个质数.

我们不知道,这是否正确,但是已经证明了,对于足够大的自然数 m,在 m^3 和 $(m+1)^3$ 之间包含任意多个质数.

这里我们还要提到,正如斯古拉(L. Skula)指出的那样,由所研究的表格(对于 $n=2,3,\cdots$)的假设推出第 $n+1$ 行和第 $n+2$ 行都至少有一个质数(或者对于大于 1 的自然数 n,数列 $n^2+1, n^2+2, \cdots, n^2+n$ 和 $n^2+n+1, n^2+n+2, \cdots, n^2+2n$ 至少包含一个质数).对于第 $n+3$ 行,一般地说,这是不正确的.例如,当 $n=2$ 或 $n=4$ 时,得到数列 9,10 和 25,26,27,28,没有任何质数.

由所研究的表格的假设同样可以容易推出,如果将所有的自然数按照第 n 行有 n 个数依次写出,即如果排出一个无限的三角形排列

$$
\begin{array}{ccccc}
1 \\
2 & 3 \\
4 & 5 & 6 \\
7 & 8 & 9 & 10 \\
11 & 12 & 13 & 14 & 15 \\
\vdots & \vdots & \vdots & \vdots & \vdots
\end{array}
$$

那么这个排列从第二行开始的每一行中,可以至少找到一个质数.我们不知道这个假设是否正确.

§17 拉格朗日定理

定理 13 如果 p 是质数

$$f(x) = a_0 x^n + a_1 x^{n-1} + \cdots + a_{n-1} x + a_n \tag{1}$$

是次数 $n \geqslant 1$ 的整系数多项式,这里 x 的最高次项的系数 a_0 不能被 p 整除,那么在数

$$x = 0, 1, 2, 3, \cdots, p-1 \tag{2}$$

中,存在不多于 n 个使 $f(x)$ 能被 p 整除的数.

25

证明 对于一次多项式定理成立. 事实上, 如果式(2)的数中至少有两个不同的数 x_1 和 $x_2 > x_1$, 使 $p \mid f(x_1)$ 和 $p \mid f(x_2)$, 那么我们有 $p \mid f(x_2) - f(x_1)$, 因为 $f(x) = a_0 x + a_1$, 所以我们有 $p \mid a_0(x_2 - x_1)$, 这里 $x_2 - x_1$ 是数列(2)中两个不同的数之差, 小于 p, 所以不能被 p 整除. 因此 p 是两个不能被 P 整除的自然数的乘积的约数, 这与定理 7 矛盾.

现在设 n 是某个大于 1 的自然数. 我们假定对 $n-1$ 次多项式定理成立, 在这种情况下, 我们假定对于某一个 n 次多项式(1), 拉格朗日定理不成立, 存在一组整数 $x_1, x_2, \cdots, x_{n+1} \ (0 \leqslant x_1 < x_2 < \cdots < x_{n+1} < p)$, 对于 $i = 1, 2, \cdots, n+1$, 有 $p \mid f(x_i)$.

我们有 $f(x) - f(x_1) = a_0(x^n - x_1^n) + a_1(x^{n-1} - x_1^{n-1}) + \cdots + a_{n-1}(x - x_1)$. 因为对于 $k = 2, 3, \cdots, n$ 有 $x^k - x_1^k = (x - x_1)(x^{k-1} + x_1 x^{k-2} + \cdots + x_1^{k-2} x + x_1^{k-1})$, 所以容易得到

$$f(x) - f(x_1) = (x - x_1) f_1(x) \tag{3}$$

这里 $f_1(x)$ 是(与 $a_0, a_1, \cdots, a_n$ 和 x_1 有关的) $n-1$ 次整系数多项式, 并且 x^{n-1} 的系数是 a_0, 它不能被 p 整除.

根据恒等式(3), 我们得到

$$f(x_i) - f(x_1) = (x_i - x_1) f_1(x_i) \tag{4}$$

这里 $i = 2, 3, \cdots, n+1$.

但是, 对于 $i = 1, 2, 3, \cdots, n+1$, 有 $p \mid f(x_i)$, 推出

$$p \mid f(x_i) - f(x_1), \quad i = 2, 3, \cdots, n+1$$

这就是说, 根据(4), 我们有

$$p \mid (x_i - x_1) f_1(x_i), \quad i = 2, 3, \cdots, n+1$$

而因为对于 $i = 2, 3, \cdots, n+1$, 数 $x_i - x_1$ 不能被 p 整除, 所以由定理 7, 应该有

$$p \mid f_1(x_i), \quad i = 2, 3, \cdots, n+1$$

这与假定对 $n-1$ 次多项式定理成立矛盾.

推论 如果 p 是质数, 而式(1)是整系数 n 次多项式, 如果存在多于 n 个自然数 $x < p$, 使 $f(x)$ 能被 p 整除, 那么多项式(1)的所有系数都能被 p 整除.

证明 我们假定多项式(1)满足推论的条件, 但是不是所有的系数都能被 p 整除. 设 a_{n-k} 是按顺序第一个不能被 p 整除的系数. 假定 $k > 0$. 对于每一个自然数 x, $f(x)$ 能被 p 整除, 显然

$$g(x) = a_{n-k} x^k + a_{n-k+1} x^{k-1} + \cdots + a_n$$

也能被 p 整除. 因此, 对于 k 次多项式 $g(x)$, 存在多于 n 个自然数, 但因为 $k \leqslant$

26

n,所以也多于 k 个自然数 $x < p$,有 $p \mid g(x)$,这与拉格朗日定理矛盾(因为 a_{n-k} 不能被 p 整除,所以可以应用).于是我们假定 $k = 0$,也就是说,除了 a_n 以外,多项式(1)的所有系数都能被 p 整除.但此时由于存在数 x,使 $f(x)$ 能被 p 整除,所以,从公式(1)出发,我们应该断定 $p \mid a_n$.因此,推论不成立.这一假定在每一种情况下都导致矛盾.

§18 威尔逊定理

现在给出一个对 §17 中推论的证明的一个重要应用.设 p 是质数,且
$$f(x) = (x-1)(x-2)\cdots(x-p+1) - x^{p-1} + 1$$
是一个 $p-2$ 次整系数多项式.根据费马定理,对于 $x = 1, 2, \cdots, p-1$,我们有 $p \mid x^p - x = x(x^{p-1} - 1)$,由此得 $p \mid x^{p-1} - 1$.

但是对于 $x = 1, 2, \cdots, p-1$,显然我们也有
$$p \mid (x-1)(x-2)\cdots(x-p+1)$$
因为对于这样的 x,上面的乘积的因子中有一个等于零.考虑到两个不同的,且都能被 p 整除的数的差能被 p 整除,所以我们断定对于 $x = 1, 2, \cdots, p-1$,有 $p \mid f(x)$.

因此,根据拉格朗日定理的推论(对于 $n = p-2$),我们可以断定,该多项式的所有系数,也包括常数项都能被 p 整除.

但是对于奇数 p(因为 $(-1)^{p-1} = 1$),多项式 $f(x)$ 的常数项是 $1 \cdot 2 \cdot 3 \cdots (p-1) + 1$ 或 $(p-1)! + 1$,于是,如果 p 是奇质数,那么 $p \mid (p-1)! + 1$,但是,这对于 $p = 2$ 也成立,因为 $1! + 1 = 2$.于是我们证明了:

定理 14(威尔逊) 对于每一个质数 p,数 $(p-1)! + 1$ 能被 p 整除.

应该注意到,如果对于自然数 $n > 1$,数 $(n-1)! + 1$ 能被 n 整除,那么 n 应该是质数.实际上,如果 n 是合数,那么由于 $n = ab$,这里 a 和 b 都是大于 1 且小于 n 的自然数,数 a 是乘积 $1 \cdot 2 \cdots (n-1)$ 的一个因子,于是数 $(n-1)! + 1$ 除以 a 的余数是 1,同时它能被 n 整除,更不用说,应该也能被 a 整除.所得的矛盾证明 n 应该是质数.

于是,自然数 $n > 1$ 是质数的充要条件是 $(n-1)! + 1$ 能被 n 整除.

这样,在理论上,我们可以只利用一次除法就可搞清楚一个给定的数是不是质数.但是实际上利用这一方法并不方便,因为对于三位数 n,$(n-1)! + 1$ 就超过 100 位数字了.

现在产生一个与威尔逊定理有关的问题，是否可能存在质数 p，使 $(p-1)!+1$ 能被 p^2 整除. 原来，对于 $p \leqslant 30\,000$ 只有三个这样的数：5，13 和 563. 我们不知道，是否存在无穷多个这样的数 p.

费马定理和威尔逊定理可以结合为以下定理：

如果 p 是质数，那么对于任何整数 a，数 $a^p+(p-1)!\,a$ 能被 p 整除.

事实上，如果 p 是质数，a 是任意整数，那么根据费马定理，a^p-a 能被 p 整除，因为根据威尔逊定理，数 $a+(p-1)!\,a=[1+(p-1)!\,]a$ 能被 p 整除，那么它们的和 $a^p+(p-1)!\,a$ 也能被 p 整除. 另一方面，如果对于任何整数 a，$a^p+(p-1)!\,a$ 能被 p 整除，那么当 $a=1$ 时，我们由此得到威尔逊定理，并由此推出，当 a 是任何整数时，$p\mid(p-1)!\,a+a$，但因为 $p\mid a^p+(p-1)!\,a$，所以 $p\mid a^p+(p-1)!\,a-[(p-1)!\,a+a]$，即 $p\mid a^p-a$，这就给出了费马定理.

也容易证明，费马定理和威尔逊定理也可以结合为以下定理：

如果 p 是质数，a 是整数，那么数 $(p-1)!\,a^p+a$ 能被 p 整除（莫泽尔）.

从威尔逊定理推出：

定理 15（莱布尼茨） 自然数 $p>2$ 是质数的充要条件是数 $(p-2)!-1$ 能被 p 整除.

证明 如果自然数 $p>2$ 是质数，那么根据威尔逊定理，数 $(p-1)!+1$ 能被 p 整除. 考虑到 $(p-1)!=(p-2)!\,(p-1)$，我们有 $(p-1)!+1=(p-2)!\,p-[(p-2)!-1]$，显然推出数 $(p-2)!-1$ 能被 p 整除.

另一方面，如果 $p\mid(p-2)!-1$，那么 $p\mid(p-1)!-(p-1)$，所以 $p\mid(p-1)!+1$，由此推得（记得 $p>2$），上面已证，p 应该是质数，因此莱布尼茨定理证毕.

如果 p 是大于 3 的质数，那么 $(p-1)!>p$，因为此时 $(p-1)!\geqslant 2(p-1)=p+(p-2)>p$. 所以数 $(p-1)!+1$ 是大于 p 的数，根据威尔逊定理，它能被 p 整除，所以是合数.

于是，如果质数 $p>3$，那么 $(p-1)!+1$ 是合数. 由此推出，存在无穷多个自然数 n，使 $n!+1$ 是合数. 是否存在无穷多个自然数 n，使 $n!+1$ 是质数，这我们不知道.

数 $1!+1=2，2!+1!=3，3!+1=7$ 是质数；下一个这种形式的质数是 $11!+1=39\,916\,801$. 我们不知道 $27!+1$ 是不是质数.

根据莱布尼茨定理可以容易推出，存在无穷多个自然数 n，使 $n!-1$ 是合数. 但是，我们不知道，是否存在无穷多个自然数 n，使 $n!-1$ 是质数（数 $3!-1=5，4!-1=23，6!-1=719$ 是质数）. 我们也不知道，当 p 是质数时，在形

28

如 $p!+1$ 和 $p!-1$（这里 p 是质数）的每一类的数中是否都存在无穷多个合数.

我们不知道如何回答这个问题：是否存在无穷多个自然数 n，使 $p_1 p_2 \cdots p_n+1$ 是质数（p_n 是第 n 个质数）. 还有一个问题的答案我们也不知道：是否存在无穷多个自然数 n，使 $p_1 p_2 \cdots p_n+1$ 是合数.

数 $p_1+1=3, p_1 p_2+1=7, p_1 p_2 p_3+1=31, p_1 p_2 p_3 p_4+1=211$, $p_1 p_2 p_3 p_4 p_5+1=2\,311$ 都是质数，但是对于 $n=6,7$ 和 8，数 $p_1 p_2 \cdots p_n+1$ 是合数，分别能被 $59,19$ 和 347 整除.

我们还将证明（这是欣泽尔的想法），对于自然数 $n>3$，所有小于 n 的质数的乘积 Q_n 将大于 n.

我们假定对于某个大于 3 的自然数 n，有 $Q_n \leqslant n$. 此时我们有 $Q_n-1<n$. 数 Q_n-1 不能被小于 n 的任何质数整除（因为这样的数是 Q_n 的约数），所以，考虑到 $n \geqslant 4$，我们断定数 $Q_n-1 \geqslant Q_4-1=5>1$ 有质因数 p，应该有 $p \geqslant n$. 但此时 $Q_n-1 \geqslant n$，这导致矛盾，所以对于 $n>3$，有 $Q_n>n$，这就是要证明的.

对于所有小于或等于 n 的质数的乘积 P_n，可以证明，对于自然数 n，不等式 $P_n<4^n$ 成立，而对于 $n \geqslant 29$，不等式 $P_n>2^n$ 成立.

同样证明了，对于 $n>2$，所有小于或等于 n 的质数的和将大于 n.

§19 将质数表示为两个平方数的和

现在设 p 是形如 $4k+1$ 的质数，注意到 $\dfrac{p-1}{2}=2k$ 是偶数，我们发现，数

$$1 \cdot 2 \cdot 3 \cdot \cdots \cdot \frac{p-1}{2}=(-1) \cdot (-2) \cdot (-3) \cdot \cdots \cdot \left(-\frac{p-1}{2}\right)$$

除以 p 与数

$$(p-1) \cdot (p-2) \cdot \cdots \cdot \left(p-\frac{p-1}{2}\right)$$

除以 p 的余数显然相同.

但是如果将后者的各个因子按相反的顺序写出，那么可表示为

$$\frac{p+1}{2} \cdot \left(\frac{p+1}{2}+1\right) \cdot \cdots \cdot (p-2) \cdot (p-1)$$

所以，如果我们乘以 $\left(\dfrac{p-1}{2}\right)!$，注意到 $\dfrac{p+1}{2}=\dfrac{p-1}{2}+1$，那么我们发现，所得到

的数$(p-1)!$除以p的余数与$\left(\dfrac{p-1}{2}\right)!^2$除以$p$的余数相同.根据威尔逊定理,$(p-1)!+1$能被$p$整除.所以$\left(\dfrac{p-1}{2}\right)!^2+1$也能被$p$整除.这样,我们就证明了下述定理.

定理 16 如果p是形如$4k+1$的质数,那么数$\left(\dfrac{p-1}{2}\right)!^2+1$能被$p$整除.

为了从这一定理推出一个结论,我们有:

引理 如果p是质数,a是不能被p整除的整数,那么存在自然数$x<\sqrt{p}$,和$y<\sqrt{p}$,适当选取"$+$"号或"$-$"号时,$ax\pm y$能被p整除.

证明 设p是给定的质数,m是小于或等于$\sqrt{p}$的最大自然数,所以$m+1>\sqrt{p}$,于是$(m+1)^2>p$.现在研究整数$ax-y$(这里x和y的取值为$0,1,2,\cdots,m$).这样的整数有$(m+1)^2>p$个,因为将这些数除以p时得到的不同的余数应该不大于p,所以有两个不同的数组x_1,y_1和x_2,y_2,例如,设$x_1\geqslant x_2$,使数ax_1-y_1和ax_2-y_2除以p应该得到相同的余数,这表明数$ax_1-y_1-(ax_2-y_2)=a(x_1-x_2)-(y_1-y_2)$应该能被$p$整除.这里$x_1=x_2$的情况要排除,因为在这种情况下,数$y_1-y_2$能被$p$整除,由于$0\leqslant y_1\leqslant m\leqslant\sqrt{p}<p$,类似地,有$0\leqslant y_2<p$,这不可能,因为$x_1,y_1$和$x_2,y_2$是两组不同的数.同样可以排除$y_1=y_2$的情况,因为在这种情况下,$a(x_1-x_2)$将能被$p$整除,因为根据数$a$的定义,推出$x_1-x_2$能被$p$整除,这是不可能的(下面我们将证明差$y_1-y_2$的情况相同).此外,因为$x_1\geqslant x_2$,且$x_1\neq x_2$,所以数$x_1-x_2$是自然数,而$y_1-y_2$是不等于$0$的整数,于是适当取符号后,数$y=\pm(y_1-y_2)$也是自然数.现在注意到$x=x_1-x_2\leqslant x_1\leqslant m\leqslant\sqrt{p}$,于是$x<\sqrt{p}$,这是因为$p$是质数,所以$x^2=p$是不可能的.类似地,$y<\sqrt{p}$.此时在适当选取符号后,数$ax\pm y$等于$a(x_1-x_2)-(y_1-y_2)$能被$p$整除.于是引理证毕.

现在设p是形如$4k+1$的质数,$a=\left(\dfrac{p-1}{2}\right)!$是不能被$p$整除的数(根据定理7的推论,它是小于$p$的一些自然数的积).此时,由这一引理,存在自然数$x<\sqrt{p}$和$y<\sqrt{p}$,在适当选取"$+$"号或"$-$"号时,数$ax\pm y$能被$p$整除.因此,在任何情况下,数$a^2x^2-y^2=(ax+y)(ax-y)$将能被$p$整除.但是根据定理16,数$a^2+1$能被$p$整除,于是数$a^2x^2+x^2$也能被$p$整除.由于$a^2x^2+x^2$和$a^2x^2-y^2$都能被$p$整除,所以它们的差$x^2+y^2$也能被$p$整除,于是$x^2+y^2=kp$,这里$k$是自然数.因为$x<\sqrt{p}$和$y<\sqrt{p}$,所以$x^2+y^2<2p$,或者说,$kp<2p$,推

出 $k < 2$,又因为 k 是自然数,所以 $k = 1$,即 $x^2 + y^2 = p$. 这样,我们就证明了下述定理.

定理 17(费马) 每一个形如 $4k+1$ 的质数都是两个自然数的平方和.

例如,$5 = 1^2 + 2^2$,$13 = 2^2 + 3^2$,$17 = 1^2 + 4^2$,$29 = 2^2 + 5^2$,$37 = 1^2 + 6^2$,$41 = 4^2 + 5^2$,$53 = 2^2 + 7^2$,$61 = 5^2 + 6^2$,$73 = 3^2 + 8^2$.

现在证明,如果不改变各加数的顺序,那么这样的质数表示为两个自然数的平方和是唯一的.

我们先来证明以下更一般的命题:

定理 18 设 a 和 b 是给定的自然数,此时任何质数 p 都不能用两种不同的方法表示为 $p = ax^2 + by^2$ 的形式,这里 x, y 是自然数. 在 $a = b = 1$ 的情况下,不考虑各加数的顺序.

证明 假定质数 p 可以有两种方法表示:

$$p = ax^2 + by^2 = ax_1^2 + by_1^2$$

这里 x, y, x_1, y_1 是自然数. 由此得到

$$p^2 = (axx_1 + byy_1)^2 + ab(xy_1 - yx_1)^2$$
$$= (axx_1 - byy_1)^2 + ab(xy_1 + yx_1)^2$$

但是 $(axx_1 + byy_1)(xy_1 + yx_1) = (ax^2 + by^2)x_1y_1 + (ax_1^2 + by_1^2)xy = p(x_1y_1 + xy)$. 所以左边的因子中至少有一个应该能被质数 p 整除.

如果 $p \mid axx_1 + byy_1$,那么由 p^2 的第一个表达式推得 $xy_1 - yx_1 = 0$,于是 $xy_1 = yx_1$,$p = axx_1 + byy_1$,$px = (ax^2 + by^2)x_1 = px_1$,于是 $x = x_1$,这也表明 $y = y_1$.

如果 $p \mid xy_1 + yx_1$,那么由 p^2 的第二个表达式推得 $axx_1 - byy_1 = 0$,于是 $p^2 = ab(xy_1 + yx_1)^2$,并且如果考虑到数 x, y, x_1 和 y_1 是自然数,那么后者只有当 $a = b = 1$ 时成立. 所以有 $p = xy_1 + yx_1$ 和 $xx_1 - yy_1 = 0$,这给我们等式 $px = (x^2 + y^2)y_1 = py_1$,由此推得 $x = y_1$,于是(注意到 $p = x^2 + y^2 = x_1^2 + y_1^2$)这也表明 $y = x_1$. 这样,我们的表达式的不同之处只是在加数的顺序上. 定理 18 证毕.

由定理 18 立刻推出如果一个自然数可以用两种方法表示为两个自然数的平方和(如果两个表达式只是各加数的顺序不同,那就不能算不同),那么这个自然数就不是质数. 所以,例如由 $2\,501 = 1^2 + 50^2 = 10^2 + 49^2$,我们就可断定 $2\,501$ 不是质数.

设 m 和 n 是自然数. 我们有 $m^4 + 4n^4 = (m^2)^2 + (2n^2)^2 = (m^2 - 2n^2)^2 +$

$(2mn)^2$.

如果 $m=n$ 或者 $m=2n$,那么我们的两个平方和的表达式是相同的,但此时我们或者有 $m^4+4n^4=5n^4$,此时只有当 $m=n=1$ 时,这才是质数,或者有 $m^4+4n^4=20n^4$,这是个合数.如果 $m\neq n$ 且 $m\neq 2n$,那么容易证明我们的两个平方和的表达式只是各加数的顺序不同,这表明 m^4+4n^4 是合数.于是,

如果 m 和 n 是自然数,其中至少有一个不等于 1,那么 m^4+4n^4 是合数.

特别地(对于 $m=1$),由此推出,所有形如 $4n^4+1$ 的数是合数,这里 n 是大于 1 的自然数.

如果给定的自然数有两种方法表示为两个自然数的平方和(不只是各加数的顺序不同),那么不难证明,可以找到这个数用两个大于 1 的自然数的乘积的表示法.

特别地,可以用完全初等的方法得到两个因式的乘积的以下表达式

$$m^4+4n^4=(m^2+2mn+2n^2)(m^2-2mn+2n^2)$$

但是,我们注意到,如果一个自然数只可用一种方法表示为两个自然数的平方和的形式,那还不能推出这个数就是质数.容易验证,例如,数 $10,18,45$ 都只有一种表示方法

$$10=1^2+3^2,18=3^2+3^2,45=3^2+6^2$$

但是,可以证明,如果奇自然数 n 只有一种方法表示为两个大于或等于 0 的整数的平方和的形式(如果只是各加数的顺序不同就不算不同),并且表达式的各加数没有大于 1 的公约数,那么 n 就是质数.根据这一点,利用在华沙综合大学的电子计算机 EMC 成功证明数 $2^{39}-7$ 是质数;研究的结果表明这个数只有一种方法表示为两个平方和的形式,即

$$2^{39}-7=64\ 045^2+738\ 684^2$$

并且这一表达式中的两个加数没有大于 1 的公约数.

对于 $n=4,5,\cdots,38$,已知 2^n-7 是合数.厄多斯在 1956 年提出一个问题,对于 $n>3$,是否所有的数 2^n-7 都是合数.正如我们所见这个问题的答案是否定的.

对于 $n=40,41,\cdots,50$,已知 2^n-7 是合数,因为已经证实这些数分别能被 $3,5,3,107,3,5,3,11,3,61,3$ 整除.因此对于满足 $3<n\leqslant 50$ 的自然数 n,在数 2^n-7 中只有一个质数($n=39$).

容易证明,当 p 是质数时,在数 2^p-7 中有无穷多个合数.实际上,根据定理 10,存在无穷多个形如 $4k+1$ 的质数,对于每一个这样的质数 p,由于 $5\,|\,2^4-1$,我们有 $5\,|\,2^{4k}-1$,由此推得 $5\,|\,2^{4k+1}-2$,这表明 $5\,|\,2^p-7$.

我们不知道,是否存在无穷多个自然数 n,使 2^n-7 是质数.

现在提出一个与定理 17 有关的问题,可以提供一些将另一些质数表示为两个平方和的信息.

显然,数 2 只有一种方法表示为两个自然数的平方和的形式:$2=1^2+1^2$. 所以余下来还要研究形如 $4k+3$ 的质数(这里 $k=0,1,2,\cdots$). 容易证明,没有一个这种形式的质数可以表示为两个自然数的平方和的形式. 实际上,由于这样的数是奇数,所以在 $4k+3=x^2+y^2$ 的情况下,整数 x 和 y 不可能都是偶数,也不可能都是奇数. 所以这两个数应该是一奇一偶. 但是偶数的平方除以 4 余 0,奇数的平方除以 4 余 1. 于是 x^2+y^2 除以 4 余 1,但此时 $4k+3$ 除以 4 余 3. 因此当 x 和 y 都是整数时,公式 $4k+3=x^2+y^2$ 不可能成立.

这样一来,只有数 2 和形如 $4k+1$ 的质数可以表示为两个自然数的平方和的形式,并且都只有一种方法表示(如果只是各加数的顺序不同就不算不同).

以下问题较难回答:什么样的自然数是两个自然数的平方和. 可以证明,自然数 n 是两个自然数的平方和的充要条件是在 n 的质因数分解式中,如果出现形如 $4k+3$ 的质因数,那么这个质因数的指数是偶数,此外,或者出现 2 的指数是奇数,或者 n 至少有一个形如 $4k+1$ 的质因数.

也研究过这样的问题:给定的自然数 n 有多少种方法表示为两个自然数的平方和呢? 原来这与 n 的质因数分解式有关. 可以证明,存在有任意多种方法表示为两个自然数的平方和的自然数. 例如,数 65 有两种方法表示为两个自然数的平方和:$65=1^2+8^2=4^2+7^2$;1 105 有四种这样的表示方法:$1\ 105=4^2+33^2=9^2+32^2=12^2+31^2=23^2+24^2$.

§20　将质数表示为两个平方数的差以及其他一些表示法

现在要问,什么样的质数可以表示为两个自然数的平方差以及有多少种表示方法呢?

假定质数 p 可以表示为两个自然数的平方差:$p=x^2-y^2$,这里 x,y 是自然数,并且显然 $x>y$. 由此得 $p=(x-y)(x+y)$,这表明 $x-y$ 和 $x+y$ 是 p 的自然数约数,并且第一个约数小于第二个约数. 但是因为 p 是质数,所以 $x-y=1,x+y=p$,于是 $x=\dfrac{p+1}{2},y=\dfrac{p-1}{2}$. 于是 p 应该是奇数,并且在这种情况下,我们有唯一的表达式

$$p = \left(\frac{p+1}{2}\right)^2 - \left(\frac{p-1}{2}\right)^2$$

这样就证明了下述定理.

定理 19 每一个奇质数都可以表示为两个自然数的平方差,并且表示方法唯一.

容易证明,大于 1 的自然数可以表示为两个自然数的平方差的充要条件是它除以 4 的余数不是 2.

可以证明,存在可以用多种方法表示为两个自然数的平方差的自然数.由定理 19 推出,可以用多于一种方法表示为两个自然数的平方差的自然数不是质数.

此外,也容易证明,如果一个奇数只有一种方法表示为两个自然数的平方差,那么它是质数.实际上,假定奇数 n 是合数,即 $n=ab$,这里 a 和 b 是大于 1 的自然数.显然,我们有

$$n = \left(\frac{n+1}{2}\right)^2 - \left(\frac{n-1}{2}\right)^2 = \left(\frac{a+b}{2}\right)^2 - \left(\frac{a-b}{2}\right)^2$$

并且,如果 $a \geqslant b$,那么 $n-1 = ab-1 > a-b$(因为 $b > 1$),于是这两个表达式不同.

因此,奇合数至少有两种不同的方法表示为两个整数的平方差的形式.但是我们注意到,存在只有一种方法表示为两个自然数的平方差的形式的奇合数,例如,9 这个数(可以证明这样的数是质数的平方).

现在我们转向将质数表示为三个自然数的平方和的问题.

可以证明,存在无穷多个质数是三个自然数的平方和,也存在无穷多个质数不是三个自然数的平方和.在小于 100 的质数中只有以下几个是三个自然数的平方和

$$3 = 1^2 + 1^2 + 1^2, 11 = 1^2 + 1^2 + 3^2, 17 = 2^2 + 2^2 + 3^2, 19 = 1^2 + 3^2 + 3^2$$
$$29 = 2^2 + 3^2 + 4^2, 41 = 1^2 + 2^2 + 6^2 = 3^2 + 4^2 + 4^2, 43 = 3^2 + 3^2 + 5^2$$
$$53 = 1^2 + 4^2 + 6^2, 59 = 1^2 + 3^2 + 7^2, 61 = 3^2 + 4^2 + 6^2, 67 = 3^2 + 3^2 + 7^2$$
$$73 = 1^2 + 6^2 + 6^2, 83 = 1^2 + 1^2 + 9^2 = 3^2 + 5^2 + 7^2$$
$$89 = 2^2 + 2^2 + 9^2 = 2^2 + 6^2 + 7^2 = 3^2 + 4^2 + 8^2, 97 = 5^2 + 6^2 + 6^2$$

我们也看到,存在由多于一种方法表示为三个自然数的平方和的质数,例如,41,83 和 89.

容易证明,每一个整数都可以用无穷多种方法表示为 $x^2 + y^2 - z^2$ 的形式,这里 x, y, z 是自然数.为此,只要注意到对于整数 k 和 t,以下恒等式成立:

$$2k - 1 = (2t)^2 + (k - 2t^2)^2 - (k - 2t^2 - 1)^2$$

$$2k = (2t + 1)^2 + (k - 2t^2 - 2t)^2 - (k - 2t^2 - 2t - 1)^2$$

至于谈到将质数表示为四个自然数的平方和,那么可以证明,除了 2,3,5,11,17,29 和 41 以外,所有质数都可以表示为四个自然数的平方和.

可以证明,不能表示为五个自然数的平方和的质数只有 2,3 和 7,并且对于任何自然数 $m > 3$,只存在有限多个质数不能表示为 m 个自然数的平方和.

乔拉(I. Chowla) 提出一个假设,如果把数 1 看作为质数(以前有时候这样做过),那么每一个质数都是 8 个或者较少个质数的平方和. 对于小于或等于 288 000 的自然数,这一点已经验证过.

现在提出一个与定理 17 相关的问题,什么样的质数可以表示为 $x^2 + 2y^2$,或者 $x^2 + 3y^2$ 的形式,其中 x, y 是自然数.这里以下定理成立:

质数 p 能表示为 $x^2 + 2y^2$(这里 x, y 是自然数)的形式的充要条件是 p 是形如 $8k + 1$ 或 $8k + 3$ 的质数. 每一个这种形式的质数只有一种方法表示为 $x^2 + 2y^2$ 的形式(这由定理 18 推出).

例如,$3 = 1^2 + 2 \cdot 1^2, 11 = 3^2 + 2 \cdot 1^2, 17 = 3^2 + 2 \cdot 2^2, 19 = 1^2 + 2 \cdot 3^2$.

现在提出一个假设,存在无穷多个形如 $8k + 1$ 以及 $8k + 3$ 的质数,使 $p = 1 + 2y^2$,这里 y 是自然数;也存在无穷多个这样的质数,使 $p = x^2 + 2 \cdot 1^2$,这里 x 是自然数.例如,$73 = 1^2 + 2 \cdot 6^2, 83 = 9^2 + 2 \cdot 1^2$.

质数 p 能表示为 $x^2 + 3y^2$(这里 x, y 是自然数)的形式的充要条件是 p 是形如 $6k + 1$ 的质数. 每一个这种形式的质数只有一种方法表示为 $x^2 + 3y^2$ 的形式.

例如,$7 = 2^2 + 3 \cdot 1^2, 13 = 1^2 + 3 \cdot 2^2, 19 = 4^2 + 3 \cdot 1^2, 31 = 2^2 + 3 \cdot 3^2, 37 = 5^2 + 3 \cdot 2^2$. 现在提出一个假设,存在无穷多个形如 $6k + 1$ 的质数 p,使 $p = 1 + 3y^2$,这里 y 是自然数;也存在无穷多个质数 $p = x^2 + 3 \cdot 1^2$,这里 x 是自然数.例如,我们有,$67 = 8^2 + 3 \cdot 1^2, 103 = 10^2 + 3 \cdot 1^2, 109 = 1^2 + 3 \cdot 6^2$.

由定理 17 直接推出,质数 p 能表示为 $x^2 + 4y^2$(这里 x, y 是自然数)的形式的充要条件是 p 是形如 $4k + 1$ 的质数.

也证明了以下定理:

奇质数 p 能表示为 $x^2 - 2y^2$(这里 x, y 是自然数)的形式的充要条件是 p 是形如 $8k + 1$ 或 $8k + 7$ 的质数[①].

[①] 见谢尔品斯基的 Teoria liczb, II, Warszawa, 1959, str. 338, 446.

现在我们要问,什么样的质数是两个自然数的立方和.这个问题可以很容易回答.实际上,如果质数 p 是两个自然数的立方和,$p = x^3 + y^3$,那么 $x + y \mid p$,如果 x,y 中有一个大于 1,那么有 $x + y < x^3 + y^3 = p$,即 p 有大于 1,小于 p 的自然数约数 $x + y$,这是不可能的.因此只可能 $x = y = 1$,于是 $p = 2$.

这样,除了数 $2 = 1^3 + 1^3$ 以外,没有一个质数是两个自然数的立方和.

究竟什么样的质数是两个自然数的立方差呢? 如果 p 是质数,$p = x^3 - y^3$,这里 x,y 是自然数,那么 $x > y$,并且有 $p = (x - y)(x^2 + xy + y^2)$.因为这里的第二个因子大于第一个因子,所以必须有 $x - y = 1$,$x^2 + xy + y^2 = p$,由此得到 $p = x^3 - (x - 1)^3 = 3x^2 - 3x + 1$.

因此,质数 p 是两个自然数(并且是连续的)的立方差的充要条件是,p 是形如 $3x(x - 1) + 1$ 的质数,这里 x 是大于 1 的自然数.

我们说了存在无穷多个这样的质数的假设.对于 $x = 2,3,4,5$,我们得到数 $7 = 2^3 - 1^3$,$19 = 3^3 - 2^3$,$37 = 4^3 - 3^3$,$61 = 5^3 - 4^3$;对于 $x = 6$,得到合数 $91 = 7 \cdot 13$;对于 $x = 7$,得到质数 $127 = 7^3 - 6^3$,对于 $x = 8$ 和 $x = 9$ 得到合数 $169 = 13^2$ 和 $217 = 7 \cdot 31$;对于 $x = 10,11,12$,得到质数 $271 = 10^3 - 9^3$,$331 = 11^3 - 10^3$,$397 = 12^3 - 11^3$;对于 $x = 13$,得到合数 $469 = 7 \cdot 67$;对于 $x = 14$ 和 15,得到质数 $547 = 14^3 - 13^3$ 和 $631 = 15^3 - 14^3$;对于 $x = 16$ 和 $x = 17$,得到合数 $721 = 7 \cdot 103$ 和 $817 = 19 \cdot 43$;对于 $x = 18$,得到质数 $919 = 18^3 - 17^3$.

这样一来,小于 1 000,并能表示为两个自然数的立方差的所有质数如下:$7,19,37,61,127,271,331,397,547,631$ 和 919.

可以容易证明,存在无穷多个不是两个自然数的立方差的质数.事实上,我们证明了每一个能表示为两个自然数的立方差的质数是形如 $3x(x - 1) + 1$ 的数,这里 x 是大于 1 的自然数.但是,在两个连续自然数 $x - 1$ 和 x 中总有一个是偶数.因此,我们的质数必定是 $6k + 1$ 型.但是,根据定理 12,存在无穷多个形如 $6k + 5$ 的质数,其中没有一个是 $6k + 1$ 型的数,因此不是两个自然数的立方差.但是,我们注意到有形如 $6k + 5$ 的合数是两个自然数的立方差,例如,数 $215 = 6 \cdot 35 + 5 = 6^3 - 1^3$.虽然很困难,但是也可以证明,存在无穷多个形如 $6k + 1$ 的质数不是两个自然数的立方差.例如,质数 $31,67,103,139,157$ 就是这样的数.

现在提出一个假设,存在无穷多个质数是三个自然数的立方和.甚至还提出一个更强的假设,形如 $x^3 + 2 = x^3 + 1^3 + 1^3$(这里 x 是自然数)的质数就已经有无穷多个了.例如,质数 $3 = 1^3 + 2$,$29 = 3^3 + 2$,$127 = 5^3 + 2$,$24\ 391 = 29^3 + 2$ 就是这样的数.可以证明存在无穷多个质数不是三个整数的立方和.

容易证明,没有一个大于 2 的质数是两个自然数的 n 次方的和,这里 n 是大于 1 的奇数(证明与上面叙述的对于 $n=3$ 的情况类似).还注意到,罗斯(K. F. Roth)曾在 1951 年证明,每一个足够大的自然数是 8 个自然数的立方和,其中至少有 7 个是质数的立方.

§21　二次剩余

如果 p 是质数,对于每一个整数 r,如果存在整数 x,使 x^2-r 能被 p 整除,那么就称 r 是对 p 的二次剩余.换句话说,有一个整数 r,如果存在一个整数的平方除以 p 的余数就是 r,那么 r 就称为对 p 的二次剩余.不是对 p 的二次剩余的整数称为对 p 的二次非剩余.

显然每一个整数都是对 2 的二次剩余,因为如果 r 是奇数,那么 $2\mid 1^2-r$,如果 r 是偶数,那么 $2\mid 0^2-r$.

现在设 p 是奇质数,我们将搞清楚在数列 $1,2,3,\cdots,p-1$ 中,有多少个是对 p 的二次剩余.

我们用 r_x 表示 x^2 除以 p 的余数.对于整数 x,显然 r_x 全部是对 p 的二次剩余(因为 $p\mid x^2-r_x$).这就是说,特别地,在

$$r_1,r_2,\cdots,r_{\frac{p-1}{2}} \tag{1}$$

(因为我们假定 p 是奇质数,所以数 $\dfrac{p-1}{2}$ 是自然数)中的每一个数都是对 p 的

二次剩余.显然数列(1)中的数都不等于 0(因为数 $1^2,2^2,3^2,\cdots,\left(\dfrac{p-1}{2}\right)^2$ 中的

每一个都不能被 p 整除),于是,数列(1)中的数就是数列 $1,2,3,\cdots,p-1$ 中的

数.我们将证明这些数各不相同.假定对于某两个自然数 i 和 j,$i<j\leqslant\dfrac{p-1}{2}$,

我们有 $r_i=r_j$.这表明 i^2 和 j^2 除以 p 的余数相同,于是 $j^2-i^2=(j-i)(j+i)$ 能被 p 整除.但是由于 i 和 j 不相等,所以数 $j-i$ 和 $j+i$ 是自然数,并且它们都小于 p(因为 $j+i<2j\leqslant p-1<p$).于是,数 p 必定是两个小于 p 的自然数的积,这不可能.

这样,我们就证明了,对于 $i<j\leqslant\dfrac{p-1}{2}$,有 $r_i\neq r_j$.于是,在数列 $1,2,\cdots,$

$p-1$ 中至少有 $\dfrac{p-1}{2}$ 个数是对 p 的二次剩余.现在证明,在这个数列中,除了

(1)中的数,不包含任何其他的二次剩余.为了证明这一点,我们假设数列 1,

$2,\cdots,p-1$ 中的数 r 是对 p 的二次剩余. 此时存在整数 a, 使 $p\mid a^2-r$. 由此推得 $p\mid (a^2)^{\frac{p-1}{2}}-r^{\frac{p-1}{2}}$, 即 $p\mid a^{p-1}-r^{\frac{p-1}{2}}$.

此外, 由于 r 不能被 p 整除, 那么 a 也不能被 p 整除. 所以, 根据费马定理, 我们有 $p\mid a^{p-1}-1$. 于是, $p\mid (a^{p-1}-1)-(a^{p-1}-r^{\frac{p-1}{2}})$, 即 $p\mid r^{\frac{p-1}{2}}-1$. 因此, 对于 $i=1,2,\cdots,\dfrac{p-1}{2}$, 我们有 $p\mid r_i^{\frac{p-1}{2}}-1$. 但是, 根据拉格朗日定理, 多项式 $x^{\frac{p-1}{2}}-1$ 在数列 $1,2,3,\cdots,p-1$ 中不能有多于 $\dfrac{p-1}{2}$ 个不同的 x 值被 p 整除. 由此推得除了数列 (1) 中的 $\dfrac{p-1}{2}$ 个数, 在数列 $1,2,3,\cdots,p-1$ 中没有其他的数 r, 有 $p\mid r^{\frac{p-1}{2}}-1$, 即在这个数列中, 没有其他的对 p 的二次剩余. 这样就证明了下述定理.

定理 20　如果 p 是奇质数, 那么在数列 $1,2,3,\cdots,p-1$ 中恰有 $\dfrac{p-1}{2}$ 个数是对 p 的二次剩余 (因为 $p-1-\dfrac{p-1}{2}=\dfrac{p-1}{2}$, 显然有 $\dfrac{p-1}{2}$ 个数是对 p 的二次非剩余).

由定理的证明直接推出, 为了得到数列 $1,2,3,\cdots,p-1$ 中的所有对奇质数 p 的二次剩余, 只要确定数

$$1^2,2^2,3^2,\cdots,\left(\dfrac{p-1}{2}\right)^2$$

除以 p 的余数. 例如, 用这样的方法我们将找到所有的小于 13, 且对 13 的正的二次剩余是 $1,4,9,3,12,10$, 于是, (在大于 0, 小于 13 的数中) 对 13 的二次非剩余是 $2,5,6,7,8$ 和 11.

正如我们在上面已经证明的那样, 数列 $1,2,3,\cdots,p-1$ 中的数 r 是对 p 的二次剩余的充要条件是 $r^{\frac{p-1}{2}}-1$ 能被 p 整除. 因此, 如果上述数列中的数 a 是对 p 的二次非剩余, 那么数 $a^{\frac{p-1}{2}}-1$ 不能被 p 整除. 但是, 根据费马定理, 数 $a^{p-1}-1$ 能被 p 整除, 因为 $a^{p-1}-1=(a^{\frac{p-1}{2}}-1)\times(a^{\frac{p-1}{2}}+1)$, 并且右边第一个因子不能被 p 整除, 所以第二个因子必能被 p 整除, 即 $p\mid a^{\frac{p-1}{2}}+1$. 于是, 如果 $p\mid a^{\frac{p-1}{2}}-1$, 那么数列 $1,2,3,\cdots,p-1$ 中数 a 是对 p 的二次非剩余, 如果 $p\mid a^{\frac{p-1}{2}}+1$, 那么数 a 是对 p 的二次非剩余.

我们注意到, 对于合数来说, 那么情况就不同了. 例如, 对于 $n=15$, 在小于 15 的自然数中只有 5 个 (少于 $\dfrac{n-1}{2}=7$ 个) 数是对 15 的二次剩余, 即 $1,4,6,9,$

10,而其余 9 个数是对 15 的二次非剩余. 在小于 8 的自然数中,只有两个数,即 1 和 4 是对 8 的二次剩余.

还要注意,维恩斯(A. Вале Винс)发现了一个定理,当且仅当数 $2^2, 3^2,$ $4^2, \cdots, \left(\dfrac{n-1}{2}\right)^2$ 中任何一个除以奇数 n 的余数既不是 0,也不是 1 时,奇数 n 是质数.

对于质数,同样研究了三次剩余、四次剩余以及更高次剩余. 可以证明,对于每一个奇数 n,存在无穷多个质数 p,每一个整数都是对于 p 的 n 次剩余. 例如,对于数 5 和 11,每一个整数是三次剩余,甚至对于数 5 和 7,每一个整数是五次剩余.

证明每一个整数是对质数 7 的五次剩余可从以下公式直接推出,容易验证 $7 \mid 0^5 - 0, 7 \mid 1^5 - 1, 7 \mid 4^5 - 2, 7 \mid 5^5 - 3, 7 \mid 2^5 - 4, 7 \mid 3^5 - 5, 7 \mid 6^5 - 6$

可以证明,对于质数 5 和 17,每一个整数都是任意奇数次剩余. 也可以证明,对于质数 p,每一个整数都是对于 p 的任意奇数次剩余的充要条件是,质数 p 是形如 $2^{2^k} + 1$ 的数,即要使它是费马质数.

§22 费 马 数

形如 $F_k = 2^{2^k} + 1$ 的数称为费马数,这里 $k = 0, 1, 2, \cdots$. 17 世纪的著名数学家费马提出一个假设,所有这样的数都是质数. 这对于 $k = 0, 1, 2, 3, 4$ 是成立的,但是欧拉在 1732 年发现,有十位数字的数

$$F_5 = 2^{2^5} + 1 = 4\ 294\ 967\ 297$$

是合数:它能被 641 整除. 现在我们已经知道有 37 个费马数是合数:$k = 5, 6, 7,$ $8, 9, 10, 11, 12, 13, 14, 15, 16, 18, 23, 36, 38, 39, 55, 58, 63, 73, 77, 81, 117, 125,$ $144, 150, 207, 226, 228, 260, 267, 268, 284, 316, 452, 1\ 945.$

在这 37 个合数中,有些是我们知道其质因数分解式的(例如,F_4 和 F_5);有些是我们不知道的,但是知道它能分解成两个大于 1 的整数的乘积(例如,$F_{1\ 945}$);最后,还有这样一些数,我们不知道其中任何一个分解成两个大于 1 的整数的乘积的情况,虽然我们知道存在这样的分解式(例如,F_7, F_8, F_{13} 和 F_{14}).

我们从已知的最大的合数费马数 $F_{1\ 945}$ 开始. 它超过 10^{582} 位数,所以完全不可能写出. 但是,正如在前面的 §8 中所说的那样,我们知道这个数的最小的质因数是 $m = 5 \cdot 2^{1\ 947} + 1$. 现在提出两个问题:(1)这个质因数是怎么找到的;

(2) 如何验证有 587 位数字的数 m 是不可能写出全部数字的数 F_{1945} 的质因数.

显然,在这里我们既不能将数 F_{1945} 除以数 m,也不能找出这个除法的商.我们用完全不同的方法确信,或者说很快搞清楚,可以如何确信数 F_{1945} 除以 m 的余数是零.

对于整数 t,我们用 $\bar{t}$ 表示 t 除以 m 的余数.从数 $\bar{t}$ 的定义推出,对于每一个整数 t,将有 $m \mid t - \bar{t}$.现在利用条件

$$r_1 = 2^2, r_{k+1} = \overline{r_k^2}, 对于 k = 1, 2, \cdots \tag{1}$$

确定数列 $r_k (k = 1, 2, \cdots)$.

我们将利用归纳法证明

$$m \mid 2^{2^k} - r_k, 对于 k = 1, 2, \cdots \tag{2}$$

显然,公式(2)对于 $k = 1$ 成立,因为 $2^{2^1} - r_1 = 0$.现在假定,公式(2)对于某个自然数 k 成立.在这种情况下,根据式(2),更不用说,有 $m \mid 2^{2^{k+1}} - r_k^2$.再考虑到 $m \mid t - \bar{t}$,对于 $t = r_k^2$,我们有 $m \mid r_k^2 - \overline{r_k^2}$.然后得到 $m \mid 2^{2^{k+1}} - \overline{r_k^2}$.于是,由式(1),$m \mid 2^{2^{k+1}} - r_{k+1}$.这样,我们利用归纳法证明了式(2).对于 $k = 1945$,我们有

$$m \mid F_{1945} - r_{1945} - 1$$

由此推得,数 F_{1945} 与 $r_{1945} + 1$ 除以 m 的余数相同.所以,要研究 F_{1945} 是否能被 m 整除,只需要研究数 $r_{1945} + 1$ 是否能被 m 整除.现在我们明白了,为了计算 r_{1945} 这个数,必须如何进行.由公式(1)推出,因为除以 m 的余数 $r_2, r_3, \cdots$ 全部小于 m,所以其中每一个都不会多于 587 位数字.于是,由公式(1)推出,为了计算 r_{1945},必须对位数不多于 587 的数实施 1944 次平方,再将这些平方数(因此不多于 1175 位数)除以有 587 位数字的数 m.这是要用最现代的电子计算机才能实施的操作.用这样的方法证实,F_{1945} 能被 $m = 5 \cdot 2^{1947} + 1$ 整除,因为 $F_{1945} > m$,这是容易验证的,所以我们断定,数 F_{1945} 是合数.

现在转向这一问题:如何能够找出数 F_{1945} 的质因数.F_n 的每一个自然数约数应该具有 $2^{n+2} \cdot k + 1$(这里 k 是自然数)的形式,这一定理我们是知道的.对于 $n = 1945$ 推出,数 F_{1945} 的约数只可能属于等差数列 $2^{1947} \cdot k + 1$(这里 $k = 0, 1, 2, \cdots$).对于 $k = 0$,我们得到当然约数 1.对于 $k = 1$,数 $2^{n+2} + 1 = 2^{1947} + 1$ 不是质数,因为它显然能被 3 整除.对于 $k = 2$,数 $2^{n+2} \cdot 2 + 1 = 2^{1948} + 1 = (2^4)^{487} + 1$ 能被 $2^4 + 1$ 整除,所以不是质数.对于 $k = 3$,数 $2^{n+2} \cdot 3 + 1 = 2^{1947} \cdot 3 + 1$ 是能被 5 整除的合数.事实上,由 $5 \mid 2^4 - 1$,推得 $5 \mid 2^{1944} - 1$.上式的右边乘以 $2^3 \cdot 3$,得到 $5 \mid 2^{1947} \cdot 3 - 24$,也推出 $5 \mid 2^{1947} \cdot 3 + 1$.对于 $k = 4$,数 $2^{n+2} \cdot 4 + 1 = 2^{1949} + 1$ 能被 3 整除,因此是合数.

40

这样一来,在找到了 $F_{1\,945}$ 的质因数后,我们应该将它除以 $2^{1\,947} \cdot 5 + 1 = m$. 正如已经指出的那样,做除法时没有余数,因为 m 是 $F_{1\,945}$ 的约数中大于 1 的最小整数,所以 m 是质数.

用类似的方法可以研究另外一些费马数. 研究有 10 位数字的费马数 F_5,对于这个费马数,人们确信它是质数,过程十分简单. 我们知道,F_5 的约数必是 $128k + 1$ 的形式. 对于 $k = 1$,我们得到 129,能被 3 整除,于是它是合数;对于 $k = 2$,得到质数 257,它不是 F_5 的约数,这可以直接用除法验证. 对于 $k = 3$,我们得到 385,能被 5 整除,因此是合数;对于 $k = 4$,我们得到 $513 = 2^9 + 1$,能被 3 整除,于是也是合数. (否则,数 $2^{32} = 4^{16} = (3+1)^{16} = (5-1)^{16}$ 除以 3 和除以 5 都余 1,这就是说,数 F_5 除以 3 和除以 5 都余 2,即 F_5 既不能被 3 整除,也不能被 5 整除,所以它也不能被数 129,385 和 513 中的任何一个整除.) 对于 $k = 5$,得到质数 641,对于这个数,直接用除法就可确定它是 F_5 的约数. 所以,我们只利用两次除法就确定 641 是数 F_5 的最小的质因数.

将数 $F_5 = 4\,294\,967\,297$ 除以 641,我们得到商是 $6\,700\,417$. 作为 F_5 的约数,这个数的约数必是形如 $2^7 k + 1$ 的数. 如果这个数是合数,那么它有不大于商的平方根的质因数,即小于 $2\,600$. 因此,对于 k,我们有不等式 $128k + 1 < 2\,600$,由此 $k < 21$. 另一方面,我们知道应该有 $k > 4$,因为 F_5 的最小的质因数是 641. 所以,做不多次除法就可确定 $6\,700\,417$ 是质数,于是,就得到 F_5 的表示为两个不同的质因数的乘积.

对于 F_6,找出了约数 $2^8 \cdot 1\,071 + 1$,所以容易确定它是合数.

在等差数列 $2^{n+2} k + 1$ 的数中寻找 F_n 的质因数实际上只是在 F_n 具有不太大的质因数情况下是可能的. 反之,即使将 k 换成很多个连续自然数,我们也碰不到这样的约数. 例如,对于数 F_7 和 F_8 就是如此. 前者有 39 位数字,后者有 78 位数字. 我们不知道这两个数中的任何一个有任何质因数,也不知道将它们分解成两个大于 1 的自然数的乘积的任何形式. 但是,莫瑞汉德(J. C. Morehead)在 1905 年证明了 F_7 亦是合数,在 1909 年他和韦斯特证明了 F_8 也是合数. 证明是建立在以下定理的基础上的:

定理 21　如果 F_n 是质数,那么数 $3^{2^{2^{n}-1}} + 1$ 能被 F_n 整除.

我们首先证明以下命题.

引理　如果 k 是非负整数,如果数 $p = 12k + 5$ 是质数,那么数 $3^{6k+2} + 1$ 能被 p 整除.

证明　对于 $k = 0$,引理显然成立,所以下面我们认为 k 是自然数. 设 $p =$

$12k+5$. 取前 $6k+2$ 个能被 3 整除的自然数的乘积, 然后将这个乘积的因子分成三组, 将前 $2k$ 个因子列入第一组, 接下来的 $2k+1$ 个因子列入第二组, 余下的 $2k+1$ 个因子列入第三组.

第一组的各个因子的乘积是 $3 \cdot 6 \cdot 9 \cdots \cdot 6k$.

如果将第二组的各个因子用递减的顺序写出的话, 那么得到乘积

$$(12k+3) \cdot 12k \cdot (12k-3) \cdots (6k+6)(6k+3)$$

考虑到 $p=12k+5$, 所以可改写为

$$(p-2)(p-5)(p-8) \cdots [p-(6k+2)]$$

因为这里的因子的个数是奇数 $(2k+1)$, 所以在该乘积展开后将能被 p 整除的加数放在一起, 得到数 $pu-2 \cdot 5 \cdot 8 \cdots \cdot (6k+2)$, 这里 u 是某个整数.

第三组的各个因子的乘积是

$$(12k+6)(12k+9)(12k+12) \cdots (18k+6)$$
$$=(p+1)(p+4)(p+7) \cdots (p+6k+1)$$
$$=pv+1 \cdot 4 \cdot 7 \cdots \cdot (6k+1)$$

这里 v 是某个自然数.

因此, 我们有 $3 \cdot 6 \cdot 9 \cdots \cdot (18k+6)=3 \cdot 6 \cdot 9 \cdots \cdot 6k \cdot [pu-2 \cdot 5 \cdot 8 \cdots \cdot (6k+2)][pv+1 \cdot 4 \cdot 7 \cdots \cdot (6k+1)]=pw-1 \cdot 2 \cdot 3 \cdot 4 \cdot 5 \cdot 6 \cdots \cdot (6k+1)(6k+2)=pw-(6k+2)!$, 这里 w 是整数.

但是 $3 \cdot 6 \cdot 9 \cdots \cdot (18k+6)=(6k+2)! \ 3^{6k+2}$. 由此我们断定, pw 能被 $(6k+2)!$ 整除, 于是 $pw=(6k+2)! \ t$, 这里 t 是整数. 但是 $6k+2<12k+5=p$, 所以数 $(6k+2)!$ 不能被 p 整除. 由于乘积 $(6k+2)!$ 能被 p 整除, 所以 t 必能被 p 整除, $t=ps$, 由此得 $w=(6k+2)! \ s$, 这里 s 是整数. 因此, 我们有 $3^{6k+2}=ps-1$, 由此推得, 数 $3^{6k+2}+1$ 能被 p 整除, 这就是我们要证明的.

现在转向证明定理 21.

证明 设 n 是某个自然数. 此时有 $2^n=2m$, 这里 m 是自然数. $F_n-1=4^m$, 由此推得, 数 F_n-5 能被 4 整除. 另一方面, 我们有 $F_n-1=4^m=(3+1)^m=3t+1$, 这里 t 是自然数. 由此推得 $F_n-5=3(t-1)$, 所以数 F_n-5 能被 4 整除, 原来也能被 3 整除, 于是能被 12 整除, 所以 $F_n=12k+5$, 这里 k 是整数. 因此, 根据引理, 如果数 F_n 是质数, 那么数 $3^{6k+2}+1=3^{\frac{F_n-1}{2}}+1=3^{2^{2^n-1}}+1$ 能被 F_n 整除.

这样, 定理 21 证毕. 我们顺便注意到(虽然以后我们并不怎么需要), 也可以证明定理 21 的逆定理.

42

为了证明数 F_7 是合数,现在利用定理 21. 为此只要证明,数 $3^{2^{127}}+1$ 不能被数 $F_7 = 340\ 282\ 366\ 920\ 938\ 463\ 463\ 374\ 607\ 431\ 768\ 211\ 457$ 整除.

这表明,只要计算数 $3^{2^{127}}$ 除以 F_7 的余数即可. 数 $3^{2^{127}}$ 如此之大,以至于我们不能写出它的全部数字,但是,为了计算数 $3^{2^{127}}$ 除以 F_7 的余数,可以采用以下方法. 数 3^{2^7} 有 62 位数字,于是,我们可以将它写出,并计算它除以 F_7 的余数 r(如果动用电子计算机,现在这已经不难做到了,但是在 1905 年,对莫瑞汉德来说,虽然是可能的,却很困难). 数 r^2 除以数 F_7 的余数 r_1 显然就是 3^{2^8} 除以 F_7 的余数. 用类似的方法 r_1^2 除以 F_7 的余数 r_2 就是 3^{2^9} 除以 F_7 的余数. 继续这一过程,直到得到 $3^{2^{127}}$ 除以 F_7 的余数 r_{120}. 用这样的方法,我们找到 $r_{120} \neq F_7-1$,由此推得,数 $3^{2^{127}}+1$ 不能被 F_7 整除,这就是说,根据定理 21,数 F_7 不是质数.

用类似的方法,我们确信数 F_8 也不是质数. 数 $F_n (n=9,10,11$ 和 $12)$ 中的每一个数都是合数,我们知道这些数的质因数,即有

$$2^{16} \cdot 37+1 \mid F_9, 2^{12} \cdot 11\ 131+1 \mid F_{10}, 2^{13} \cdot 39+1 \mid F_{11}, 2^{14} \cdot 7+1 \mid F_{12}$$

在定理 21 的基础上,利用电子计算机证明了,有 2 467 位数字的 F_{13} 和有 4 933 位数字的 F_{14} 都是合数. 这两个数的任何质因数我们都不知道.

已经证明 F_{15} 和 F_{16} 也都是合数,并且找到了它们的质因数:$2^{21} \cdot 573+1 \mid F_{15}, 2^{18} \cdot 3\ 150+1 \mid F_{16}$.

数 F_{17} 超过 3 万位数字. 当代现有的计算机还不能实施对有几万位数字的数做几万次除以有超过三万位数字的数的除法. 所以至今我们还不能将定理 21 用于数 F_{17} 和 F_{19}.

在 1953 年找到了数 F_{16} 的最小的质因数 $2^{18} \cdot 3\ 150+1$,同样也否定了无穷数列

$$2+1, 2^2+1, 2^{2^2}+1, 2^{2^{2^2}}+1, 2^{2^{2^{2^2}}}+1, \cdots$$

中所有的数都是质数的假设(这个数列中的第 5 项 F_{16} 就是合数). 但是我们不知道,这个数列中是否有无穷多个质数,也不知道是否有无穷多个合数.

我们注意到,数 $2^{2^n+1}+1$(这里 n 是自然数)中任何一个都不是质数,因为它大于 3,且能被 3 整除.

§23 形如 $n^n+1, n^{n^n}+1$ 和其他一些类型的质数

现在提出一个与费马数有关的问题,形如 n^n+1(这里 n 是自然数)的质数

43

有多少个. 假定 n 是自然数, 数 n^n+1 是质数, 众所周知, 每一个自然数 n 是形如 $n=2^k m$ 的数, 这里 k 是大于或等于 0 的整数, m 是奇数. 如果 m 是大于 1 的数, 那么数 $n^n+1=(n^{2^k})^m+1>n^{2^k}+1$, 且能被 $n^{2^k}+1$ 整除, 于是 n^n+1 是合数. 所以 m 应该等于 1, 即 $n=2^k$.

如果 $k=0$, 那么 $n=1$, 且 $n^n+1=2$ 是质数. 如果 $k>0$, 那么 $k=2^r s$(r 是大于或等于 0 的整数, s 是奇数), 如果 $s>1$, 那么数 $n^n+1=n^{2^r s n}+1=(n^{2^r n})^s+1$, 它大于数 $n^{2^r n}+1$, 且能被 $n^{2^r n}+1$ 整除, 所以是合数. 因此 $s=1$, 于是 $k=2^r$, $n=n^{2^r}$, 这表明 $n^n+1=n^{2^r \cdot 2^{2^r}}+1=n^{2^{r+2^r}}+1=F_{r+2^r}$.

这样一来, 当且仅当 $n=2^{2^r}$(这里 r 是大于或等于 0 的整数), 且 F_{r+2^r} 是质数时, n^n+1(这里 n 是大于 1 的自然数) 是质数.

对于 $r=0$, 因为数 $F_1=5$ 是质数, 我们得到质数 $2^2+1=5$. 对于 $r=1$, 因为数 $F_3=257$ 是质数, 我们得到质数 $4^4+1=257$. 对于 $r=2$, 因为已知 F_6 是合数, 能被 $2^8 \cdot 1\,071+1$ 整除, 我们没有得到质数. 对于 $r=3$, 我们也没有得到质数, 因为已知 F_{11} 是合数, 能被 $2^{13} \cdot 39+1$ 整除. 因此, 如果除了数 2, 5 和 257 以外, 还存在形如 n^n+1 的质数, 那么它必定 $\geqslant F_{20}>2^{2^{20}}>2^{10^6}>10^{3 \cdot 10^5}$, 即应该是一个超过 30 万位数字的数.

于是, 在形如 n^n+1(这里 n 是自然数) 的不超过 30 万位数字的数中, 只有三个质数: $1^1+1=2$, $2^2+1=5$, $4^4+1=257$.

要注意这一点, 说除了 2, 5 和 257 以外, 不存在形如 n^n+1(这里 n 是自然数) 的质数的假设还是有风险的. 但是, 要注意到从这个假设将推出存在无穷多个费马数是合数: 这样的数是对于 $r=4,5,6,\cdots$ 的数 F_{r+2^r}, 即数 F_{20}, F_{37}, F_{70}, F_{135}, F_{264}, F_{521}, $F_{1\,034}$, $\cdots$ 就是这样的数. 但是, 到目前为止, 还没有证明其中任何一个是合数.

现在我们研究形如 $n^{n^n}+1$ 的已知质数. 我们有 $1^{1^1}+1=2$, $2^{2^2}+1=17$. 容易证明, 如果数 $n^{n^n}+1$(这里 n 是大于 1 的自然数) 是质数, 那么对于某些整数 $r \geqslant 0$, 应该有 $n=2^{2^r}$, 于是 $n^{n^n}+1=F_{r+2^{r+2^r}}$.

对于 $r=0$, 我们得到质数 $F_2=17$. 对于 $r=1$, 得到数 F_9, 我们知道 F_9 是能被 $2^{16} \cdot 37+1$ 整除的合数. 对于 $r=2$, 我们得到数 F_{66}, 容易证明它是有多于 10^{18} 位数字的数. 由此推出:

在不超过一万亿位数字的数中, 只有两个形如 $n^{n^n}+1$ 的质数, 即 2 和 17.

还要研究在形如 $n \cdot 2^n+1$(这里 $n=1,2,3,\cdots$) 的数中哪一些是质数(这类数称为库伦数(J. Cullen)). 除了数 3 以外($n=1$), 我们还只知道只有一个这样的质数(对于 $n=141$). 至于这样的质数有多少个的问题,还有待我们去发现.

容易证明,除了费马质数以外,不存在形如 2^n+1 的其他质数. 实际上,如果 $n=2^r m$(这里 m 是大于 1 的奇数),那么数 $2^n+1=(2^{2^r})^m+1$ 能被较小的数 $2^{2^r}+1>1$ 整除,于是它是合数. 因此,在形如 2^n+1(这里 $n=1,2,\cdots$)的质数中,我们只知道 5 个,即对于 $n=1,2,4,8,16$ 是这类数中最小的数,我们不知道,数 $2^{8\,192}+1$ 是不是质数. 于是,我们也只知道 4 个形如 $2\cdot 2^n+1$(这里 n 是自然数)的数是质数,即对于 $n=1,3,7$ 和 15. 但是我们知道 19 个形如 $3\cdot 2^n+1$(这里 $n=1,2,\cdots$)的数是质数,即对于 $n=1,2,5,6,8,12,18,30,36,41,66,189,201,209,276,353,408,438,534$. 形如 $4\cdot 2^n+1$(这里 $n=1,2,\cdots$)的质数,我们只知道 3 个:对于 $n=2,6$ 和 14. 形如 $5\cdot 2^n+1$(这里 $n=1,2,\cdots$)的质数,我们知道 12 个:对于 $n=1,3,7,13,15,25,39,55,75,85,127,1\,947$.

对于每一个自然数 $k\leqslant 100$,除了 $k=47$ 和 $k=94$ 以外,我们知道至少有一个自然数 n,使 $k\cdot 2^n+1$ 是质数. 但是可以证明,存在无穷多个自然数 k,使 $k\cdot 2^n+1(n=1,2,\cdots)$ 中的每一个数都是合数.

现在让我们来看形如 2^m+2^n+1 的质数,这里 m 和 n 是自然数,$m>n$. 例如,$2^2+2+1=7,2^3+2+1=11,2^3+2^2+1=13,2^4+2+1=19$ 就是这样的数.

不知道是否存在无穷多个这样的质数. 但是容易证明,存在无穷多个以上形式的合数. 例如,这立刻由等式 $2^{2n}+2^{n+1}+1=(2^n+1)^2$(对于 $n=2,3,\cdots$)推出,或者注意到,对于 $k=1,2,\cdots$,数 $2^{4k+1}+2+1$ 总能被 5 整除,当 k 和 l 是自然数时,$2^{2k}+2^{2l}+1$ 总能被 3 整除. 我们还有分解式 $2^{4k}+2^{2k}+1=(2^{2k}+2^k+1)(2^{2k}-2^k+1)$.

里赫涅耳(A. Richner)确认,对于 $n<24$,只有对于 $n=1,2,3,4,6,7,12,15,16,18$,数 2^n+3 是质数. 容易证明,在数 $2^{2^{2n}}+3$ 中有无穷多个合数,这些数是 $2^{2^{2(3k+1)}}+3(k=0,1,2,\cdots)$,都能被 19 整除. 而对于 $k=0,1,2,\cdots$,数 $2^{2^{2k+1}}+3$ 都能被 7 整除.

我们还注意到,对于 $k=1,2,3,\cdots$,有 $13\mid 2^{2^{2k}}-3$,于是,在数

$$2^{2^{2^2}}-3,2^{2^{2^{2^2}}}-3,\cdots$$

中的每一个都能被 13 整除,这表明都是合数.

我们不知道,在数

$$2+3,2^{2^2}+3,2^{2^{2^2}}+3,2^{2^{2^{2^2}}}+3,\cdots$$

中是否只有有限个质数. 但是可以容易证明

$$2^{2^2}+5, 2^{2^{2^2}}+5, \cdots$$

中没有一个是质数,因为其中每一个都能被 7 整除. 事实上,对于自然数 k,数 $2^{2k}=(3+1)^k$ 除以 3 余 1,于是,$2^{2k}=3t+1$,这里 t 是自然数. 由此可得 $2^{2k}+5=2^{3t+1}+5=(7+1)^t \cdot 2+5$ 显然能被 7 整除.

不知道是否存在这样的自然数 k,存在无穷多个形如

$$2^{n_1}+2^{n_2}+\cdots+2^{n_k}+1$$

的质数,这里 $n_1, n_2, \cdots, n_k$ 是自然数.

我们也不知道,是否存在无穷多个形如 2^n+n^2 的质数. 这样的质数中,最小的 4 个是 $3=2^1+1^2, 17=2^3+3^2, 593=2^9+9^2$ 和 $32\,993=2^{15}+15^2$.

正如马科夫斯基所注意的那样,只存在 1 个形如 4^n+n^4(n 是自然数)的质数 5. 事实上,如果 $n>1$,那么 n 不可能是偶数. 设 $n=2k+1$,这里 k 是自然数. 但此时 $4^n+n^4=4(2^k)^4+n^4=(2\cdot 2^{2k}-2^{k+1}n+n^2)(2\cdot 2^{2k}+2^{k+1}n+n^2)$ 是合数.

欣泽尔证明了对于一切自然数 a,这里 $2 \leqslant a \leqslant 2^{27}$,至少存在一个自然数 $n \leqslant 15$,使 $a^{2^n}+1$ 是合数. 基于这一事实,如果我们这样说是有风险的:假定对于一切自然数 $a>1$,至少存在一个自然数 n,使 $a^{2^n}+1$ 是合数,那么从这一猜想推出存在无穷多个费马数是合数,因为对于 $a=2^{2^k}(k=1,2,\cdots)$,我们有 $a^{2^n}+1=F_{n+k}$(注意到对于 $a=2^{2^{1945}}$,这一猜想未能成功验证).

容易证明,存在无穷多个自然数 a,所有的数 $a^{2^n}+1$ 是合数,这里 $n=1,2,\cdots$. 例如,所有形如 $a=b^m$(这里 b 是自然数,m 是大于 1 的奇数)的数都是合数.

另一方面,我们不知道,是否存在一个大于 1 的自然数 a,我们可以证明,在数 $a^{2^n}+1$(这里 $n=1,2,\cdots$)中,存在无穷多个质数.

从欣泽尔的假设(在 §30 中将谈及此事)推出,对于一切自然数 m,存在自然数 a,使得所有 m 个数 $a^{2^n}+1(n=1,2,\cdots,m)$ 都是质数. 对于 $m=4$,可以取 $a=2$. 但是对于 $m=5$,找这样的数 $a>1$ 很困难.

§24 费马的三个错误定理

费马在 1641 年给梅森(M. Mersenne)的信中叙述了以下三个定理:

(1) 任何一个形如 $12k+1$ 的质数都不是形如 3^n+1 的数的约数;

(2) 任何一个形如 $10k+1$ 的质数都不是形如 5^n+1 的数的约数;

（3）任何一个形如 $10k-1$ 的质数都不是形如 5^n+1 的数的约数.

已经证明,这三个定理中没有一个成立.例如,因为第一个中有 $61\mid 3^5+1$, $241\mid 3^{60}+1$,第二个中有 $521\mid 5^5+1$,第三个中有 $29\mid 5^7+1$.正如欣泽尔所证,这三个定理都存在无穷多个质数,使它们都不成立.

所以,这里要叙述另几个命题与费马定理比较,在数 $2^{2^{2k}}+1(n=1,2,3,\cdots)$ 中,每一个都是质数,这里我们只知道有限的几个例子与这一定理矛盾.

除了上面提到的定理以外,费马在给梅森的信中也提出了一个定理,任何一个形如 $12k-1$ 的质数都不是形如 3^n+1 的数的约数.后来人们也证明了这个定理不成立.

§25 梅 森 数

形如 $M_n=2^n-1$（这里 $n=1,2,3,\cdots$）的数称为梅森数.梅森数有两个方面是我们感兴趣的.首先,我们已知的最大质数是梅森数.其次,利用梅森数我们将找到一切所谓的偶完全数（等于其小于本身的所有自然数约数的和的数）.第 n 个梅森数可以表示为等比数列 $1,2,2^2,2^3,2^4,\cdots$ 的前 n 项和.

所以我们有

$$M_1=1,M_2=3,M_3=7,M_4=15,M_5=31,M_6=63,M_7=127,\cdots$$

容易证明,如果 M_n 的下标 n 是合数,那么 M_n 也是合数.事实上,如果 $n=ab$,这里 a 和 b 是大于 1 的自然数,那么 $2^a-1>1,2^n-1=2^{ab}-1>2^a-1$,于是数 $2^{ab}-1$ 能被 2^a-1 整除,所以是合数.

这样,如果数 M_n（这里 $n>1$）是质数,那么 n 必定是质数,但是不能反过来说,例如,$M_{11}=2^{11}-1=2\,047=23\cdot 89$.

已经证明,如果 p 是质数,那么数 M_p 的每一个自然数约数必定形如 $2kp+1$,这里 k 是大于或等于 0 的整数.所以,例如,数 M_{11} 的约数是数 $22k+1$,这里 $k=0,1,4$ 和 93.

数 $M_{101}=2^{101}-1$ 这样的数的约数恰好应该形如 $202k+1$.遗憾的是,虽然用其他方法证明了数 M_{101} 是合数,并且是两个不同的质数的乘积,但至今尚未找到 M_{101} 的任何约数（显然,这里 k 很大）.

已经证明,如果 q 是形如 $8k+7$ 的质数,那么 $q\mid M_{\frac{q-1}{2}}$.这可以表明,在数 M_p（这里 p 是质数）中有许多是合数.例如

47

$47\mid M_{23},167\mid M_{83},263\mid M_{131},359\mid M_{179},383\mid M_{191},479\mid M_{239}$

上述命题表明(至今尚未证明),这样的合数有无穷多个.

到目前为止,我们只知道 20 个梅森数是质数.这些是对于 $n=2,3,5,7,13,$ $17,19,31,61,89,107,127,521,607,1\ 279,2\ 203,2\ 281,3\ 217,4\ 253$ 和 $4\ 423$ 的梅森数.8 个最大的梅森数质数是利用电子计算机找到的.

现在我们指出,是用什么方法证明这 8 个较大的梅森数是质数的.可能是多亏了以前就证明的以下定理.

鲁卡-雷默定理(Lucas-D. H. Lehmer).当且仅当数 M_p(这里 p 是奇质数)是由

$$u_1=4,u_{n+1}=u_n^2-2(n=1,2,3,\cdots)$$

确定的数列 $u_n(n=1,2,3,\cdots)$ 的第 $p-1$ 项的约数时,数 M_p 是质数.

(可见,该数列的前若干项是数 $4,14,194,37\ 634,\cdots$.)

容易证明,当且仅当数 M_p 是与 M_n 有关的,且由条件:$r_1=4,r_{n+1}$ 是 r_n^2-2 除以 M_p 的余数所确定的数列 $r_n(n=1,2,\cdots)$ 的第 $p-1$ 项的约数时,$M_p\mid u_{p-1}$.

因此,在证明数 M_p 是质数或者是合数时,我们必须只关注将小于 M_p 的数平方,然后除以 M_p.特别地,要证明有 31 位数字的数 M_{101} 是质数,就必须确认 $M_{101}\mid r_{100}$.这里进行了必要的计算后确定数 r_{100} 不能被 M_{101} 整除.于是 M_{101} 是合数.

为了证明有 969 位数字的数 $M_{3\ 217}$ 是质数,就必须确认 $M_{3\ 217}\mid r_{3\ 216}$.为此必须进行几千次先将有不多于 969 位数字的数平方,再除以 $M_{3\ 217}$ 的运算,而这只能在有现代计算机帮助的情况下完成[①].

现在提出一个命题,如果 M_n 是质数,那么 M_{M_n} 也是质数.这对四个最小的梅森数质数是成立的,但是对于第 5 个质数 $M_{13}=8\ 191$,维勒(D. J. Wheeler)在 1953 年指出,这是不正确的:数 $M_{M_{13}}=2^{8\ 190}-1$(有 2 466 位数字)是合数[②].我们注意到,数 $M_{M_{13}}$ 的任何一个质因数我们都不知道.

1957 年证明了,虽然数 M_{17} 和 M_{19} 都是质数,但是数 $M_{M_{17}}$ 和 $M_{M_{19}}$ 分别是能被 $1\ 768(2^{17}-1)+1$ 和 $120(2^{19}-1)+1$ 整除的合数.

还提出这样的命题(至今尚未否定),数 $q_0,q_1,q_2,\cdots$ 都是质数,这里 $q_0=2,$ $q_{n+1}=2^{q_n}-1(n=0,1,2,\cdots)$.对于 $q_n(n\leqslant4)$,命题都成立,但是对于 q_5,容易计

---

① 为了证明 $M_{3\ 217}$ 是质数,瑞典的电子计算机 БЕСК 在 1957 年用了 $5\frac{1}{2}$ 小时.

② 最后一个事实的证明(利用鲁卡-雷默定理)需要电子计算机工作 100 个小时.

算,它是超过 10^{37} 位数字的数,我们还不能解决它是质数还是合数的问题.

我们提到过梅森数与偶完全数的关系.欧几里得已经指出以下得到所有偶完全数的方法:计算等比数列 $1,2,2^2,2^3,\cdots$ 的各项的和,如果这样的和是质数,那么将这个和乘以最后一个加数,就得到偶完全数.

另一方面,已知所有的偶完全数都是形如 $2^{p-1}M_p$ 的数,这里 M_p 是质数.(这一定理的正确性是欧拉在 18 世纪证明的).由此推出,我们知道有几个梅森数质数,就知道有几个偶完全数,到现在为止有 20 个.

最小的完全数是 $2M_2=6$,已知的最大的完全数是 $2^{4\,422}(2^{4\,423}-1)$.奇完全数我们一个也不知道,只知道即使存在也相当大.

我们还提到一个关于梅森数的假设 —— 雅可布其克(F. Jakobczyk)的假设,如果 p 是质数,那么梅森数 M_p 不能被任何质数的平方整除.欣泽尔提出一个问题,是否存在无穷多个梅森数是若干个不同质数的乘积.

§26 各种无穷数列中的质数

在一个甚至由不复杂的方式给定的无穷数列中是否包含无穷多个质数的问题也是困难的.已经说过,我们不知道数列 $n^2+1,n!\,+1,n!\,-1,2^n+1,$ $2^n-1(n=1,2,\cdots)$ 是否包含无穷多个质数.我们也不知道数列 $1,11,111,1\,111,\cdots$ 是否包含无穷多个质数.由条件
$$u_1=u_2=1,u_{n+2}=u_n+u_{n+1}(n=1,2,\cdots)$$
确定的斐波那契数列 $u_n(n=1,2,\cdots)$ 也有同样的问题.

这一数列的前几项是 $u_1=1,u_2=1,u_3=2,u_4=3,u_5=5,u_6=8,u_7=13,$ $u_8=21,\cdots$.

已经证明,对于 $n=3,4,5,7,11,13,17,23,29,43,47,u_n$ 是质数.至今我们不知道有没有其他质数.已知的最大质数 u_n 是十位数 $u_{47}=2\,971\,215\,073$.可以证明,如果 $n\neq 4$,且 u_n 是质数,那么 n 也一定是质数,但是反过来不一定成立,例如,$u_2=1,u_{19}=4181=37\cdot 113,u_{31}=1\,346\,269=557\cdot 2\,417$.

我们不知道,在数 $u_p(p$ 是质数)中是否有无穷多个合数.

还要研究由条件
$$v_1=1,v_2=3,v_{n+2}=v_n+v_{n+1}(n=1,2,\cdots)$$
确定的数列 $v_n(n=1,2,\cdots)$.该数列的前若干项是 $1,3,4,7,11,18,\cdots$.对于 $n=2,4,5,7,8,11,13,17,19,31,37,41,47,53,61,71,$ 数 v_n 都是质数.已知最大的

质数 v_n 是 $v_{71}=688\ 846\ 502\ 588\ 399$. 我们不知道, 是否存在无穷多个质数 v_n.

这里还要提出一个近年来一些数学家所关注的数列. 从一切奇数: $1,3,5,$ $7,9,11,13,15,\cdots$ 出发构造这一数列. 设 $u_1=1$, 将大于 u_1 的最小的数 3 作为 u_2. 然后在这个数列中的每逢第 3 个数 (位于第 3 个, 第 6 个, 第 9 个, $\cdots\cdots$) 划去, 这样得到一个新的数列: $1,3,7,9,13,15,19,21,25,27,\cdots$. 将这个数列中大于 u_2 的最小的数 7 作为 u_3. 现在从后一数列中每逢第 7 个数划去, 得到数列 $1,$ $3,7,9,13,15,21,25,27,\cdots$. 将这个数列中大于 u_3 的最小的数 9 作为 u_4. 现在从得到的数列中每第 9 个数划去, 最后得到无穷数列 $u_1,u_2,\cdots$. 小于 100 的前若干项是 $1,3,7,9,13,15,21,25,31,33,37,43,49,51,63,67,69,73,75,79,87,93,$ 99.

这个数列被称为幸运数列. 我们不知道这个数列中是否存在无穷多个质数. 统计结果表明, 在幸运数列中, 在小于 98 600 的幸运数中, 有 715 个质数.

§27　方程的质数解

我们知道诸多关于若干个未知数的简单方程 (甚至是一次方程) 是否有无穷多组质数解. 例如, 方程 $x+y=z$. 容易证明, 这个方程是否有无穷多组解 $x,$ y,z 的问题等价于是否有无穷多对孪生质数. 事实上, 如果 p,q 和 r 是质数, 且 $p+q=r$, 那么显然 p 和 q 不可能都是奇数 (因为此时它们的和是大于 2 的偶数, 因此是合数), 于是 p 和 q 中必有一个是偶数, 例如, q 是偶数, 所以 $q=2$. 但此时 p 和 $r=p+2$ 成了一对孪生质数. 另一方面, 如果 p 和 $r=p+2$ 是一对孪生质数, 那么数 $x=p,y=2,z=p+2$ 都是质数, 这给出方程 $x+y=z$ 的质数解.

虽然我们知道方程 $2x+1=y$ 或者方程 $2x-y=1$ 的几组质数解. 例如, 对于方程 $2x+1=y$ 有解 $(x,y)=(2,5),(3,7),(5,11),(11,23)$, 对于方程 $2x-1=y$ 就有解 $(x,y)=(2,3),(3,5),(7,13),(19,37)$. 但是不知道, 这两个方程是否有无穷多组质数解 x,y (已经说过这样的假设).

高尔波特证明了方程 $x+y+1=z$ 有无穷多组质数解 x,y,z.

已经证明, 方程 $x+y=z+t$ 有无穷多组不同的质数解 x,y,z,t, 方程 $x^2+y^2=z^2+t^2$ 也是如此. 例如, $7^2+19^2=11^2+17^2$. 容易证明, 方程 $x^2+y^2+z^2=t^2$ 没有任何质数解 x,y,z,t.

我们不知道, 是否存在无穷多个边长是自然数的直角三角形, 其中两边的长是质数.可以证明,这一问题等价于方程 $p^2 = 2q - 1$ 是否有无穷多组质数解 p 和 q. 这样的直角三角形边长有:$(3,4,5)$,$(5,12,13)$,$(11,60,61)$,$(19,180,181)$,$(29,240,241)$,$(61,1\ 860,1\ 861)$.

容易找到方程 $x^2 - 2y^2 = 1$ 的一切质数解 x,y. 事实上,如果自然数 x,y 满足方程 $x^2 = 2y^2 + 1$,那么 x 显然是奇数,则 $x = 2k + 1$,k 是整数,由此推得 $x^2 = 4k^2 + 4k + 1$,于是 $y^2 = 2k(k+1)$,这样 y 就是偶数. 所以,如果 y 是质数,那么 $y = 2$,由此推得 $x = 3$. 因此,该方程只有一组质数解:$x = 3$,$y = 2$.

我们不知道方程 $x^2 - 2y^2 = -1$ 有多少组质数解 x,y,但已知这样的解有 $x = 7$,$y = 5$ 或 $x = 41$,$y = 29$.

容易证明,如果 n 是大于 1 的自然数,那么方程 $p^n + q^n = r^n$ 没有质数解 p,q,r.

到目前为止还没有证明费马猜想,如果 p 是奇质数,那么方程 $x^p + y^p = z^p$ 没有自然数解 x,y,z.(对于奇质数 $p < 4\ 002$ 已经证明了)

§28　由质数组成的幻方

幻方(广义地说)是由 n 行组成的表格将 n^2 个不同的数写在 n 行(列也如此)中,使每一行和每一列以及两条主对角线上的数的和都相同. 已经知道由质数组成的三阶幻方和四阶幻方,如图 1、图 2.

569	59	449
239	359	479
269	659	149

图 1

17	317	397	67
307	157	107	227
127	277	257	137
347	47	37	367

图 2

在这两个幻方中,第一个幻方中上面所说的和是 $1\ 077$;第二个幻方中上面所说的和是 798.

现在提出一个假设,对于每一个自然数 $n \geqslant 3$,存在无穷多个由 n^2 个不同的质数组成的幻方(广义).

§29 关于质数的一些尚未解决的问题

1. 我们不知道，是否存在无穷多对连续自然数，其中每一对都只有一个质因数（例如，2 和 3,3 和 4,4 和 5,7 和 8,8 和 9,16 和 17）。我们只知道这样的连续自然数对有 26 对，其中最大的一对是 $2^{4\,423}-1$ 和 $2^{4\,423}$（与后面的 6 比较）。

但是，可以证明方程 $p^m-q^n=1$（这里 p,q 是质数，m,n 是大于 1 的自然数）只有一组解：$p=3,q=2,m=2,n=3$。

2. 我们不知道，是否存在无穷多组三个连续自然数，其中每一个都是两个不同的质数的乘积（例如，$33=3\cdot11,34=2\cdot17,35=5\cdot7$，还有 $93=3\cdot31,94=2\cdot47,95=5\cdot19$）。提出一个假设：存在无穷多组这样的三个连续自然数。

3. 我们不知道，是否存在无穷多个质数 p，对于每一个自然数 $n<p-1$，数 2^n 除以 p 的余数不是 1（例如，质数 3,5,11,13,19,29,37,53,59,61,67,83 就是这样的数）。提出一个假设是：这样的质数存在无穷多个。

4. 我们不知道，是否在每一个自然数 $n\geq10$ 中变更它的两个数字后可以得到质数。（对于两位数，这是显然的。对于三位数，例如，由三位数得到的质数是 101,211,307,401,503,601,701,809,907。）

5. 我们不知道，欣泽尔的猜想是否成立：对于每一个实数 $x\geq117$，至少存在一个质数 p 在 x 和 $x+\sqrt{x}$ 之间。欣泽尔对于所有满足 $117\leq x<2\cdot10^7$ 的 x 验证了这个猜想。

6. 容易证明，任意 6 个连续自然数中至少有一个数有两个不同的质因数（因为其中必有一个能被 6 整除，这表明有质因数 2 和 3）。

也可以证明，每三个大于 7 的连续自然数中至少有一个数至少有两个不同的质因数。但是我们不知道，在两个足够大的连续自然数中是否至少有一个数至少有两个不同的质因数。换句话说，我们不知道，是否存在自然数 m，对于 $n\geq m$，自然数 n 和 $n+1$ 中至少有一个数至少有两个不同的质因数。我们只知道，如果这样的 m 存在，那么应该有 $m\geq2^{4\,423}$，因为在 $2^{4\,423}-1$ 和 $2^{4\,423}$ 中的每一个都只有一个质因数。已经证明，如果这样的 m 存在，那么只存在有限多个费马数质数和有限多个梅森数质数。

52

§30 欣泽尔猜想

如果变量 x 的整系数多项式不是两个次数小于原多项式次数的整系数多项式的乘积,我们就称这样的多项式是不可约的.

关于整系数多项式 $f(x)$ 提出一个问题,当 x 取自然数值时,这样的多项式给出无穷多个质数.容易证明,必要条件是这个多项式是不可约的.但是,这样的条件并不是充分的.因为容易证明,多项式 x^2+x+2 是不可约的,但是,当 x 取自然数值时,x^2+x+2 的任何一个自然数都不能给出质数值:对于每一个自然数 x,x^2+x+2 的值都是大于 2 的偶数.

也容易证明,多项式 $f(x)$ 除了不可约以外,还应满足以下条件:不存在任何大于 1 的自然数,对于 x 的每一个整数值都是 $f(x)$ 的约数.

对于 x 的最高次幂的系数为正的整系数多项式,当 x 取自然数值时,这样的多项式都给出无穷多个质数,这些条件是否充分? 在 19 世纪,布尼亚科夫斯基(В. Я. Буняковский) 提出的一个假设就是这个.由这个给定的猜想立刻推出,存在无穷多个形如 x^2+1 的质数(这里 x 是自然数).也可以由此推出,存在无穷多个自然数 x,使 x^2+x+41 是质数.

由下面谈到的欣泽尔猜想推出,对于每一个自然数 n,存在无穷多个自然数 x,所有形如 $x^{2^n}+1, x^{2^n}+3, x^{2^n}+7, x^{2^n}+9$ 的四个数都是质数.

欣泽尔阐述了以下的一般猜想 P:

如果 s 是自然数,$f_1(x), f_2(x), \cdots, f_s(x)$ 都是最高次幂的系数为正的整系数不可约多项式,且满足条件 S:如果对于 x 的每一个整数值,不存在大于 1 的自然数是乘积 $f_1(x)f_2(x)\cdots f_s(x)$ 的因子,那么存在无穷多个自然数 x,使 $f_1(x), f_2(x), \cdots, f_s(x)$ 中的每一个都是质数.

特别地,设 $s=2, f_1(x)=x, f_2(x)=x+2k$,这里 $2k$ 是给定的偶数.我们有
$$f_1(1)f_2(1)=1+2k, \quad f_1(-1)f_2(-1)=1-2k$$

如果存在自然数 $d>1$,对于每一个整数 x,有 $d \mid f_1(x)f_2(x)$,那么必有 $d \mid 2k-1$ 和 $d \mid 2k+1$,这不可能,因为已知两个连续奇数 $2k-1$ 和 $2k+1$ 没有大于1的公约数.因此,这里条件 S 满足,从猜想 P 推出,存在无穷多个自然数 x,使 $f_1(x)$ 和 $f_2(x)$ 都是质数,这就变为 $x=p, x+2k=q$,这里 p 和 q 都是质数,于是 $2k=q-p$.所以从猜想 P 推得,每一个偶自然数都必有无穷多种方法表示为两个质数的差的形式.特别当 $k=1$ 时,推出存在无穷多对孪生质数.

从欣泽尔猜想 P 还可以推出更多关于质数的迄今为止尚未证明的一些其他定理.

◎ 编辑手记

本书是一部由世界著名数学家谢尔品斯基所著的,且首次被译成中文的著作.

由于在本书之首已有谢尔品斯基的详细介绍了,所以这里就不再重复了.下面我们想隆重介绍一下本书的译者,余应龙老先生.

余老先生是笔者学习的榜样.他出生在旧上海的大户人家.父亲是颇有名气的财务专家,从小生活优渥(据他与笔者闲聊时回忆,小时候家里餐桌上的食物相当丰盛.笔者生于20世纪六七十年代初,深知改革开放前中国人的餐桌上的情况).余老师不被金钱所惑,也不易被物质所奴役,而余老先生却将这种心力都转移到了对知识和学问的追求上.

第二个值得笔者敬佩的地方是他在逆境中的奋斗精神.一个人是否高贵并不是看他在顺境时的飞扬而是看其能否在逆境、在人生谷底发奋图强.余老先生在这点堪称典范,令笔者敬佩不已.

正巧在本文写作之际,笔者从"上海特级教师"的微信公众号上发现了一篇专访余老先生的文章,大喜过望,摘引如下:

上海中学数学领域有一位传奇老师,他在数学教育上颇有建树,圈内口碑满满,然而,让人意想不到的是,他又是撰文的行家里手,语文水平常人难以望其项背,其精心翻译世界励志名著——英文版的《盲音乐家》,2006年得以出版,其跨界之举,令人震惊.回顾一下当时情境:

2006年书店的架上陈列着一本《即使没有太阳》(俄)柯罗连科著,余应龙译.书籍的腰封上赫然写着:《假如给我三天光明》齐名作,俄罗斯文学瑰宝,百年珍藏版.作者是柯罗连科,他是被俄罗斯伟大的文学家高尔基称为"老师之一"的著名作家.这是一本在世界上有一定影响的励志书籍.然而,译者余应龙却是译坛出现的新人.打开封底的译者介绍,人们才发现译者是"中国奥林匹克数学高级教练员"的特级教师.

抟心揖志荣誉多多

余应龙,上海中学界知名的数学教师.他是负责过杨浦区五六十所中学数学教学的教研员,曾参与上海市数学新教材的编写工作,上海市数学高级教师的评审工作;被授予上海市中学特级教师,中国数学奥林匹克竞赛高级教练;获第二届苏步青数学教育奖;杨浦区科技拔尖人才奖;也是杨浦区第九届和第十届政协常委.

2000年6月29日《文汇报》专版刊登杨浦教苑明星风采时,是这样介绍余老师的:"潜心研究数学,注重挖掘学生潜能,精琢数学尖子".2002年,杨浦区教育学院为余应龙老师举行从教40周年报告会,院长杨先国在专刊上赞誉道"从教四十年,口碑载道;舌耕一辈子,金针度人".几十年余老师深入基层,开展教研;辛勤耕耘,桃李满天下;参政议政,不辱使命,盛名之下潜心钻研,硕果累累.

一箱"纸工"与"削苹果"的故事

他为培养杨浦区和上海市数学优秀的学生做了大量的工作,几十年来他和其他老师一起为国家培养了许多优秀的数学人才,有些曾在国际数学竞赛中获奖.他在1986,1995,2004年三次作为上海队教练员,带领学生参加全国《华罗庚金杯少年数学邀请赛》决赛,并取得了良好的成绩.

余老师善于调动学生的积极性,培养学生的思维能力.他的课堂口头禅:"同学下面怎么办?""你看怎么办?""是否一定要这样做",等等.他执教的第一批学生现已到古稀之年,2014年他们想方设法找到余老师,在聚会上同学们不无感慨地说余老师使他们喜欢上了"枯燥"的数

56

学,听余老师的课是一件乐事.

余老师喜欢将数学融合到实践中,为画图方便,自制了一些模板,还做了满满一大盒的"纸工"多面体.这些多面体形状各异,大都接近球状(包括足球,地球),最多有一百多个面,有的涂上各种颜色,看得眼花缭乱.制作一个复杂的多面体并不容易,首先要构思,在绘图纸上准确地画出展开图,剪开后粘贴成多面体.他将那几十个多面体视为"珍品",收藏了几十年.有趣的是,他每次吃苹果总是用水果刀将苹果削成一个十二面体,然后修改,直到接近于正十二面体为止,十几年间,先后削了近两千个苹果.

"腹有诗书气之华"的数学特级教师

时至今日,80华诞的余老师宝刀不老,他仍孜孜矻矻,废寝忘食,伏案撰写数学科普书籍,翻译数学专著,令人景仰.

余老师在退休后整理了多年积累的资料,写了一本题为《数学研究性学习导读》的著作,由上海教育出版社于2002年出版;通俗数学名著《奇妙而有趣的几何》于2006年出版.近年来又写了三十多篇数学文章,收录在近期出版的余应龙编著的《初等数学专题研究》一书中.此外还翻译出版了《105个代数问题:来自 Awesome Math 夏季课程》《112个组合问题:来自 Awesome Math 夏季课程》《114个指数和对数问题:来自 Awesome Math 夏季课程》《116个代数不等式:来自 Awesome Math 全年课程》《数学反思:2010—2011》《数学反思:2014—2015》等国际数学奥林匹克竞赛的培训教材和书籍.译著《质数漫谈》于1966年译自俄文,历经54年也将于近期出版,其他一些译著也将陆续出版.

余老师写书、译书并不为利,他认为介绍数学理念、提供信息远比金钱重要,他说:"出版社支持我的工作,我应该感谢他们."他将《数学探究性学习导读》一书的稿费一万元全部资助了贫困学生.近年来他做的一些工作尽管没有稿费,但余老师仍乐此不疲.

余老师翻译数学专著并不奇怪,但翻译国外的文艺书籍就令人匪夷所思了.带着这个问题笔者两次登门采访,余老师说:"语文相当重要,写作尤为重要,胸无点墨,不利于学习数学."他很敬仰华罗庚和苏步青等老一辈的数学大师,他们的语文功底深厚,是"腹有诗书气自华"的大家.余老师深受大师的影响,从未怠慢过学习中文.2006年,他偶然得到一本英文版的《盲人音乐家》,被一个盲童在亲人的帮助和自己自强不息的努力下,最终成为著名音乐家的故事所打动,决定要把此书翻译成中文(中文书名为《即使没有太阳》),经过半年多的努力翻译完这本感人的励志书籍.他之所以能翻译此书是他几十年砥砺前行的结晶.他翻译文艺书籍可追溯到 1967 年,当时他弄到英文版的《混血姑娘》一书,悄悄看起来,觉得挺有趣的,就逐字逐句翻译起来,翻译完成后进行校对,润色,誉清,配上插图,然后自我欣赏.此后其翻译的欲望竟然井喷,欲罢不能,后来又陆续翻译了十余本英文版的中短篇小说,这些译文稿约有百万字,十几年前余老师就将其都输入电脑,打印后装订成册了.

"千岩万壑不辞劳,远看方知出高处",书中盲人音乐家彼得罗自强不息的精神,一直在余应龙老师的血脉中流淌着,更在千千万万个读者心中永驻着.

介绍完本书译者,我们再来介绍一下本书内容.

本书虽然篇幅不大,但对数论中的著名定理都有所涉及.

我们从头开始数,比如§3中介绍的切比雪夫—伯特兰(J. Bertrand)定理.这一定理说:对于自然数 $n>3$,在 n 和 $2n-2$ 之间至少包含一个素数.

这一定理在中国的数学奥林匹克大纲中是不包含的,在世界其他国家由于人家不设大纲,所以他们的中学生阅读的面更广,更加不受限,还是以最近几年的世界各国的数学奥林匹克竞赛题为例,我们仅举两例:

例1 设 k 为正整数,n 是满足其正因数个数为 k 的最小正整数.若 n 为完全立方数,则 k 是否含有 $3j+2$ 形式的因子?

(2017,塞尔维亚国家队选拔考试)

解 假设这样的 k 存在.

将所有素数从小到大排列为 $p_1 < p_2 < \cdots$.

由 n 的最小性,设

$$n = \prod_{i=1}^{m} p_i^{\alpha_i} (3 \mid \alpha_i, \alpha_i \in \mathbf{Z}^+), k = \prod_{i=1}^{m} (\alpha_i + 1)(\alpha_1 \geqslant \alpha_2 \geqslant \cdots \geqslant \alpha_m)$$

先证明一个引理.

引理 假设 $\alpha_r + 1 = ab(a, b$ 是不为 1 的正整数).若 $p_s < p_r^a <$

58

p_{r+1}，则
$$\alpha_s \geqslant b-1 \geqslant \alpha_{s+1}$$

证明　因为 $n_1 = p_r^{(\alpha_s+1)a-1} p_s^{b-1} \prod_{i \notin (r,s)} p_i^{\alpha_i}$ 同样也有 k 个正因数，所以，
$n_1 \geqslant n$.

由 $\dfrac{n_1}{n} \geqslant 1 \Rightarrow \left(\dfrac{p_s^a}{p_s}\right)^{\alpha_s-b+1} \geqslant 1$. 再结合 $\dfrac{p_r^a}{p_s} > 1$，得 $\alpha_s \geqslant b-1$.

类似地，由 $n'_1 = p_{s+1}^{(\alpha_{s+1}+1)a-1} p_{s+1}^{b-1} \prod_{i \notin (r,s+1)} p_i^{\alpha_i} \geqslant n \Rightarrow b-1 \geqslant \alpha_{s+1}$.

引理得证(引理的逆命题也正确).

考虑最大正整数 r，使得 $\alpha_r + 1 = ab$ 且 $a \equiv b \equiv 2 \pmod 3$.

令 s, t 满足 $p_s < p_r^a < p_{s+1}$ 及 $p_t < p_r^b < p_{t+1}$.

由伯特兰定理(对于任意自然数 $n \geqslant 2$，一定存在素数 p，使得 $n < p < 2n$)，知
$$\frac{1}{2} p_r^a < p_s$$
且
$$p_{s+1} < 2 p_r^a$$
于是
$$p_r^{a-1} < p_s < p_r^a < p_{s+1} < p_r^{a+1}$$
类似地
$$p_r^{b-1} < p_t < p_r^b < p_{t+1} < p_r^{b+1} \quad (s,t>r，同时，|s-t| \neq 1)$$
注意到
$$3 \mid \alpha_i$$
由引理，得
$$\alpha_s > b-1 > \alpha_{s+1}, \alpha_t > a-1 > \alpha_{t+1}$$
而 $n_2 = p_r^{(\alpha_s+1)(\alpha_{t+1}+1)-1} p_s^{b-1} p_{t+1}^{a-1} \prod_{i \notin \{r,s,t+1\}} p_i^{r_i}$ 也有 k 个正因数，则 $n_2 \geqslant$
n. 故
$$1 \leqslant \frac{n_2}{n} = \frac{p_r^{(\alpha_s+1)(\alpha_{t+1}+1)-ab} p_{t+1}^{a-1-\alpha_{t+1}}}{p_s^{\alpha_s-t+1}}$$
$$< \frac{p_r^{(\alpha_s+1)(\alpha_{t+1}+1)-ab+(b+1)(a-1-\alpha_{t+1})}}{p_s^{(a-1)(\alpha_s-b+1)}}$$
$$= p_r^{1-(\alpha_s-b)(a-2-\alpha_{t+1})}$$

从而

$$(\alpha_s - b)(a - 2 - \alpha_{t+1}) < 1$$

因为 $\alpha_s \neq b$，所以

$$\alpha_{t+1} = a - 2$$

由假设，若 $i > r$，则 $\alpha_i + 1$ 的正因数不能表示成 $3j + 2$ 的形式，故其必为奇数.

特别地，$2 \mid \alpha_{t+1}$，故 $2 \mid a$. 类似地，$2 \mid b$.

从而

$$\alpha_r = 4c - 1 \quad (c \in \mathbf{Z}^+)$$

因为 $2 \mid \alpha_m$，所以，$\alpha_m > 3 > 1 > \alpha_{m+1} = 0$.

由引理的逆命题，对于 $(a, b) = (2, 2c), (4, c)$ 两种情况可分别得到

$$p_m < p_r^{2c} < p_{m+1}, p_m < p_r^c < p_{m+1}$$

但由伯特兰定理，知在区间 (p_r^c, p_r^{2c}) 内至少存在一个素数，矛盾.

例 2 确定最大的正奇数 N，使得每一个满足 $1 < k < N$ 且 $(k, N) = 1$ 的奇整数 k 均为素数.

（2014，新加坡数学奥林匹克）

解 最大的正奇数 N 为 105.

记 p_i 表示第 i 个素数，即 $p_1 = 2, p_2 = 3, \cdots$.

若一个正整数 N 为奇数，且满足条件，则称其为允许的，任何超过 p_i^2 的允许数有因子 $p_i (i \geq 2)$.

由伯特兰—切比雪夫定理知 $p_{n+1} < 2p_n$.

这表明，对任意 $n \geq 5$，均有 $p_{n+1}^2 < 4p_n^2 < 8p_{n-1}p_n$.

注意到，$p_2 p_3 = 15 > 8$，$p_{n+1}^2 < p_2 p_3 \cdots p_n (n \geq 5)$.

对 $n \geq 5$，若存在满足 $p_{n+1}^2 \geq N > p_n^2$ 的一个允许数 N，则 N 可被 $p_2 p_3 \cdots p_n$ 整除，即 $N \geq p_2 p_3 \cdots p_n > p_{n+1}^2$，矛盾.

于是，不存在能超过 $p_5^2 = 121$ 的允许数.

接下来证明：105 满足题意.

因为超过 49 的允许数必被 105 整除（$105 = 3 \times 5 \times 7$），所以，在 105 与 121 之间不存在允许数.

从而，105 为所求.

本书 §6 是介绍著名的哥德巴赫猜想. 由于本书写得过于简洁，对于如此重大的猜想有必要补充一点素材，大致可分成五类：一是历史文献.

哥德巴赫致欧拉(1742 年 6 月 7 日)[①]

—— 哥德巴赫

我不相信关注那些虽没有证明但很可能正确的命题是无用的. 即使以后它们被验证是错误的,也会对发现新的真理有益. 比如费马的"$2^{2^{n-1}}+1$ 型的数给出一列素数"的想法尽管不正确,正像你已证明[②]的那样,但要是发现这种数仅能唯一地分解为两个平方因子的积也是很了不起的结果. 我也想同样冒险提出一个假说:每一个由两个素数组成的数都等于许多数的和,这些数的多少随我们的意愿(包括 1),直到所有的数都是 1 的情况为止[③]. (哥德巴赫在空白处写道:)重新读过上面的内容后,我发现这一假定如果在 n 的情况下成立且 $n+1$ 可被分做两个素数的和,则 $n+1$ 的情况可以很严格地证明. 证明是非常简单的. 看来无论如何,任何大于 2 的数都是三个素数的和[④].

例如

$$4 = \begin{cases} 1+1+1+1 \\ 1+1+2 \\ 1+3 \end{cases} \qquad 5 = \begin{cases} 2+3 \\ 1+1+3 \\ 1+1+1+2 \\ 1+1+1+1+1 \end{cases}$$

---

① 摘自:李文林. 数学珍宝 —— 历史文献精选. 北京:科学出版社,1998 年.

② 见下文.

③ 意即每一数 n 若为两个素数之和,则它也是许多素数的和,这些素数像人们所希望的那么多,但不超过 n,注意欧拉和哥德巴赫将 1 看作是素数.

④ 这是哥德巴赫猜想的原始形式,欧拉将其进一步明确化(见下文欧拉致哥德巴赫的信). 英国数学家 E. 华林(Waring,1734—1798)在他的《代数沉思录》(*Meditationes algebraic*,Cambridge,1770,217;1782,379)中首先给出了哥德巴赫猜想的如下形式:每个偶数是两个素数之和;每个奇数是三个素数之和. 一种略经修改的现代标准陈述是:(A) 任何大于等于 6 的偶数为两个奇素数之和;(B) 任何大于等于 9 的奇数是三个奇素数之和. 猜想(B)已于 1937 年被原苏联数学家维诺格拉多夫证明. 显然由(A)也可以推出(B)(王元. 哥德巴赫猜想研究. 哈尔滨:黑龙江教育出版社,1987). 但(A)至今仍为未决之猜想. 1966 年,中国的陈景润证明了每个充分大偶数都可表为一个素数与一个不超过两个素数的乘积之和,这是迄今关于哥德巴赫猜想研究的最好结果.

$$6 = \begin{cases} 1+5 \\ 1+2+3 \\ 1+1+1+3 \\ 1+1+1+1+2 \\ 1+1+1+1+1+1 \end{cases}$$

欧拉致哥德巴赫(1742 年 6 月 30 日)

—— 欧拉

"如果 $2^{2^{n-1}}+1$ 形式的表示式所包括的所有数都可以以唯一的方式分为两个平方的和,那么这些数也一定是素数."这个命题并不正确,因为这些数都被包含在 $4m+1$ 形式的表达式中.只要当 $4m+1$ 是素数时,它就一定可以唯一地分为两个数的平方和,而 $4m+1$ 若不是素数,则它要么不能分为两数的平方和,要么可以由多于一种的方式分解.例如, $2^{32}+1$ 不是素数,它就可以用至少两种方式分拆,这一点我可由下面的定理推知:

(1) 如果 a 和 b 可分为两个平方和,则积 ab 也能被分做两个平方和.

(2) 若积 ab 及一个因子 a 能被分做两个平方和,则另一因子 b 也将能分拆为两个平方和.

以上两定理是可以严格地证明的,现在 $2^{32}+1$ 是可以分做平方和的,即 2^{32} 和 1 之和,它可被 $641=25^2+4^2$ 整除.故另一因子,我简单地称作 b,一定也是两个平方的和.设

$$b = pp + qq$$

于是

$$2^{32}+1 = (25^2+4^2)(pp+qq)$$

那么 $\qquad 2^{32}+1 = (25p+4q)^2 + (25q-4p)^2$

而同时有

$$2^{32}+1 = (25p-4q)^2 + (25q+4p)^2$$

于是 $2^{32}+1$ 至少可用两种方法分为两个平方的和.由此可知我们可以先求出双重分拆,因

62

$$p = 2\ 556, q = 409$$

故 $\qquad 2^{32} + 1 = 65\ 536^2 + 1^2 = 62\ 264^2 + 20\ 449^2$

至于每个可分为两个素数之和的数可分拆为尽可能多的素数之和这一论断,可由你先前写信向我提到的你的观察,即"每一偶数是两个素数的和"[①] 来说明和证实.事实上,设给定的 n 为偶数,则它是两个素数之和,又因为 $n-2$ 也是两个素数的和,所以 n 一定是三个素数之和,同理也是四个素数之和,如此继续.但如果 n 是一奇数,那么它一定是三个素数的和,因为 $n-1$ 是两个素数之和,于是它可分拆为尽可能多的素数之和.无论如何"每个数都是两个素数之和"这一定理我认为是相当正确的,虽然我并不能证明这一点[②].

(李家宏 译　朱尧辰 校)

二是媒体报导.

价值百万的数学之谜[③]

——Anjana Ahuja

编者注　2000 年 3 月中旬,英国一家出版社悬赏 100 万美元征"哥德巴赫猜想之解".我们本不想刊登与此有关的消息,以免误导并不真正了解数学的人贸然涉足这个貌似简单的艰深的数学难题(我国从事数论研究的专家早就提出过忠告:业余数学爱好者不要在解诸如哥德巴赫猜想等数学难题上下功夫,这会白白浪费他们宝贵的时间和精力).不过,国内影响甚广的报刊已登载了这条消息.近来全国已有不少人向中国科学院数学与系统科学研究院来电、来信,询问有关情况,甚或声称自己已证明了哥德巴赫猜想.看来客观地介绍发生在数学圈内

---

① 引号为欧拉所加,但非哥德巴赫原话.

② 欧拉似乎从未试图证明这一定理,但在一封写于 1752 年 5 月 16 日的给哥德巴赫的信中,他提到了一个附加定理(好像也是由哥德巴赫提出的):每个形如 $4n+2$ 的偶数等于两个形如 $4m+1$ 的素数之和;例如 $14 = 1 + 13, 22 = 5 + 17, 30 = 1 + 29 = 13 + 17$.

③ 原题:*A million-dollar maths question*,原载自《数学译林》2000 年第 2 期,译自:The Times, 2000.03.16.

这一事件的前因后果,可能更有利于人们对它做出自己正确的判断.从我们刊登出的《泰晤士报》的这篇文章看,"百万奖金"的时限只有两年,难免不给人以哗众取宠之感.大家知道,1908年所设悬赏求证费马大定理的奖金时限为100年!

如果哪个数学天才能够揭开存在了几世纪之久的数学猜想,出版商费伯将付给他一百万美元.

这可能不是赢得一百万美元的最容易的办法,但绝对是最"酷"的.两年内破解一道著名的数学难题,这笔钱就是您的了.英国费伯出版社向世人提出这个挑战,是为了给它最近出版的希腊作家 Apostolos Doxiadis 的小说《彼得罗斯大叔和哥德巴赫猜想》(*Uncle Petros and Goldbach's Conjecture*)制造舆论声势.出版商费伯说,估计世界上有20个人有能力解答这个数学猜想,一旦有人胜出,费伯将继 Bridget Jones 之后创造出版史上最令人叫绝的事件.

这个冠名的猜想是一个看上去非常简单的数学难题,它是由普鲁士历史学家和数学家克里斯蒂安·哥德巴赫(Christian Goldbach)于1742年在给著名数学家莱昂哈特·欧拉(Leonhard Euler)的一封信中提出来的.猜想的内容就是每个大于 2 的偶数都可以表示为两个素数之和(素数就是只能被自己和 1 整除的数,比如 7 和 13).例如,18 等于 7 加 11,而且 7 和 11 都是素数.一般的表述为 n 等于 p_1 加 p_2(n 表示大于 2 的偶数,p_1 和 p_2 都表示素数 —— 校者注).这个猜想被认为是正确的,但关键是没有人能够提出一个确定的证据证明这个猜想对所有偶数都正确.正像哥德巴赫在信中写到的:"每一个偶数都是两个素数之和,我认为这是一个无疑的定理,可是我无法证明."

超级计算机可以在一定程序上检验这个猜想的正确性.最新计算的里程碑出现在 1998 年,其时发现这个猜想对于每一个小于 4×10^{14} 的偶数都是正确的.但没有一项计算技术可以对于直至无穷的每一个偶数确认这个猜想成立.关键是要找到一个抽象的证明,或者说一种数学技巧来不容置疑地说明这位曾到莫斯科为沙皇彼得二世当过家庭教师的彼得堡数学教授所提出的猜想是正确的.

费伯规定,哥德巴赫猜想的证明必须在下星期小说出版后的两年之内提交给一个权威的数学杂志,并在四年内发表.费伯还将邀请一批世界知名的数学家来判定证明是否正确(费伯拒绝透露评委的姓名,因

64

为他不想让他们受到数学爱好者们大批信件的干扰).而出版社自己却不会损失这笔钱,因为它已经花五位数的钱保了险."现在我们已经保了险,我将很高兴看到有人赢(得这笔钱)."托比·费伯说,他坚持说他设置这个挑战并非哗众取宠.

那么谁会抢先获得这份丰厚的奖金呢?虽然这个猜想看上去很简单,但实际上除非你是一个顶尖级的数学家,否则根本无法求证.估计世界上只有为数不多的几个男人(很少有女人进入最高层的数学研究领域)能够渡过这智力的海洋.这些人都是数论学家,他们是少数极为聪明的思考者,他们在家里整日沉浸在看不见、摸不着、令人困惑的数字世界之中.而在这些人中最经常被提到的就是剑桥大学教授、菲尔兹数学奖得主艾伦·贝克尔(Alen Baker).菲尔兹数学奖是一个数学家能得到的最高荣誉,每四年颁发一次,获奖者都是 40 岁以下的数学家(诺贝尔奖里没有数学奖).那么,贝克尔能不能完成这项任务呢?

当我告诉贝克尔他被视为一个有希望的竞争者时,贝克尔说:"你无法预测将会发生什么事."他认为哥德巴赫猜想能否在可预见的将来被证明都难以肯定,更不用说在两年之内,因为相关的数学技巧似乎还太粗糙而未能向前推进.但他说也不是绝对没有可能性.他指出,一位姓陈的中国数学家(指陈景润 —— 校者注)就在 1966 年取得过某些进展.

陈证明了每个偶数都是一个素数加上两个素数之积(陈景润定理的确切叙述为:每一充分大偶数是一个素数及一个不超过两个素数乘积之和.见中国科学,16(1973),111-128. —— 校者注).例如,18 等于 3 加 3×5,也就是 n 等于 p_1 加 $p_2 \times p_3$.这个结论看起来已经很接近哥德巴赫猜想(n 等于 p_1 加 p_2),但在之后的 30 年里没有人能够在它和最终公式之间的鸿沟上架桥.贝克尔总结说:"这是目前为止最好的结果.我们必须有一个重大的突破才有可能再进一步.但不幸的是现在还没有这种灵感.如果我们真的找到了这个灵感,那么我们就会在此基础上有所作为."

也许这笔钱会使得这件事变得更加乐观?但贝克尔证明了他自己是一个真正的数学家:"我不认为这笔钱能够带来什么奇迹.如果人们做此事,也只是因为他们想接受挑战."

Warwick 大学数学教授、英国著名数学通俗读物作家艾恩·斯图尔特(Ian Stewart)不同意这种看法.他说:"我觉得有些数学家可能会被百万美元冲昏头脑.这可能会使天平倾斜."虽然斯图尔特对有人能够中奖并不乐观,他仍然指出数学界的一些数论方面的问题是由不为人知的天才所破解的,他们往往使正统出身的数学家惊讶不已.他说:"这一次可能也会是一个出乎意料的人拿到奖金."

使人们有足够的理由相信没有什么问题是永远不能解决的是费马大定理的证明.这个定理存在了 350 多年没人破解,但最终还是被现居普林斯顿的一个腼腆的英国天才安德鲁·怀尔斯(Andrew Wiles)所证明(不幸的是他的年龄已经太大而无资格获得菲尔兹奖,虽然如此,在1998 年的柏林世界数学家大会上给怀尔斯颁发了"特别奖".——校者注).也许,哥德巴赫猜想有一天也将不再是一个谜.更重要的是,怀尔斯花费 7 年时间为费马大定理找到的证明,原来只是写在一页书的空白处,使广大读者感到了兴趣(费马在丢番图著的《算术》一书页边的空白处写道:"… 不可能将一个高于 2 次的幂写成两个同样幂次的和."同时写道:"我有一个对这个命题的十分美妙的证明,这里空白太小,写不下."这就是所谓的费马大定理的来源,也因此而留下了一个历时 358 年的谜.——校者注).西蒙·辛格(Simon Singh)对于这个过程的细腻抒情的描写(指西蒙·辛格所著的书 *Fermat's Last Theorem——The story of a riddle that confounded the world's great minds for 358 years*,有中译本:《费马大定理——一个困惑了世间智者358 年的谜》,西蒙·辛格著,薛密译,上海译文出版社,1998.——校者注)成为继斯蒂芬·霍金的《时间简史》(*A Brief History of Time*)和 Dava Sobel 的《经度》(*Longitude*)以后的另一本科学畅销书.从那时起,出版商们就开始寻找这同一个千古不变公式的某种变形——一个人,最好还是一个怪才,加上一个艰深的问题,以及一点点科学或数学,然后看着钱滚滚而来.

即使是历史上已被人们遗忘的数学家也因为这个原因而重新被挖掘出来——Paul Erdös 的传记(《只爱数字的人》,Paul Hoffman 著)和 John Nash 的传记(《聪明的头脑》,Sylvia Nasar 著)就是近期简单易读的例子.现在我的书架已经被这样的故事压满了.它们是关于查尔斯·达尔文(Charles Darwin,1809—1892.英国博物学家,进化论创始者.著有《物种起源》《人类的起源及性的选择》等——校者注),查尔斯·

66

巴比奇(Charles Babbage,早期计算机的发明人,1792—1871.英国数学家.他继承先人关于计算器的思想,第一个着手研制与现代计算机原理相同的他称为差分机(difference machine)的计算机械,但于 1842年半途而废,差分机最终未能面世——校者注),爱达·洛夫莱斯(Ada Lovelace),即奥加斯特·爱达·拜伦(Augusta Ada Byron).Byron 的女儿是巴比奇的灵感源泉,她是巴比奇的知音,可以说她是当时唯一能理解分析机原理的人.她发现可以只用 0 和 1 的二进制数来说明这个计算机.她最先认识现代计算机基本数字体系,用数学式子分析了巴比奇的分析机,并用通俗易懂的形式编制了计算步骤——现在称谓的程序,被誉为第一个程序设计师.——校者注),乔治·戈登·拜伦(George Gordon Byron)(英国诗人,1788—1824.代表作有《恰尔德·哈罗尔德游记》《唐璜》等——校者注),格雷戈尔·门德尔(遗传学之父,Gregor Mendel,1822—1884.奥地利遗传学家,于 1865 年发现遗传基因原理,并提供了遗传学的数学原理——校者注),德米特里·门捷列耶夫(Dmitri Mendeleyev,1834—1907.元素周期表的创造者,俄国化学家,建立了元素周期分类法——校者注),和伽利略(Galileo,1564—1642.意大利数学家、天文学家和物理学家.现代力学和实验物理学创始人,否定地心说,遭罗巴教廷宗教法庭审判.——校者注)的女儿的故事.故事的主角也可以不是一个人.有一些“传记”就是关于 π 和 0 的.甚至好莱坞也爱上了数字——在电影《Good Will Hunting》中 Matt Damon 就饰演了一个天才的清洁工.

46 岁的希腊作家 Doxiadis,18 岁从哥伦比亚大学数学系毕业,现在从事小说与戏剧创作,他只是继续这一赚钱的传统.他说他的经纪人被费伯对一个不知名的外国作家的著作所做的一切惊呆了.他这本描写一个人终其一生寻找一个证明的小说《彼得罗斯大叔和哥德巴赫猜想》已经被译成了 15 种文字.

数学的魅力不仅限于出版界.Carol Vorderman 也许不是牛津大学数学课堂上最好的学生,但她的不凡仪表已经使她成为英国收入最高的电视女主持人.斯图尔特说她改变了人们对于数学家的看法:“这儿有位女士能和数学家沟通,而且还是一个很有魅力的女人.”

“我发现目前数学家在宴会中所遇到事情与过去不同,20 年前如果人们发现我是一个数学家,他们会说‘哦,我上学时数学学得差极了'，而现在他们会跟我谈论分形."

"人们已经习惯于在生活中的这儿或那儿发现一点数学的影子.我曾经在报纸的新闻版而不是科学版上看到一则有关泡饼干的公式.人们已经注意到数学是一门很有意义的科学."实际上,斯图尔特已经被当成公众人物,Warwick 大学因此决定允许他不再教本科生的课,而继续从事媒体事业.

"数学不只是在业余读者中流行起来,更多的青少年选择在大学里学习数学.负责 Bath 大学招生的 Chris Budd 教授说:"许多孩子说他们受到了像《费马大定理》这样的科学书籍的鼓舞,我觉得我们开始进入黄金时代了."

这种情况使得在数学领域为数不多的几个顶级人物尤其令人美慕.几个月前,数学界有一个有关 Simon Donaldson 教授的传闻,他曾在 25 岁时因为做出了一项令人震惊的数学成果而出名,4 年后获得了菲尔兹数学奖.传说伦敦帝国学院将用六位数的薪金聘请他任教.这将使他成为英国收入最高的数学家.

Donaldson 不愿透露他薪金的数额,但他说并非"天文数字".

观察家们说高薪招聘一位像 Donaldson 这样的顶级教授实际上能够为大学赚钱.因为他可以吸引更好的研究人员,使伦敦帝国学院的数学系的研究系数进一步提高(原来伦敦帝国学院的数学系的研究系数是 5,但仍然比不上牛津或剑桥大学的 5⁺).而在研究系数上提高一点就可以在收效上每年增加五十万英镑.从这个角度讲,给一个教授两倍的工资看来是一个划算的投资.

至于那笔巨额奖金,Doxiadis 对有人能赢得这笔奖金还是充满了希望:"是的,怀尔斯用了 7 年的时间才证明了费马大定理.但如果你在他宣布他揭开这个数学之谜的前一天打赌说在近几年内会有人揭开费马定理,别人都会以为你疯了.有些事情就是绝处逢生."

(丁逸昊 译　陆柱家 校)

三是行业权威的综述.

哥德巴赫猜想[①]

—— 陈景润　　邵品琮

公元 1742 年 6 月 7 日德国人哥德巴赫(Goldbach)给当时住在俄国彼得堡的大数学家欧拉写了一封信,问道:是否任何不比 6 小的偶数均可表示成两个奇数之和? 同时又问任何不比 9 小的奇数是否均可表成三个奇素数之和? 我们把前者(偶数)称为问题(甲),后者(奇数)称为问题(乙).同年 6 月 30 日欧拉复信写道:"任何大于 6 的偶数都是二个奇素数之和.虽然我还不能证明它,但我确信无疑地认为这是完全正确的定理."也即下列问题是否正确应予论证:

(A) 每一个偶数 $n \geqslant 6$,均可找到两个奇素数 p',p'',使得 $n = p' + p''$;

(B) 每一个奇数 $n \geqslant 9$,总可找到三个奇素数 p_1,p_2,p_3,使 $n = p_1 + p_2 + p_3$.

这就是著名的哥德巴赫问题,或说是哥德巴赫猜想.

当然,如果(A)成立的话,(B)便随之成立,这是因为,任一奇数 $N_奇 = (N_奇 - 3) + 3$,$N_奇 \geqslant 9$,把其中 $N_奇 - 3$ 这个偶数(> 4)按(A)(若成立的话),就有两个素数 p_1,p_2,使得 $(N_奇 - 3) = p_1 + p_2$,而把 3 叫 p_3(也是奇素数),便有了

$$N_奇 = p_1 + p_2 + p_3 \qquad\qquad (*)$$

这就指明了:若(A)成立,则必有(B).但若(B)成立,却反推不出(A)来了.

整个 19 世纪结束时,哥德巴赫问题的研究没有任何进展.当然曾经有人作了具体验证工作,例如,$6 = 3 + 3$,$8 = 3 + 5$,$10 = 3 + 7$,$12 = 5 + 7$,$14 = 11 + 3$,$16 = 11 + 5$,$18 = 11 + 7$,等等,现在已知直到 33×10^6(三千三百万)以内的偶数都是对的,从而相应的奇数也有同样的结论.问题是较大的偶数怎么样?

---

① 摘自:陈景润,邵品琮.哥德巴赫猜想.沈阳:辽宁教育出版社,1987.

20 世纪初,数学家希尔伯特在巴黎发表了著名 23 个难题中,哥德巴赫问题曾被第 8 个问题所涉及,1912 年德国数学家朗道(Landau)在国际数学会报告中说:"即使要证明下面的较弱的命题:任何大于 4 的正整数,都能表成 C 个素数之和.这也是现代数学力所不能及的."但是,20 世纪数学迅速发展的事实,响亮地回答了朗道的挑战,果然对问题(B)与(A)均取得了很大的成就.

人们遇到一些困难的理论问题时,总往往有两种方式去进行求解:一为直接地去求证本题的结论,即把诸如(＊)这类式子理解为一个方程式,当 p_1, p_2, p_3 限制在素数范围内时,解答个数记为 I(依赖于 N),是否大于 0 呢?这方面就引出了对 I 进行估算的问题,最早对它进行研究的有英国数学家哈代与李特德伍,成功地做出直接贡献的有苏联数学家维诺格拉多夫和我国数学家华罗庚等人.另一方面的研究是将问题先削弱一些,然后逐步逼近而力争解决,这里头又分了两个途径:

(1) 弱型哥德巴赫问题:先将 N 写成一些素数的和

$$N = p_1 + p_2 + \cdots + p_k \qquad ①$$

我们希望总有一种较好的分法,使得 k 越少越好,特别当 N 为偶数时,若能证明当 $k=2$ 时有解(即有素数 p_1, p_2 使其和为给定的 N),则原来的哥德巴赫问题(A)就解决了.现在放宽来研究,当 N 给定之后,能做到怎样的 k,使 k 个素数之和为 N.这便是弱型哥德巴赫问题要研究的目标.

(2) 因数哥德巴赫问题:先将偶数 N 写成两个自然数之和

$$N = n_1 + n_2 \qquad ②$$

而 n_1 与 n_2 里的素因数个数记为 a_1 与 a_2,简记为 (a_1, a_2) 或写成"$a_1 + a_2$".这样的问题也可说是"殆素数问题",即问:是否每一个充分大的偶数都可以表成两个殆素数之和?这里所谓"殆素数"就是指素因数的个数很少,例如,不超过 a 个的那种整数也即希望有一种好的分法,使得式②中要求的 a_1, a_2 均不超过某指定数.注意,假若能证明对于每一个偶数 N,总有 $a_1 = a_2 = 1$,也即有"1＋1"结果的话,则哥德巴赫问题就成立了.

1 关于弱型哥德巴赫问题的研究

苏联数学家须尼尔曼于 1930 年创造了"密率论"方法,结合 1920

年挪威人布鲁恩创建的一种"筛法",首先回答了朗道 1912 年的国际数学会上的著名挑战.他证明了下面一个重要的结果:每一个充分大的自然数都可以表为不超过 k 个素数之和,这里 k 是一个常数.这就开辟了弱型哥德巴赫问题研究的途径.后来有人明确估计出 $k \leqslant 80$ 万,即在① 中,当 N 充分大时,有 k 个素数使其和为 N,而 $k \leqslant 800\ 000$,太大了!当然是,最好当 N 为偶数时,能证出 $k \leqslant 2$,N 为奇数时,能证出 $k \leqslant 3$ 就根本解决了哥氏问题(A)与(B).现在放宽研究 k,希望 k 逐渐向 2 或 3 靠拢.这方面的研究成果,进展如下(表里的数字是 k 的上界):其实最后一项结果,还可具体写为:偶数 N 时,$k \leqslant 18$,奇数 N 时,$k \leqslant 17$.

结　果	年　代	结 果 获 得 者
800 000	1930	须尼尔曼(苏联 Шнирельман)
2 208	1935	罗曼诺夫(苏联 Романов)
71	1936	海尔布鲁恩(德国 Heilbron)
		朗道(德国 Landau)
		希尔克(德国 Scherk)
67	1937	蕾西(意大利 Ricci)
20	1950	夏彼罗(美国 Shapiro)
		瓦尔加(美国 Warga)
18	1956	尹文霖(中国)
6	1976	旺格汉(R. C. Vaughan)

现在来谈谈须尼尔曼的"密率"是怎么回事.由某些整数所组成的集合记为 A,其中在小于等于 n 内出现的全体元素记为 $A(n)$,如果存在正数 $a_1 > 0$,使得对一切 n 均有 $A(n) \geqslant a_1 n$ 的话,亦即有

$$\frac{A(n)}{n} \geqslant a_1$$

此时说 A 的密度为 a_1,显然 $a_1 \leqslant 1$,如果能找到一个最大的 $a > 0$ 使得

$$\frac{A(n)}{n} \geqslant a$$

对一切自然数 n 成立的话,则称这个正数 a 为 A 的密率.

若记集合 $A = \{a_1, a_2, \cdots\}$,如果 $a_1 > 1$,则显然 A 的密率为 0;当 $a_n = 1 + r(n-1)(r > 0)$,即首项为 1,公差为 r 的等差序列时,则 A 的密率为 $\dfrac{1}{r}$;但每一个等比序列所成集合的密率是 0;由素数定理或契贝

71

晓夫定理知全体素数集合 P 的密率为 0；只有当 A 为全体自然数时其密率为 1，而且反过来也对：当 A 的密率为 1 时，A 就是全体自然数的集合．

须尼尔曼首先给出了下列定理：

定理 1 设 A,B 是两个集合，A,B 的密率分别为 α,β，记 $C=A+B$ 表示 C 的元素由 A 内元素与 B 内元素的和组成[①]，而 C 的密率为 γ，则有

$$\gamma \geqslant \alpha + \beta - \alpha\beta$$

证明 为方便起见，我们把集合 A 的密率 α 记为 $\alpha = d(A)$．其余记号类似．用集合记号法，有

$$C = A + B$$

而

$$A(n) = \sum_{\substack{1 \leqslant a \leqslant n \\ a \in A}} 1, B(n) = \sum_{\substack{1 \leqslant b \leqslant n \\ b \in B}} 1$$

$$C(n) = \sum_{\substack{1 \leqslant c \leqslant n \\ c \in C}} 1$$

$$d(A) = \alpha, d(B) = \beta, d(C) = \gamma$$

那么，在自然数的一段 $(1,n)$ 中含有 A 内的 $A(n)$ 个整数．设有 a_k 及 a_{k+1} 表其中依次相邻的两个数，则在这两数之间有 $a_{k+1} - a_k - 1 = l$ 个数不属于 A，它们是

$$a_k + 1, a_k + 2, \cdots, a_k + l = a_{k+1} - 1$$

以上各数中间凡可以写成 $a_k + b(b \in B)$ 这种形式的数都属于 C 的，它们的个数等于 B 在 $(1,l)$ 一段中所包含整数的个数，这当然是 $B(l)$．

因此，在 A 的每相邻两数之间，如果所包含的一段自然数的长度（即个数）是 l，就至少有 $B(l)$ 个数属于 C．因此在自然数的一段 $(1,n)$ 中，C 所包含整数的个数 $C(n)$ 至少是

$$A(n) + \sum B(l)$$

上式中 $\sum$ 的各项通过 $(1,n)$ 中不含 A 内整数的一段一段的自然数．但根据密率的定义，有

---

① 可用记号：$C = \{a_i + b_j \mid a_i \in A, b_j \in B\}$．

72

$$B(l) \geqslant \beta l$$

故

$$C(n) \geqslant A(n) + B\sum l = A(n) + \beta\{n - A(n)\}$$

上面最后一个等式的成立是由于 $\sum l$ 等于 $(1, n)$ 中不落在 A 内的整数的个数,当然它等于 $n - A(n)$. 又由 $A(n) \geqslant \alpha n$,故

$$C(n) \geqslant A(n)(1 - \beta) + \beta n \geqslant \alpha n(1 - \beta) + \beta n$$

由此立刻得到

$$\frac{C(n)}{n} \geqslant \alpha + \beta - \alpha\beta$$

上式对所有整数 n 都成立,故

$$\gamma = d(C) \geqslant \alpha + \beta - \alpha\beta \tag{③}$$

由这个不等式 ③,还可以引出一个重要的结果:

定理 2 若 $C = A + B$,而 $d(A) + d(B) \geqslant 1$,则必有 $d(C) = 1$(也即此时 C 必为全体自然数集合).

证明 我们首先指出,如果

$$A(n) + B(n) > n - 1$$

则有 $n \in A + B$,事实上,若 n 在 A 或 B 中,则定理已成立. 今设 n 既不在 A 又不在 B 中,于是

$$A(n) = A(n-1), B(n) = B(n-1)$$

而有

$$A(n-1) + B(n-1) > n - 1$$

设在 $(1, n-1)$ 一段内,A 与 B 所包含的数分别为

$$a_1, a_2, \cdots, a_r$$
$$b_1, b_2, \cdots, b_s$$

则

$$r = A(n-1), s = B(n-1)$$

而

$$a_1, a_2, \cdots, a_r$$
$$n - b_1, n - b_2, \cdots, n - b_s$$

都在 $(1, n-1)$ 一段中,它们的总个数是

$$r + s = A(n-1) + B(n-1) > n - 1$$

所以其中至少有两个相等,使得

73

$$a_i = n - b_k$$

则

$$n = a_i + b_k$$

故 n 在 $A + B$ 中.

注意

$$\frac{A(n)}{n} \geqslant d(A), \frac{B(n)}{n} \geqslant d(B)$$

若 $d(A) + d(B) \geqslant 1$,则有

$$A(n) + B(n) \geqslant n > n - 1$$

此时 $n \in C$,这对一切 n 成立. 故 C 为自然数集合,定理 2 成立.

须尼尔曼这个密率不等式定理

$$d(A + B) \geqslant d(A) + d(B) - d(A) \cdot d(B) \qquad ③'$$

为弱型哥德巴赫问题的进展奠定了基础. 后来人们总想改进这个不等式 ③′. 故在 $d(A) + d(B) \leqslant 1$ 假设之下,有所谓朗道—须尼尔曼的"假说"

$$d(A + B) \geqslant d(A) + d(B) \qquad ④$$

推广一下,在 $\sum\limits_{i=1}^{k} d(A_i) \leqslant 1$ 条件下,有没有

$$d\Big(\sum_{i=1}^{k} A_i\Big) \geqslant \sum_{i=1}^{k} d(A_i) \qquad ⑤$$

成立?

当然,由 ④ 到 ⑤ 是很容易的.

这个假说最初是通过具体的例子,在 1931 年由须尼尔曼和朗道推想出来的,看起来这个假说很简单其实很难证明. 苏联数学家辛钦在 $d(A_1) = \cdots = d(A_k)$ 的条件下,首先证得了这个假说成立. 接着有不少的数学家企图证实这个"假说",但都只得到部分的结果. 直到 1942 年,英国一位年轻的工程师名叫芒(Mann)的,在一次听报告时知道了这个问题,他回去后最终把这个不等式 ④ 证出来了,史称芒定理. 1943 年美国数学家阿丁与德国数学家希尔克(Seherk)给出了比较简单的证明,1954 年由希尔克与刻姆剖曼(Kemperman)又给出了一个更新、更简单的证明,并有所推广,成为后来数论教科书上的标准叙述.

对于弱型哥德巴赫猜想来说,由定理 1 与定理 2 就已足够.

事实上,如果一个集合 A 其密率为正密率 $a > 0$,则记

74

$$A_k = \underbrace{A + A + \cdots + A}_{k} \quad (\text{共 } k \text{ 项堆垒集合})$$

则可得

$$d(A_k) \geqslant 1 - (1-a)^k$$

显然只要取 k 足够大时，就有 $d(A_k) > \frac{1}{2}k$，那么集合 $C = A_k + A_k$ 就有

$$C(n) = A_k(n) + A_k(n) > \frac{1}{2}n + \frac{1}{2}n = n > n-1$$

故 $n \in C$，它对一切自然数 n 成立，故此时 C 就是全体自然数集合.

可惜的是全体素数集合 P 的密率恰巧为 0，则并非正密率. 但用布鲁恩筛法，可以获得集合 $P+P$ 是正密率，从而若干个（例如 s 个）$P+P$ 就是全体自然数集合了. 于是每一个自然数就可以写成 $2s$ 个素数的和，这样弱型哥德巴赫问题的须尼尔曼定理就成立了. 当然，用筛法来证明 $P+P$ 集合具有正密率时，可用 1919 年布鲁恩筛法也可用之后更好的 1949 后的塞尔伯格（Selberg）筛法来推演的. 无论哪种筛法来证明 $P+P$ 具有正密率这一结论时，均较复杂. 这里就不再一一细叙了.

顺此，我们还要说明一下用筛法与单用密率方法在弱型哥德巴赫问题中的作用不同. 例如，用筛法与密率论相结合的方法可以证明充分大偶数能表素数和的定理. 这"充分大"到底多大？往往是无法算出来的. 如尹文霖证明每个充分大偶数可表至多 18 个素数的和，旺格汉进一步证明每个充分大偶数可表至多 6 个素数的和，均是对"充分大"的偶数而言. 单用密率的方法其优越之处是在于可以证明对所有正整数表素数和的定理. 例如，1977 年旺格汉证明了所有正整数均可表为至多 26 个素数的和. 1983 年，我国张明尧博士改进为：所有正整数均可表为至多 24 个素数的和.

关于弱型哥德巴赫问题从须尼尔曼到尹文霖以至旺格汉，以及再由旺格汉到张明尧的进展思路依据就介绍到这儿. 但这里我们还特别应当提下列一段重要的科学史实：曾在 1922 年，英国剑桥大学教授哈代与李特伍德首创了"圆法"，也就是前面说到的，他们最早对哥德巴赫问题的解数 ① 作了巧妙的估算. 但后来联系哥氏问题求解时，却利用一个"黎曼猜想"，在承认黎曼猜想成立的前提下，他证明了奇数哥德巴赫猜想（B）成立. 但是这个黎曼的假想，也是至今未曾解决的世界难题！所以这两位教授的工作有战斗之功劳，无胜利之成果.

1937年,古彼德堡即现在的彼得格勒城的一位数学家维诺格拉多夫不用任何假设,创造了"三角和方法"的数学工具,在世界上第一个证明了大奇数哥德巴赫猜想正式成立,从而称为哥德巴赫—维诺格拉多夫定理,或简称维氏定理:当 $N_奇$ 充分大时,(B)成立(例如,1946年有人具体指出了:譬如当 $N \geqslant e^{e^{16.838}}$ —— 大约为10的50万次方时,便有素数 p_1, p_2, p_3 使式(*)成立).

因此,在 ① 中,1937年已被维氏证明了:不论奇偶的大整数 N,均有 $k \leqslant 4$,或确切地说:当 N 为大奇数时,有 $k \leqslant 3$;当 N 为大偶数时,有 $k \leqslant 4$. 这已经远比1950,1956诸年代的 $k \leqslant 20$ 以及 $k \leqslant 18$ 等结果来得优越得多了. 那么,为什么还将落后于维氏1937年的结果加以重视赞扬呢? 原因是:维氏用到了诸如复变函数换路积分等精深的复分析方法,但鉴于当初原问题是否能在实分析的限制中用"初等方法"予以求解呢? 这在方法上也颇有特色的,此处表格中的结果全是在初等方法中获得的,因而也引人注目.

这里还应介绍一下,1959年潘承洞还将 p_1, p_2, p_3 限制在 $\dfrac{N}{3}$ 附近时,做出了一个很好的估计. 1977年潘承洞的弟弟我国数学家潘承彪曾对于原来维氏定理的维氏繁难的证明,给出了一个十分简化的很好证明.

特别应当提出的是:1938年华罗庚教授证明了几乎所有偶数都能表成两奇素数的和,也即哥德巴赫猜想几乎对所有偶数成立. 这就为今天尚在研究的"例外值"课题,开辟了新的道路. 早在1941年,华罗庚教授对维氏"三角和方法"作了非常深刻的研究与改进,并对维氏定理作了重要推广,华罗庚教授证明了:每一个充分大的奇数 N,皆可表为三个奇素数的 k 次方之和,即

$$N = p_1^k + p_2^k + p_3^k \qquad\qquad (*)'$$

其中,k 为任意给定的正整数. 特别,当 $k = 1$ 时,即维氏定理.

2　关于因数哥德巴赫问题的研究

尽管在哥德巴赫问题上已有弱性问题的一系列成果,以及尤其是维氏定理与华氏推广等优秀工作,但面临偶数的哥氏原猜想问题,并没有给予直接的根本的解决.

大奇数哥氏问题(B)已为维氏所解决,大偶数哥氏问题(A)怎么

76

办？针对这一问题,在因数哥德巴赫问题的研究方面,逐步进展,有了一系列的成果.挪威数学家布鲁恩在 1920 年创造一种"筛法",首先证明了下面一个结果:每一个充分大的偶数都可以表示为两个各不超过 9 个素数相乘积的和,也即在 ② 中,当 N 为大偶数时

$$N = p'_1 \cdots p'_{a_1} + p''_1 \cdots p''_{a_2}$$

其中,p',p'' 均表素数,而素因数个数 $a_1 \leqslant 9$,$a_2 \leqslant 9$,即 $(9,9)$,或说证得了"$9+9$".这在殆素数问题研究上首开记录.之后便有接二连三的改进工作,特别是我国一些数学家在他们年轻的时候,成功地提出了利用"筛法"及"三角和方法"相结合的新解析数论方法,在 20 世纪 50 年代到 60 年代期间,做出了一系列重要的改进,取得了许多优秀的成果,在这基础上,陈景润曾于 20 世纪 60 年代后期到 70 年代初获得了"$1+2$"的重大结论,取得了世界领先的成果.关于这方面的研究进展情况如下表所示.

结　果	年代	结　果　获　得　者
$(9,9)$	1920	布鲁恩(挪威 Brun)
$(7,7)$	1924	雷特马赫(德国 Rademacher)
$(6,6)$	1932	埃斯特曼(英国 Estermann)
$(5,7),(4,9),(3,15),(2,366)$	1937	蕾西(意大利 Ricci)
$(5,5)$	1938	布赫夕塔布(苏联 Бухштаб)
$(4,4)$	1940	布赫夕塔布(苏联 Бухштаб)
$(1,c),c$ 常数	1948	瑞尼(匈牙利 Renyi)
$(3,4)$	1956	王元(中国)
$(3,3),(2,3)$	1957	王元(中国)
$(1,5)$	1961	巴尔班(苏联 Барбан)
	1962	潘承洞(中国)
$(1,4)$	1962	王元(中国)
	1963	潘承洞(中国)
		巴尔班(苏联 Барбан)
$(1,3)$	1965	布赫夕塔布(苏联 Бухштаб)
		维诺格拉多夫(苏联 А. И. Виноградов)
		朋比尼(德国 Bombieri)
$(1,2)$	1973	陈景润(中国)

这里应当说明的是巴尔班 $(1,4)$ 结果,以及其 1961 年 $(1,5)$ 的工作中,证明都有错误,经潘承洞教授在 1964 年指出后,到 1970 年他才

给予改正.

这儿还要谈谈 1948 年匈牙利数学家瑞尼的"$1+c$"（c 是常数，很大）工作，这是很有意思的纪录.因为这里开始了可以控制住一个为素数，而只要努力降低另一个的素因数个数就行了.这方面的研究，首先是王元于 1957 年在黎曼假设下证得了"$1+5$"成立.无须任何假设的成果应当归功于 1962 年潘承洞的"$1+5$"结果，这个结果第一次定量地而且是低纪录地引向了接近"$1+1$"的境界.实际上，由 1962 年的"$1+5$"之后，1963，1965 相继出现了"$1+4$"以及"$1+3$"的重要成就.以至于在 1966 到 1973 年内又出现了我们的最新成果"$1+2$"结论.顺便说一下，所谓结果是 1966 年到 1973 年完成，是指陈景润实际上已在 1966 年做出了这一结论，也曾用某些方式写过简报，但详尽而正式地写成论文发表（于《中国科学》杂志）乃是 1973 年，因此一般都说是在 1973 年获得的.在我们的文章发表后的短短几年中，世界上就出现了很多种简化的证明，其中有四五个简化证明是较好的，其中最好的简单而本质的证明就是由我国数学家王元、丁夏畦与潘承洞三位教授合作的论文中所给出的.我们的结果"$1+2$"一发表，就引起了世界数学家的重视与兴趣，英国数学家哈伯斯坦姆和德国数学家黎希特合著的一本叫《筛法》的数论专著，原有十章，付印后见到了我们的"$1+2$"结果，特为之增添写上了第十一章，章目为"陈氏定理".所谓"陈氏定理"的"$1+2$"结果，通俗地讲，是指对于任给一个大偶数 N，那么总可以找到奇素数 p'，p'' 或 p_1，p_2，p_3，使得下列两式至少有一个成立，即

$$N = p' + p'' \qquad\qquad ④$$
$$N = p_1 + p_2 p_3 \qquad\qquad ⑤$$

当然并不排除式 ④⑤ 同时成立的情形，例如，在"小"偶数时，若 $N = 62$，则可以有

$$62 = 43 + 19$$

以及

$$62 = 7 + 5 \times 11$$

总的来说，哥德巴赫问题是我们科学群山之一峰，在数论中，或扩大一些说，在数学中群山耸立，不少科学的堡垒确实需待我们去攻克，特别是期待着我们的青年数学工作者能够接过老一辈科学家的班而奋勇前进！上述进展表格中所列举的这一系列突出的成就，一方面固然是作者们不倦努力的结晶，另一方面也更应该看到，这二三十年来，以华罗

78

庚教授为首的中国数论学派的发展壮大过程,许多青年数学家曾在老一辈科学家的辛勤培育下,共同努力,形成了一个数论研究的集体,这为奠定我们获得的"1+2"结果的学术研究基础方面的作用,也是不可忽视的重要因素.所以要提倡有一个互相学习的科研集体.正因为这样,20世纪80年代初,我们的已故导师华罗庚教授在英国访问讲学期间,英国皇家数学会的主席杜特(Todd)教授就高度评价了以华罗庚教授为首的中国数论学派的突出成就.那么,这个学派的基本特点是什么呢? 第一,华教授要求他的学生们必须具备雄厚的高等数学基础知识,要掌握较熟练的算题技能.第二,华教授要求他的学生们经常保持一个清醒的头脑,要随时明白自己的业务高度,任何时候总有自己的奋斗目标,始终有一股战斗式的业务上进心.一句话,华教授是以"严"来要求我们的,这也是我国数论研究工作做出重大成就的业务基础,没有这一点是不可思议的.因此建议,打算或正在搞哥德巴赫问题或其他著名世界难题的青年们,能正确认识这些难题的艰难性.在努力从"严"打好高初等数学基础的前提下,再来向世界难题进军! 否则很可能会白费精力和时间,徒劳无功.

四是数学史工作者的介绍.

谈哥德巴赫猜想[①]

—— 徐本顺,解恩泽

　　哥德巴赫猜想是解析数论的一个中心课题.这一猜想从提出到现在已经二百多年了,但至今没有被证明.为了解决这一问题,许多数学家付出了艰苦的劳动,并取得了一系列成果.我国著名数学家陈景润解决了哥德巴赫猜想1+2的问题,被数学家誉为"陈氏定理".到目前为止,这是对哥德巴赫猜想研究的最好结果.如果解决了哥德巴赫猜想1+1的问题,那么哥德巴赫猜想就彻底解决了.目前距解决这一猜想,

---

　　① 选自:徐本顺,解恩泽.数学猜想 —— 它的思想与方法.长沙:湖南科学与技术出版社,1990.

虽然只有一步之差,但这一步究竟如何迈出,又何时达到终点,是数学家当前难以预料的问题.

1 猜想的提出

在两个正整数相加中,我们会遇到如下的关系

$$3 + 7 = 10$$
$$3 + 17 = 20$$
$$13 + 17 = 30$$
$$17 + 23 = 40$$
$$13 + 37 = 50$$

我们来分析一下上述等式有什么相似之处.很自然会发现:等式右边的数都是偶数,等式左边的两个数都是奇素数.我们已经知道两个奇素数之和必定是一个偶数.反过来,我们要问:任一个偶数都可以分拆成两个奇素数之和吗?我们再作一些观察.第一个等于两个奇素数之和的偶数为

$$6 = 3 + 3$$

接下去为

$$8 = 3 + 5$$
$$10 = 3 + 7 = 5 + 5$$
$$12 = 5 + 7$$
$$14 = 3 + 11 = 7 + 7$$
$$16 = 3 + 13 = 5 + 11$$
$$18 = 5 + 13 = 7 + 11$$
$$20 = 3 + 17 = 7 + 13$$
$$22 = 3 + 19 = 5 + 17 = 11 + 11$$
$$24 = 5 + 19 = 7 + 17 = 11 + 13$$
$$26 = 3 + 23 = 7 + 19 = 13 + 13$$
$$28 = 5 + 23 = 11 + 17$$
$$30 = 7 + 23 = 11 + 19 = 13 + 17$$

通过上述各例观察,可知这些偶数都可分拆成两个奇素数之和,于是,由特殊到一般,我们可提出如下猜想:

(A) 任何大于等于 6 的偶数都是两个奇素数之和.

对于偶数可提出上述判断,对于奇数是否也可提出类似结论呢?

质数漫谈

显然,奇数不能分拆成两个奇素数之和.既然两个不行,那么分拆成三个奇素数之和,能行吗? 通过下面的实例进行观察

$$9 = 3 + 3 + 3$$
$$11 = 3 + 3 + 5$$
$$31 = 3 + 5 + 23 = 3 + 11 + 17 = 5 + 7 + 19 = 5 + 13 + 13$$

由特殊到一般,于是可猜想:

(B) 任何大于等于 9 的奇数都是三个奇素数之和.

上述规律是否有普遍性? 德国著名数学家哥德巴赫对这个问题产生了浓厚的兴趣,但是,他不敢肯定其正确性.于是,他于 1742 年写信给当时的数学权威欧拉,就此问题进行请教.他问欧拉:是不是每个偶数都是两个素数之和,每个奇数都是三个素数之和? 欧拉回信说:他验算到 100 多,发现是对的,但不能给出一般性的证明.

到 1770 年,华林首次把这个问题以猜想的形式写在书中,并公之于世.由于当时把 1 也看成素数,所以问题提的不太确切.确切的提法是上面所述的猜想(A)(B).猜想(A) 叫作偶数哥德巴赫猜想,猜想(B) 叫作奇数哥德巴赫猜想.易知,由(A) 成立,可推出(B) 成立.事实上,如果(A) 成立,设 N 是一个大于 7 的奇数,那么 $N-3$ 就是一个大于等于 6 的偶数,据(A),有

$$N - 3 = p_1 + p_2$$

其中 p_1, p_2 为奇素数.因此

$$N = p_1 + p_2 + 3$$

是三个奇素数之和.从而猜想(B) 成立.这样一来,只要解决(A),(B) 也就随之而解决了.

2 悲观的预言与惊人的成果

从 18 世纪 40 年代哥德巴赫猜想的提出,到 19 世纪末,许多数学家都对这一猜想进行了研究,但在这一百五十多年中,并没有得到任何实质性的结果和提出有效的研究方法.只是对一些数值做了进一步的验证,使猜想变得更加可信,增加了它的合理性.另外还提出一些简单的关系式和一些新的推测.在这一期间,数学家们虽然对哥德巴赫猜想的探讨作了极大的努力,但是由于用来解决这一问题的数学理论还没有发展到这个地步,因此进展缓慢.与此同时,由于欧拉、高斯、迪利克雷、黎曼、哈达马等著名数学家的工作,使数论和函数论得到了空前的丰富

和发展,特别是分析与数论相结合,在数论中引入了分析的方法,这就为 20 世纪对这一猜想的研究提供了强有力的工具.在这一百五十多年中,研究哥德巴赫猜想没有什么进展,这从反面说明,解决数学难题,得有足够的数学基础知识,那些连初等数论尚没有弄明白,更不用说解析数论和函数论,就想一下子证明哥德巴赫猜想,肯定是异想天开,白费力气.

1900 年,在巴黎召开的第二届国际数学家大会上,德国著名数学家希尔伯特提出了数学中著名的 23 个问题,哥德巴赫猜想就是第八个问题的一部分.在这之后的十多年,对哥德巴赫猜想的研究并未取得进展.1912 年,德国数学家朗道在英国剑桥召开的第五届国际数学家大会上悲观地说,"即使要证明下面较弱的命题(C),也是当代数学家所力不能及的:

(C) 存在一个正整数 k,使每一个大于等于 2 的整数都可表为不超过 k 个素数之和."

1921 年,英国数学家哈代在一次数学会议上也谈道:哥德巴赫猜想,可能是没有解决的数学问题中的最困难的一个.

在解决这一难题的过程中,数学家看到其艰巨性,特别在亲自尝试过程中,其体会更为深刻,但勇于探索的人们,并没有望而止步,而是不断地为之拼搏,努力地从前人研究所走过的道路上,去挖掘解决哥德巴赫猜想可能取得成果的潜在思想.正当一些数学家对此猜想感到无能为力时,数学家却开始从不同的方向上取得了一系列惊人的成果.这些成果的取得,不仅为解决哥德巴赫猜想开拓了途径,而且还有力地推进了数论和其他数学学科的发展.

3　圆法

19 世纪中叶,迪利克雷和黎曼把分析方法移植到数论中来,从而使数论得到了空前的发展,使一些一筹莫展的问题,有了解决的希望.从 1920 年开始,英国数学家哈代和李特伍德系统地开创与发展了堆垒素数论中的一个崭新方法.1923 年发表论文专论哥德巴赫猜想.这一新方法的思想孕育在 1918 年哈代和印度数学家拉马努金(Ramanujan)的文章中.后来人们就称这个新方法为哈代—李特伍德—拉马努金圆法.这个方法,对于哥德巴赫猜想来说,就是把数论中离散的问题归结到连续问题来处理.其基本思想是:设 m 为整数,由于积分

82

$$\int_0^1 e(m\alpha)d\alpha = \begin{cases} 1, m=0 \\ 0, m \neq 0 \end{cases}$$

其中

$$e(x) = e^{2\pi ix}$$

所以方程

$$N = p_1 + p_2, p_1, p_2 \geqslant 3 \qquad ①$$

的解数为

$$D(N) = \int_0^1 S^2(\alpha, N) e(-N\alpha) d\alpha \qquad ②$$

方程

$$N = p_1 + p_2 + p_3, p_1, p_2, p_3 \geqslant 3 \qquad ③$$

的解数为

$$T(N) = \int_0^1 S^3(\alpha, N) e(-N\alpha) d\alpha \qquad ④$$

其中

$$S(\alpha, N) = \sum_{2 < p \leqslant N} e(\alpha p) \qquad ⑤$$

这样一来,猜想(A)就归结为要证明:对于偶数 $N \geqslant 6$,则有

$$D(N) > 0$$

猜想(B)就归结为要证明:对于奇数 $N \geqslant 9$,则有

$$T(N) > 0$$

于是,哥德巴赫猜想就转化为讨论关系式②、④ 中的积分了.因而这就需要研究由式 ⑤ 所确定的以素数为变数的三角和.式 ⑤ 的性质知道了,其积分的值也就求出来了.式 ⑤ 有什么性质呢? 我们猜测:当 α 和分母"较小"的既约分数"接近"时,$S(\alpha, N)$ 就取"较大"的值;而当 α 和分母"较大"的既约分数"接近"时,$S(\alpha, N)$ 就取"较小"的值.这样我们就可把积分区间分成两部分,在其中的一部分,是积分的主要项,积分易求出来;而另一部分,是积分的次要项,积分值可忽略不计.这就是圆法的主要思想.

下面就此稍加具体的说明.

设 M, τ 为两个正数,且

$$1 \leqslant M \leqslant \tau \leqslant N$$

考虑法雷数列

$$\frac{a}{q}, (a,q) = 1, 0 \leqslant a < q, q \leqslant M$$

83

并设

$$E(q,a) = \left[\frac{a}{q} - \frac{1}{\tau}, \frac{a}{q} + \frac{1}{\tau} \right]$$

以及

$$E_1 = \bigcup_{1 \leqslant q \leqslant M} \bigcup_{\substack{0 \leqslant a < q \\ (a,q)=1}} E(q,a)$$

$$E_2 = \left[-\frac{1}{\tau}, 1 - \frac{1}{\tau} \right] \setminus E_1$$

易证,当

$$2M^2 < \tau$$

时,所有的小区间 $E(q,a)$ 是两两不相交的. 称 E_1 为基本区间, E_2 为余区间. 如果一个既约分数的分母不超过 M, 我们就说它的分母是"较小"的;否则,就说是"较大"的. 如果两个点之间的距离不超过 τ^{-1}, 我们就说是"较近"的. 显然,当 $\alpha \in E_1$ 时,它就和一分母"较小"的既约分数"接近". 当 $\alpha \in E_2$ 时,可以证明,它一定和一分母"较大"的既约分数"接近". 这样利用法雷数列就把积分区间 $\left[-\frac{1}{\tau}, 1 - \frac{1}{\tau} \right]$ 分成了圆法所要求的两部分 E_1 和 E_2.

为方便起见,我们把积分区间 $[0,1]$ 改为 $\left[-\frac{1}{\tau}, 1 - \frac{1}{\tau} \right]$. 这样一来,式②,④的积分就分成两部分,即

$$D(N) = \int_{-\frac{1}{\tau}}^{1 - \frac{1}{\tau}} S^2(\alpha, N) e(-N\alpha) \mathrm{d}\alpha = D_1(N) + D_2(N) \qquad ⑥$$

其中

$$D_i(N) = \int_{E_i} S^2(\alpha, N) e(-N\alpha) \mathrm{d}\alpha, i = 1,2$$

$$T(N) = \int_{-\frac{1}{\tau}}^{1 - \frac{1}{\tau}} S^3(\alpha, N) e(-N\alpha) \mathrm{d}\alpha = T_1(N) + T_2(N) \qquad ⑦$$

其中

$$T_i(N) = \int_{E_i} S^3(\alpha, N) e(-N\alpha) \mathrm{d}\alpha, i = 1,2$$

圆法就是要计算出 $D_1(N)$ 及 $T_1(N)$, 并证明其为 $D(N), T(N)$ 的主要项,而 $D_2(N), T_2(N)$ 分别作为其次要项.

如果不加任何条件限制,难以计算出 $D(N), T(N)$ 的渐近式. 这样一来,就想到把考虑问题的范围缩小,于是1923年,哈代、李特伍德取得了第一个突破,他们证明了如下结论.

84

在弱型广义黎曼猜想成立的前提下,每个大奇数一定可表为三个奇素数之和,且有渐近公式

$$T(N) = \frac{1}{2} R_3(N) \frac{N^2}{\log^3 N}, N \to \infty \qquad ⑧$$

其中

$$R_3(N) = \prod_{p \mid N} \left(1 - \frac{1}{(p-1)^2}\right) \prod_{p \nmid N} \left(1 + \frac{1}{(p-1)^3}\right) \qquad ⑨$$

对于偶数又怎样呢? 他们猜测有

$$D(N) = R_2(N) \frac{N}{\log^2 N}, N \to \infty$$

其中

$$R_2(N) = 2 \prod_{p>2} \left(1 - \frac{1}{(p-1)^2}\right) \prod_{\substack{p \nmid N \\ p>2}} \frac{p-1}{p-2}$$

对于一个大的猜想,在一个较长的时间解决不了,我们可以将猜想进行转化,可以对猜想加上前提条件,先得到一个带有假设性的结果,或者加上前提条件,再提出新的猜测,然后对这新的猜测进行探求.

显然,哈代、李特伍德没有证明任何无条件的结果,但是他们在证明有条件的结果时所创造的圆法,为人们指明了一个有成功希望的研究方向.正如他们自己所说:"我们借助于堆垒数论中新的超越方法来攻这个问题,我们没有解决它.甚至我们也没有证明任何数是 1 000 000 个素数之和 …… 然而,我们证明了这个问题不是攻不动的 ……."这就是说,他们创造的圆法,消除了人们对研讨哥德巴赫猜想的悲观情绪,增进了解决此问题的必胜信心.事实上,圆法为人们解决哥德巴赫猜想找到了一个有效途径,为下一个突破创造了良好的条件,同时,它在解决数论中的其他难题中也发挥了积极作用.

1937 年,苏联数学家维诺格拉多夫在"圆法"的基础上,再加上他独创的"三角和估计方法",去掉了弱型广义黎曼猜想的前提,证明了:每一个充分大的奇数都是三个奇素数之和,且有渐近公式 ⑧ 成立.后来,有人用别的分析方法,也"无前提"地证明了这个结果.这些大奇数究竟有多大? 它比 1 后面带上几十万个零还要大.这虽然是一个天文数字,但剩下的数总是有限的,原则上总是可以一一验证的. 由无限转化到有限,这是一个重大突破,因此猜想(B)算是基本解决了.这一结果通常叫作哥德巴赫 — 维诺格拉多夫定理,简称三素数定理.

维诺格拉多夫是怎样证明三素数定理的呢？

1935 年，佩治证明了

定理 1 设整数 $q \geqslant 3$，则对所有实的非主特征 $X \bmod q$[①]，当 $\sigma \geqslant 1 - \dfrac{C_4}{\sqrt{q}\log^4 q}$ 时，有

$$L(\sigma, x) \neq 0 \text{[②]}$$

定理 2 设整数 $q \geqslant 1$，x 是模 q 的实特征，则对任一给的 $\varepsilon > 0$，一定存在一个常数 $c = c(\varepsilon) > 0$，使得 $L(s, x)$ 的非实零点 β，满足

$$\beta \leqslant 1 - \frac{c(\varepsilon)}{q^\varepsilon}$$

由上述两个定理可推出相应的算术级数中素数分布的如下两个定理.

定理 3 设 $x \geqslant 2$，则对于任意固定的正数 $A > 1$，及任意的整数 q, l 有

$$1 \leqslant q \leqslant \log^A x, (l, q) = 1$$

有渐近公式

$$\psi(x; q, l) = \frac{x}{\phi(q)} + O(x\mathrm{e}^{-c_2\sqrt{\log x}})$$

$$\pi(x; q, l) = \frac{\mathrm{Li} x}{\phi(q)} + O(x\mathrm{e}^{-c_2\sqrt{\log x}})$$

成立，其中常数 c_2 依赖于 A，且 o 常数是一绝对常数，c_2 是不能实际计算出的常数.

定理 4 设 $x \geqslant y > 3$，则对所有的模 $q \leqslant y$，可能除去一些"例外模"q——这些 q 一定是某一个可能存在的 q_0（$q_0 \gg \log^2 y (\log\log y)^{-s}$）的倍数——以外，当 $(q, l) = 1$ 时，有如下式成立，即

$$\pi(x; q, l) = \frac{\mathrm{Li}\, x}{\phi(q)} + O(x\mathrm{e}^{-c_s\sqrt{\log x}}) + O(x\mathrm{e}^{-c_s\frac{\log x}{\log y}})$$

其中，大 O 常数及 c_3 都是绝对的可计算的常数.

上述两个定理之一可推出如下结果.

定理 5 对于奇数 N 表为三个奇数之和的表法个数 $T(N)$ 有渐近

---

① 特征 $\chi_{(h)}$ 是属于模 q，记作 $x_{(h)} \bmod q$，模 q 的特征 $x_{(h)}$ 称模 q 的主特征，其他的所有特征都称为非主特征.

② $L(\sigma, x)$ 为 L 函数.

公式

$$T(N) = \frac{1}{2} R_3(N) \frac{N_2}{\log^3 N} + O\left(\frac{N^2}{\log^4 N}\right)$$

其中,$R_3(N)$ 为式 ⑨ 所示,且 $R_3(N) > \frac{1}{2}$.

维诺格拉多夫成功地创造了素变数三角和估计方法,证明了哈代、李特伍德关于三角和 $S(\alpha, N)$ 性质的猜测,即,他证明了:适当选取 M,τ,当 $\alpha \in E_2$ 时,有

$$S(\alpha, N) \ll \frac{N}{\log^3 N} \qquad\qquad ⑩$$

由此易推出

$$T_2(N) \ll \frac{N}{\log^3 N} \int_0^1 \mid S^2(\alpha, N) \mid \mathrm{d}\alpha \ll \frac{N^2}{\log^4 N}$$

这就表明 $T_2(N)$ 对 $T_1(N)$ 来说是可以忽略的次要项,从而就证明了三素数定理.

维诺格拉多夫处理基本区间 E_1 上的积分用的是分析方法,而处理余区间 E_2 上的积分用的是非分析方法.这种方法上的不一致性就导致了数学家去探索用分析方法得到线性素变数三角和 $S(\alpha, N)$ 的估计式 ⑩.1945 年,林尼克提出了所谓 L 函数零点密度估计方法,他利用这个方法证明估计式 ⑩,从而使三素数定理给出一个完全有意义的分析法证明.他的这一方法解决了解析数论中的许多问题.这种协调一致的方法上的思考是一种数学美的追求.由于数学美的驱使,促使数学家去创造新的方法.而创造的新方法,又为解决更广泛的一类问题提供新的工具.由此看来,追求数学上的美是丰富和发展数学的一种不可忽视的动力.

维诺格拉多夫创造的估计三角和的方法是解析数论中的强有力的工具,应用这一方法,获得了解析数论中许多重要结果,为数论的发展起到了重要的推进作用.

三素数定理被证明了.接下去一个很自然的想法就是再推广这一结果.1938 年,我国著名的数学家华罗庚证明了如下定理.

定理 6 对任意给定的整数 k,每一个充分大的奇数都可表为

$$p_1 + p_2 + p_3^k$$

其中,p_1, p_2, p_3 为奇素数.

特别地,当 $k = 1$ 时,就是三素数定理.

另一个自然的想法就是在定理中再加些限制条件进行讨论.在前面的例子中,我们已经看到,一个奇数分成三个奇素数之和是不唯一的,同一个奇数,有的分解成的三个奇素数相差比较大,有的分解成的三个奇素数差不多一般大.因此,可提出如下问题:

一个充分大的奇数表为三个几乎相等的奇素数之和.

20世纪50年代开始研究这一问题,答案是肯定的.

对于一个猜想,如果加上限制条件,还难以推出结论,就把结论再减弱,这也是解决猜想的一种重要途径.1923年,哈代、李特伍德得到了如下的假设性结果:如果广义黎曼猜测成立,那么几乎所有的偶数都能表为两个奇素数之和,即有如下定理.

定理7 若以 $E(x)$ 表示不超过 x 且不能表为二个奇素数之和的偶数个数,在 GRH[①] 下,则有

$$E(x) \ll x^{\frac{1}{2}+\varepsilon}$$

其中 ε 为一任意小的正数.

维诺格拉多夫证明三素数定理之后不久,库尔浦特(J.G. Corput),楚德可夫(E.C. Чураков),埃斯特曼(T. Estermann),海尔布伦(H. Heilbronn)及华罗庚,利用维诺格拉多夫的思想方法,几乎同时证明了如下定理.

定理8 对于任给的正数 A,有

$$E(x) \leqslant \frac{x}{\log^A x}$$

下面把这一定理的证明思想简述如下.

我们把能够表为两个奇素数之和的偶数称为哥德巴赫数,而把不能够表为两个奇素数之和的偶数称为非哥德巴赫数.所有不超过 x 的非哥德巴赫数所组成的集合及其个数均用 $E(x)$ 表示.$E(x)$ 亦称作哥德巴赫数的例外集合.于是,对于偶数的哥德巴赫猜想就是要证明:当 $x \geqslant 4$ 时,有

$$E(x) = 2$$

设 x 为充分大的正数,以 $D(n,x)$ 表示方程

---

① 所有 $L(s,x)$ 的非显明零点亦都位于直线 $R,S = \frac{1}{2}$ 上,这就是广义黎曼假设,简记作 GRH.

$$n = p_1 + p_2, 2 < p_1 \leqslant x, 2 < p_2 \leqslant x$$

的解数. 显然, 当 $n \leqslant 4$ 时, 或 $n > 2x$ 时, 恒有

$$D(n,x) = 0$$

同时, 若

$$D(n,x) > 0$$

则 n 一定是哥德巴赫数.

设 $S(\alpha,x) = \sum_{2 < p \leqslant x} e(\alpha p)$, 则显然有

$$D(n,x) = \int_0^1 S^2(\alpha,x) e(-\alpha n) \mathrm{d}\alpha$$

设 $M = \log^\lambda x, \tau = x^{-1}, \lambda \geqslant 9$ 为待定正常数, 对于这样的 M, τ, 可以确定基本区间 E_1 和余区间 E_2. 于是, 有

$$D(n,x) = \int_{-\frac{1}{\tau}}^{1-\frac{1}{\tau}} S^2(\alpha,x) e(-\alpha n) \mathrm{d}\alpha = D_1(n,x) + D_2(n,x)$$

其中 $D_1(n,x) = \int_{E_1} S^2(\alpha,x) e(-\alpha n) \mathrm{d}\alpha = \int_{-\frac{1}{\tau}}^{1-\frac{1}{\tau}} S_1^2(\alpha,x) e(-\alpha n) \mathrm{d}\alpha$

$$S_1(\alpha,x) = \begin{cases} S(\alpha,x), \alpha \in E_1 \\ 0, \alpha \in E_2 \end{cases}$$

$$D_2(n,x) = \int_{E_2} S^2(\alpha,x) e(-\alpha n) \mathrm{d}\alpha = \int_{-\frac{1}{\tau}}^{1-\frac{1}{\tau}} S_2^2(\alpha,x) e(-\alpha n) \mathrm{d}\alpha$$

$$S_2(\alpha,x) = \begin{cases} S(\alpha,x), \alpha \in E_2 \\ 0, \alpha \in E_1 \end{cases}$$

如果能够证明

$$| D_1(n,x) | > | D_2(n,x) | \qquad\qquad ⑪$$

那么一定有

$$D(n,x) > 0$$

因而 n 就一定是哥德巴赫数. 利用维诺格拉多夫证明三素数定理的思想及如下关系式

$$\sum_n | D_1(n,x) |^2 = \int_{-\frac{1}{\tau}}^{1-\frac{1}{\tau}} | S_1(\alpha,x) |^4 \mathrm{d}\alpha =$$

$$\int_{E_1} | S_1(\alpha,x) |^4 \mathrm{d}\alpha$$

$$\sum_n | D_2(n,x) |^2 = \int_{-\frac{1}{\tau}}^{1-\frac{1}{\tau}} | S_2(\alpha,x) |^4 \mathrm{d}\alpha =$$

$$\int_{E_2} | S_2(\alpha,x) |^4 \mathrm{d}\alpha$$

就可证明:几乎对于所有不超过 x 的偶数 n,都有式 ⑪ 成立.

这样一来,对于任意给定的正数 A,$\left(\dfrac{x}{2}, x\right]$ 中的偶数 n,除了可能有远远小于 $\dfrac{x}{\log^A x}$ 个例外值外,恒有

$$| D_1(n, x) | > | D_2(n, x) |$$

成立.若以 $E_1(x)$ 表示区间 $\left(\dfrac{x}{2}, x\right]$ 中的非哥德巴赫数的个数,则由此立即推出

$$E_1(x) \ll \frac{x}{\log^A x}$$

这样就推出了定理 8 成立.

定理 8 是利用圆法和维诺格拉多夫思想给予证明的.当一个强有力的思想问世之后,数学家很快就会接受过来,从而大大推进对于偶数哥德巴赫猜想的研究.研究猜想一方面要创造新的方法,另一方面也应对科学发展有强烈的敏感性,把其他创造的新思想新方法移植到自己所研究的问题上来.这样才会给研究工作带来生机勃勃的新局面,做出具有重大意义的成果.

对于一个猜想得到一个较弱结果之后,再向较强的结果一步步逼近,这是解决猜想又一个重要途径.

1972 年,文汉(Vanghan)证明了:

定理 9   *存在正常数 c,使*

$$E(x) \ll x \exp(-c\sqrt{\log x}) \qquad ⑫$$

1975 年,蒙哥马利和文汉进一步改进了式 ⑫,得到:

定理 10   *存在一个可计算的绝对正常数 Δ,使得*

$$E(x) \ll x^{1-\Delta}$$

为了证明这一结果,几乎用到了 L 函数零点分布的全部知识,并且把大筛法应用于对圆法中基本区间的讨论.

1979 年,我国两位著名的数学家陈景润和潘承洞定出常数 $\Delta > 0.01$.这是目前对于例外集合 $E(x)$ 的阶的估计最好的结果.

4   筛法

为了证明把一个偶数拆成两个奇素数之和,我们探讨与此问题有关的更加广泛的问题:

90

把一个偶数拆成两个数 a 与 b 之和,其中 a 是一个不超过 a 个素因子的数,b 是一个不超过 b 个素因子的数.

这样两个数称为殆素数,记作 $(a+b)$. 哥德巴赫猜想就是要证明 $(1+1)$. 通过逐步减少素因子的个数的办法来寻求解决猜想(A) 的途径,筛法就成了一个强有力的工具.

筛法是寻求素数的一个古老的方法. 这个方法是两千多年前古希腊学者埃拉托塞尼(Eratosthenes,大约公元前 230) 所创造的,称埃拉托塞尼筛法. 用此方法可造出不超过已知数 N 的素数,现在叙述如下:

写出数 $1,2,\cdots,N$,在这一列数中第一个大于 1 的数是素数 2. 从数列中划掉 2 以外的所有 2 的倍数. 接着 2 的第一个没有被划掉的数是素数 3. 从数列中划掉 3 以外的所有 3 的倍数. 接着 3 的第一个没有被划掉的数是素数 5,这样继续下去,就得到不超过已知数 N 的所有素数.

这是一种原始筛法,随着数学的发展,筛法也得到了发展. 什么是筛法? 现在用数学的语言叙述如下:

由有限个且满足一定条件的整数组成的集合以 A 表之,满足一定条件的无限多个不同的素数组成的集合记为 B,$z \geqslant 2$ 为任一正数. 令

$$P(z) = \prod_{\substack{p < z \\ p \in B}} p$$

在集合 A 中,所有与 $p(z)$ 互素的元素的个数记为 $S(A;B,z)$,即

$$S(A;B,z) = \sum_{\substack{a \in A \\ (a,p(z))=1}} 1$$

这里 $p(z)$ 就起到一个"筛子"的作用,凡是和它不互素的都被"筛掉",而与它互素的数都被留下. 所谓"筛法"其含义也正是如此. "筛子"的大小是与集合 B 及 z 有关. z 愈大,筛子就愈大,被筛掉的数就越多. $S(A;B,z)$ 是集合 A 经过筛子 $p(z)$ 筛选后所剩下的元素的个数. 我们称 $S(A;B,z)$ 为筛函数. 显然,筛法的关键就在于对于筛函数要了如指掌. 因此研究筛函数的性质及其作用就成为"筛法"中的基本问题,而其中最重要的问题之一就是估计筛函数 $S(A;B,z)$ 的上界和正的下界.

设 A 是一由有限个整数组成的集合(元素可重复),B 是一个由无限多个素数组成的集合. 再设 $z \geqslant 2$ 是任意实数,并令

$$P(z) = \prod_{\substack{p < z \\ p \in B}} p$$

易知筛函数具有如下简单性质:

(1) $S(A;B,z) = |A|^{①}$;

(2) $S(A;B,z) \geqslant 0$;

(3) $S(A;B,z_1) \geqslant S(A;B,z_2), 2 \leqslant z_1 \leqslant z_2$;

(4) $S(A;B,z) = \sum_{a \in A} \sum_{d \mid (a, p(z))} \mu(d) = \sum_{d \mid p(z)} \mu(d) |A_d|$　　　　⑬

其中 A_d 表示集合 A 中所有能被 d 整除的元素所组成的子集合.

解决一个具体问题,就是归结到所给的问题如何与筛函数发生联系.现在把筛函数与命题 $(a+b)$ 的联系叙述如下:

设 N 为一大偶数,取集合
$$A = A(N) = \{n(N-n), 1 \leqslant n \leqslant N\}$$
所有素数组成的集合记为 B.再设 $\lambda \geqslant 2$,取 $z = N^{1/\lambda}$.如果能证明筛函数
$$S(A;B,N^{1/\lambda}) > 0$$
则显然就证明了命题 $(a+a)$,其中
$$a = \begin{cases} \lambda - 1, \lambda \text{ 是正整数} \\ [\lambda], \lambda \text{ 不是正整数} \end{cases}$$
特别地,当 $\lambda = 2$ 时,这就证明了命题 $(1+1)$.

另一方面,若求得 $S(A;B,N^{1/\lambda})$ 的一个上界,那么我们就相应地得到一个大偶数表为两个素因子个数不超过 a 个数之和的表法个数的上界.

如果我们取集合
$$C = C(N) = \{N - p, p \leqslant N\}$$
能证明筛函数
$$S(C;B,N^{1/\lambda}) > 0$$
则显然证明了命题 $(1+a)$.同样,若求得 $S(C;B,N^{1/\lambda})$ 的一个上界,那么,我们也就相应地得到了偶数表为一个素数与一个素因子不超过 a 个数之和的表法的上界.

由上述可知,命题 $(a+b)$ 和求筛函数的正下界与上界这一问题密切相连的.其中 z 不能取得太小(相对 N 来说),一定要取 $N^{1/\lambda}$ 那么大的阶.显然 λ 取得越小越好.如果一个筛法理论仅能对较小的 z(比如取 $\log N$)才能证明筛函数有正的下界估计,那么这种筛法理论对我们所讨论的问题是无用的.古老的筛法正是这样的.因此,要想解决我们的

---

① $|A|$ 表示有限集合 A 的元素的个数.

问题,必须发展已有的筛法.由式 ⑬ 可以看出,筛函数 $S(A;B,z)$ 的估计和集合 $A_d,d/p(z)$ 有关.如果对于给定集合 A 及 B,我们适当选取一个正数 $z>1$,及一非负可乘函数

$$\omega(d),\mu(d)\neq 0,(d,\overline{B})=1 ①$$

并设

$$r_a=\mid A_d\mid-\frac{\omega(d)}{d}X \qquad ⑭$$

我们的目的就是用 $\frac{\omega(d)}{d}X$ 代替 $\mid A_d\mid$.我们要求就某种平均意义上来说,使误差项 r_d 尽可能地小.怎样选取最好的 X 和 $\omega(d)$,这由集合 A 的性质来确定.

由式 ⑬ 及 ⑭ 有

$$S(A;B,z)=\sum_{d\mid p(x)}\mu(d)\frac{\omega(d)}{d}X+\sum_{d\mid p(x)}\mu(d)rd=$$

$$X\prod_{\substack{P<X\\P\in B}}\left(1-\frac{\omega(p)}{p}\right)+\theta\sum_{d\mid p(x)}\mid r_d\mid,\mid\theta\mid\leqslant 1$$

当 z 相对于 X 并不是很大时,余项的项数 $\sum_{d\mid p(x)}1$,即 $P(z)$ 的除数个数就可能很大,例如,取 $p(z)=\prod_{P<z}p$,则当 $z>\log X$ 时,余项的项数就大于 X,这样就不可能得到有用的估计.这种方法仅当 z 很小时,例如,$z\ll\log\log X$ 才有效.这就是所说的埃拉托塞尼筛法.这种筛法在理论上是无用的,因为数论问题所需要的是 z 相对于 X 来说是较大的情况.于是在 1920 年前后,布鲁恩首先对埃拉托塞尼筛法作了重大改进.布鲁恩利用他的方法证明了命题(9+9).由于这一方法获得了对于哥德巴赫猜想研究的重大成果,这就开辟了人们利用筛法研究猜想(A)及其他数论问题的新途径.这种方法叫布鲁恩筛法.1950 年前后,塞尔伯格(A.Selberg)对埃拉托斯筛法,利用求二次型极值的方法,作了另一个重大改进.这种方法叫作塞尔伯格方法.用这种方法,得到了筛函数的上界估计.这两种方法共同点在于设法控制余项的项数,使从余项所得的估计相对立项来说可以忽略不计,同时也要使主项得到尽可能好的

---

① $\overline{B}$ 表示所有不属于 B 的素数组成的集合.设 μ 是一整数集合,d 为一整数,$(d,\mu)=1$ 表示 d 和 μ 中每一个数都互素.

估计.

把命题 $(a+b)$ 和对一个筛函数的估计直接相联系,这样得到的结果是较弱的.要得到较强结果,还要设法通过另一途径来改进筛法. 1941 年,库恩(Kuhn)首先提出了所谓"加权筛法".后来数学家对各种形式的"加权筛法"进行了研究,从而使筛法的效用越来越大,所获得的结果也就得到不断的推进.

证明命题 $(a+b)$ 的历史进展可概述如下:

1920 年,布鲁恩证明了命题 $(9+9)$;

1924 年,拉德马赫尔证明了命题 $(7+7)$;

1932 年,埃斯特曼证明了命题 $(6+6)$;

1937 年,Ricci 证明了命题 $(5+7)$,$(4+9)$,$(3+5)$ 以及 $(2+366)$;

1938 年,布赫夕塔布证明了命题 $(5+5)$;

1939 年,塔鲁塔柯夫斯基及 1940 年,布赫夕塔布都证明了命题 $(4+4)$;

1941 年,库恩提出了"加权筛法",后来证明了命题 $(a+b)$,其是 $a+b \leqslant 6$;

以上的结果都是利用 Brun 筛法得到的.以下的结果都是利用 Selberg 筛法得到的.

1956 年,王元证明了命题 $(3+4)$;

1957 年,维诺格拉多夫证明了命题 $(3+3)$;

1957 年,王元证明了命题 $(2+3)$ 以及命题 $(a+b)$,其中 $a+b \leqslant 5$.

为了证明命题 $(1+b)$,需要估计筛函数 $S(B;P,z)$.当估计筛函数的上界与下界时,需要对主要项进行计算,对余项进行估计.但在余项的估计上存在很大困难.这实质上,就归结到估计下面的和式

$$R(x,\eta) = \sum_{d \leqslant x\eta} \mu^2(d) \max_{y \leqslant x} \max_{(l,d)=1} \left| \psi(y;d,l) - \frac{y}{\phi(d)} \right|$$

对于这一和式进行估计,需要利用复杂的解析数论方法.

1948 年,匈牙利数学家瑞尼利用林尼克所创造的大筛法,研究了 L—函数的零点分布,从而证明了:一定存在一个正数 $\eta_0 > 0$,使对任意一个正数 $\eta < \eta_0$ 及任意正数 A,有估计式

$$R(x,\eta) \ll \frac{x}{\log^A x} \qquad\qquad (*)$$

成立.进而利用布鲁恩筛法和这一结果证明了 $(1+b)$.

94

利用上述方法确定常数 η_0，将是很小的，而 b 将是很大的．我们希望 b 越小越好，这就需要改进方法，以便定出尽可能大的 η_0．

1962 年，潘承洞证明了当 $\eta_0 = \dfrac{1}{3}$ 时，上面的估计式（＊）成立，从而证明了命题 $(1+5)$．

1962 年，王元从进一步改进筛法着手，由 $\eta_0 = \dfrac{1}{3}$ 推出了命题 $(1+4)$．同时还推得 η_0 和 b 间的一个非显然联系，从而分别推出命题 $(1+4)$ 和 $(1+3)$．

1962 年潘承洞及 1963 年 Бьарьан 互相独立地证明了 $\eta_0 = \dfrac{3}{8}$ 时，估计式（＊）成立，并利用较简单的筛法证明了命题 $(1+4)$．

1965 年布赫夕塔布由 $\eta_0 = \dfrac{3}{8}$ 推出了命题 $(1+3)$．

1966 年，陈景润宣布他证明了命题 $(1+2)$，1973 年，他给出该命题的详细证明．陈景润之所以能使哥德巴赫猜想研究推进一大步，是由于他提出了新的加权函数．对于同一个问题，选取不同的权函数，就可以得到不同的结果．当权函数 $\rho(a)=1$ 时，可得到命题 $(1+4)$，取 $\rho(a)=1-\dfrac{1}{2}\rho_1(a)$，就得到命题 $(1+3)$，而取

$$\rho(a)=1-\frac{1}{2}\rho_1(a)-\frac{1}{2}\rho_2(a)$$

就证明了命题 $(1+2)$．由此，我们可猜想，是否可用选取不同的权函数，去证明命题 $(1+1)$ 呢？可是按此方向考虑问题是否能走通，到目前为止，还看不出有什么眉目．

通过命题 $(a+b)$ 研究过程的简单概述，使我们看到，要推进对猜想研究的结果，应在对已取得的成果的基础上，对所用的方法作些不同方向上的改进和突破．方法的改进和突破是在猜想的研究中产生的．方法和成果是相辅相成的，因此，我们对于猜想的研究，应从不同的角度加以探索，这样不但有利于猜想本身的解决，而且在解决猜想的过程中还可以大大丰富数学内容，促使数学理论的发展．

五是与其他领域的联系．

晶体学约束，置换和哥德巴赫猜想[①]

——John Bamberg Grant Cairns Devin Kilminster

1 介绍

本节的目的是对哥德巴赫猜想、晶体学约束（Crystallographic Restriction，缩写为 CR）和对称群的元素的阶之间的联系谈谈一些看法. 首先，对群 G 的一个元 g，如果使 $g^{\mathrm{Ord}(g)}=\mathrm{id}$ 成立的最小自然数存在的话，g 的阶 $\mathrm{Ord}(g)$ 即定义为这个数；否则令 $\mathrm{Ord}(g)=\infty$. n 维的晶体学约束定义为 $n\times n$ 整数矩阵取的有限阶的集合 Ord_n，即

$$\mathrm{Ord}_n=\{m\in\mathbf{N}\mid\exists A\in GL(n,Z),\mathrm{Ord}(A)=m\}$$

它的名字来自于这样的事实，它与 n 维（晶）格的对称群可能的阶的集合一致，它们之间的联系是，对一个给定的格，存在一组明显选择的基使格的对称群能由整数矩阵表示. 在二维时，有著名的 CR：$\mathrm{Ord}_2=\{1,2,3,4,6\}$，那是自 René-Just 在 1822 年的有关晶体学的工作以来就知道的.

为了讨论 CR，我们如下定义一个函数 $\psi:\mathbf{N}\rightarrow\mathbf{N}\bigcup\{0\}$. 对奇素数 p 和 $r=1,2,\cdots$，设 $\psi(p^r)=\phi(p^r)$，这里的 ϕ 是 Euler totient 函数：$\phi(p^r)=p^r-p^{r-1}$. 对 $r>1$，设 $\psi(2^r)=\phi(2^r),\psi(2)=0,\psi(1)=0$. 对 $i\in\mathbf{N}$，以 p_i 表示第 i 个素数. 如果 $m\in\mathbf{N}$ 有素分解 $m=\prod_i p_i^{r_i}$，设

$$\psi(m)=\sum_i\psi(p_i^{r_i})$$

相似比的是标准公式 $\phi(m)=\prod_i\phi(p_i^{r_i})$. 这时，$n$ 维的 CR 有：

定理 1 $\mathrm{Ord}_n=\{m\in\mathbf{N}\mid\psi(m)\leqslant n\}$.

注意到对所有的 m 有 $\psi(m)$ 为偶数，因此对所有 $k\geqslant 1$ 有的 $\mathrm{Ord}_{2k+1}=\mathrm{Ord}_{2k}$. 所以，我们只需要对偶数 n 考虑 Ord_n 即可. 对偶数 n，由定理 1 得到 $\mathrm{Ord}_n\backslash\mathrm{Ord}_{n-1}=\psi^{-1}(n)$，但仍不知道 $\psi^{-1}(n)$ 的公式，我们考虑图 1 中

---

① 原题：The Crystallographic Restriction, Permutations, and Goldbach's Conjecture. 译自：The Amer. Math. Monthly, Vol. 110(2003),No. 3,202-209.

ψ 的图像就能充分意识到这一点.

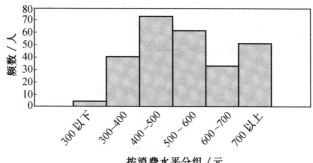

图 1 $n\leqslant 1\,500$ 的 $\psi(n)$ 的值. 明显的直线是形如 kp 的数,其中 p 是素数,而 k 较小;在最上面两条线之间的孤立的点是素数幂(挂在最上面那条线下的那些点是素数的平方),在第 2 条和第 3 条线之间的点是两倍的素数幂……

2 计算 CR

设 Ord_n^+ 和 Ord_n^- 分别表示 Ord_n 中偶数和奇数的子集. 我们有下面的公式

$$\mathrm{Ord}_n = \bigcup_{0\leqslant i\leqslant L(2,n)} 2^i\,\mathrm{Ord}_{n-\psi(2^i)}^- \qquad ①$$

这里 $L(2,n)$ 代表满足 $\psi(2^{L(2,n)})\leqslant n$ 的最大整数;就是说

$$L(2,n)=\begin{cases}[\log_2 n]+1, & n>0\\ 1, & n=0\end{cases}$$

这里的 $[x]$ 代表 x 的整数部分. ① 的证明只需要一点点观察: Ord_n 的每个元可以写成 $2^i x$ 的形式,这里 $i\geqslant 0$, x 是奇整数. 公式 ① 在实用中的好处是把问题简化到只计算 Ord_n 中的奇数元; Hiller 对 $n\leqslant 22$ 计算了 $\mathrm{Ord}_n\backslash\mathrm{Ord}_{n-1}$. 我们可以推广 Hiller 的想法,考虑 Ord_n^- 中不能被 3 整除的元,接着考虑在这些元中不能被 5 整除的元,如此等等.

在极限的情况,显然有

$$\mathrm{Ord}_n=\{2^{r_1}3^{r_2}\cdots p_l^{r_l}\mid 0\leqslant r_1\leqslant L(2,n), 0\leqslant r_2\leqslant L(3,n-\psi(2^{r_1})),\cdots,$$
$$0\leqslant r_l\leqslant L(p_l,n-\psi(2^{r_1}3^{r_2}\cdots p_{l-1}^{r_l-1}))\}$$

这里的 p_l 是满足 $p_l\leqslant n+1$ 的最大素数, $L(p,n)$ 表示满足 $\psi(p^{L(p,n)})\leqslant n$ 的最大整数. 明确地,对任意的奇素数 p,我们有

$$L(p,n)=\begin{cases}\left[\log_p\left(\dfrac{n}{p-1}\right)\right]+1, & p\leqslant n+1\\ 0, & \text{否则}\end{cases}$$

97

这个简单直接的方法提供了一种快速计算 Ord_n 的手段（表 1 列出了 $n \leqslant 24$ 时的值）. 这个方法也给出了一个计算 Ord_n 的大小的方法，即

$$|\ \mathrm{Ord}_n\ | = \sum_{0 \leqslant r_1 \leqslant L(2,n),\, 0 \leqslant r_2 \leqslant L(3,n-\psi(2^{r_1})),\cdots,\, 0 \leqslant r_l \leqslant L(p_l,\, n-\psi(2^{r_1}3^{r_2}\cdots p_{l-1}^{r_{l-1}}))} 1$$

表 1　$n \leqslant 24$ 时的结晶体约束

n	$\psi^{-1}\{n\} = \mathrm{Ord}_n\backslash\mathrm{Ord}_{n-1}$
2	3,4,6
4	5,8,10,12
6	7,9,14,15,18,20,24,30
8	16,21,28,36,40,42,60
10	11,22,35,45,48,56,70,72,84,90,120
12	13,26,33,44,63,66,80,105,126,140,168,180,210
14	39,52,55,78,88,110,112,132,144,240,252,280,360,420
16	17,32,34,65,77,99,104,130,154,156,165,198,220,264,315,330,336,504,630,840
18	19,27,38,51,54,68,91,96,102,117,176,182,195,231,234,260,308,312,390,396, 440,462,560,660,720,1260
20	25,50,57,76,85,108,114,136,160,170,204,208,273,364,385,468,495,520,528, 546,616,770,780,792,924,990,1 008,1 320,1 680
22	23,46,75,95,100,119,135,143,150,152,153,190,216,224,228,238,255,270,286 228,306,340,408,455,480,510,585,624,693,728,880,910,936,1 092,1 155,1 170 1 386,1 540,1 560,1 848,1 980
24	69,92,133,138,171,189,200,266,272,285,300,342,357,378,380,429,456,476 540,570,572,612,672,680,714,819,858,1 020,1 040,1 232,1 365,1 584,1 638,1 820

从计算的角度来讲，用下面的算法更有效. 对所有的 $n \in \mathbf{N} \bigcup \{0\}$，设 $T(n,0)=1$. 同时，对所有的正整数 n 和 k，定义

$$T(n,k) = \sum_{0 \leqslant r \leqslant L(p_k,\, n)} T(n-\psi(p_k^r),\, k-1)$$

这时，对 $n \geqslant 2$，当 $k \to \infty$ 时，$T(n,k) \to |\ \mathrm{Ord}_n\ |$，而且只要 $\psi(p_k) > n$，它就达到极限值. 图 2 显示了 $\dfrac{\log\log|\ \mathrm{Ord}_n\ |}{\log n}$ 的曲线，这里 $n \leqslant 40\ 000$；这个图像暗示了 $\log|\ \mathrm{Ord}_n\ | \sim n^c$，这里的 c 是一个满足 $0.45 < c < 0.5$

98

的常数.

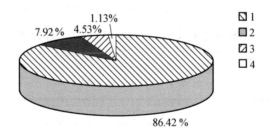

$$\text{图 2} \quad n \leqslant 40\ 000 \text{ 时的}(\log\log \mid \text{Ord}_n \mid)/\log n$$

3 置换和 CR

在对称群 S_n 和一般线性群 $GL(n, \mathbf{Z})$ 之间有一个明显的联系;S_n 的任意一个元 σ 导出一个线性变换,它由 σ 在 $\mathbf{R}^n$ 的标准基于 $e_1, \cdots, e_n$ 上的作用决定. 这给出了一个群同态 $S_n \to GL(n, \mathbf{Z})$,它的像叫作 Weyl 子群. 但是,$S_n$ 的这个表示不是不可约的,因为它在向量 $e_1 + \cdots + e_n$ 上 的作用是不变的. 相反,S_n 标准的不可约表示是如下定义的群同态 $S_n \to GL(n-1, Z)$. 考虑与向量 $e_1 + \cdots + e_n$ 垂直的超平面 V,即 V 由那 些坐标和为 0 的向量组成. 很清楚,V 在前面指出的 S_n 的作用下不变, 因此我们得到了一个单射的群同态 $\rho: S_n \to \text{End}(V)$,这里的 $\text{End}(V)$ 是 V 的线性变换群. 向量空间 V 有基 $\{e_1 - e_2, e_1 - e_3, \cdots, e_1 - e_n\}$,这时 的 ρ 可看做取 $GL(n-1, \mathbf{Z})$ 中的值. 例如,对 $n=3$,可以看到,对 V 上面 特定的基,$\rho(S_3)$ 由下面的矩阵组成,即

$$\begin{bmatrix} 1 & 0 \\ 0 & 1 \end{bmatrix}, \begin{bmatrix} 0 & 1 \\ 1 & 0 \end{bmatrix}, \begin{bmatrix} -1 & 0 \\ 0 & 1 \end{bmatrix}, \begin{bmatrix} 1 & 0 \\ 0 & -1 \end{bmatrix}, \begin{bmatrix} -1 & -1 \\ 1 & 0 \end{bmatrix}, \begin{bmatrix} 0 & 1 \\ -1 & -1 \end{bmatrix}$$

它们的阶分别为 $1, 2, 2, 2, 3$ 和 3.

标准表示 $\rho: S_n \to GL(n-1, \mathbf{Z})$ 的两个重要的性质是,它是忠实的 (即 ρ 是单射),而且没有更小度数的忠实表示(即对任意小于 $n-1$ 的 k,不存在单射 $S_n \to GL(k, \mathbf{Z})$). 换句话说,$S_n$ 是 $GL(n-1, \mathbf{Z})$ 的子群, 但它不是 $GL(n-2, \mathbf{Z})$ 的子群.

S_n 的元可能的阶可以用当它们是晶体学约束时类似的方法计算. 考虑如下定义的函数 $S: N \to N: S(1) = 1, S(m) = \sum_i p_i^{r_i}$,这里 $m > 1$ 有素分数 $m = \prod_i p_i^{r_i}$. 类似于定理 1,有

定理 2 S_n 有 m 阶元当且仅当 $S(m) \leqslant n$.

99

与方程 $\psi^{-1}\{n\}=\mathrm{Ord}_n\backslash\mathrm{Ord}_{n-1}$ 类似，定理 2 指出 $S^{-1}\{n\}$ 是由 S_n 中元可取但 S_{n-1} 中元不可取的阶组成的集合．集合 $S^{-1}\{n\}$ 可以用上节描述的计算 $\psi^{-1}\{n\}$ 的程序计算（表 2 列出了 $n\leqslant 24$ 时的 $S^{-1}\{n\}$ 的值）．像表 1 和表 2 所示

表 2　$S^{-1}\{n\},n\leqslant 24$

n	$S^{-1}\{n\}$
2	2
3	3
4	4
5	5,6
6	
7	7,10,12
8	8,15
9	9,14,20
10	21,30
11	11,18,24,28
12	35,42,60
13	13,22,36,40
14	33,42,70,84
15	26,44,56,105
16	16,39,55,63,66,90,120,140
17	17,52,72,210
18	65,77,78,110,126,132,168,180
19	19,34,48,88,165,420
20	51,91,99,130,154,156,220,252,280
21	38,68,80,104,195,231,315,330
22	57,85,102,117,182,198,260,264,308,360
23	23,76,112,273,385,390,462,630,660,840
24	95,114,119,143,170,204,234,240,312,364,396,440,504

那样，虽然 S_n 和 $GL(n,\mathbf{Z})$ 存在联系，但在 $S^{-1}\{n\}$ 和 $\psi^{-1}\{n\}$ 之间只有不太明显的关系．例如，虽然没有从 S_4 到 $GL(2,\mathbf{Z})$ 的单同态，但 S_4 取的所有阶也在 $GL(2,\mathbf{Z})$ 中同样取得．对这一点有一个简单的原因，正如下面的命题证明的那样．

命题 1　设 $n>2$ 是一个偶数．如果 S_n 包含一个 m 阶元，那么 $GL(n-2,\mathbf{Z})$ 也包含同样阶的元．

100

证明 假设 S_n 含有一个阶 $m = \prod_i p_i^{r_i}$ 的元.按照定理 2,$S(m) \leqslant n$.因此

$$\psi(m) \leqslant \sum_i \phi(p_i^{r_i}) = S(m) - \sum_i p_i^{r_i-1} \leqslant n - \sum_i p_i^{r_i-1}$$

用定理 1,尚待证明 $\sum_i p_i^{r_i-1} \geqslant 2$.如果 m 的素分解涉及一个以上的素数,很清楚结论是成立的.最后,$m = p^r$ 而且 $p^{r-1} < 2$ 的情况是不可能的,因为那样的话,$r = 1$ 而且 $m = p$,这与 m 是偶数的假设矛盾.

在 Ord_n 和 S_n 之间的更深一层联系是:

命题 2 如果 $m = p_1 \cdots p_k$,这里 $p_1, \cdots, p_k$ 是不同奇素数,那么存在一个 m 阶的 $n \times n$ 整数矩阵当且仅当 S_{n+1} 含有一个 m 阶元.

证明 考虑到定理 1 和 2,只需要注意到 $\psi(m) \leqslant n$ 当且仅当 $(p_1 - 1) + \cdots + (p_k - 1) \leqslant n$,那相当于说 $S(m) \leqslant n + k$.

注意,命题 2 中 $k = 2$ 的情况对命题 1 中 m 为两个素数的积的特殊情况给了一个反例.看看表 1 和表 2,另一个性质也是明显的.

命题 3 下面的陈述成立:

(1) 对所有的 $n > 6$,$S^{-1}\{n\}$ 非空;

(2) 对所有偶数的 $n \geqslant 2$,$\psi^{-1}\{n\}$ 非空.

在证明之前,我们注意到命题 3 的 (2) 说函数 ψ 映 N 到所有非负偶整数上.这与 ϕ —函数的情况正好相反,ϕ 不是映到所有偶整数上的(比如,没有什么数被 ϕ 映到 14);相反,卡迈克尔猜测,对任意偶数 x,集合 $\phi^{-1}\{x\}$ 或者是空的或者至少含有两个元.

证明 (1) 可由里歇特的定理直接得到,它说的是每个大于 6 的整数可以写作不同素数的和.为了证明 (2),我们证明一个相似的结果:对任意的偶数 $n \geqslant 2$,存在不同的奇素数 $p_1, \cdots, p_k$ 使得 $\psi(p_1, \cdots, p_k) = n$.证明是对 n 进行归纳.首先,注意到 $\psi(3) = 2$.假设 $n = 2x \geqslant 4$.按照 Bertrand 假设,存在素数 p 满足 $x + 1 < p \leqslant 2x + 1 = n + 1$.如果 $p = n + 1$,这时 $\psi(p) = n$,我们完成证明.否则,设 $n' = n - p + 1$.这时 n' 是小于 n 的偶数,因此由归纳假设知存在不同素数 $p_1, \cdots, p_k$ 使得 $\psi(p_1 \cdots p_k) = n'$.注意到对素数 p_i 中的每一个,有

$$p_i = \phi(p_i) + 1 \leqslant \psi(p_1 \cdots p_k) + 1 = n' + 1$$

这样,因为 $x + 1 < p$,我们有

$$p_i \leqslant n - p + 2 < n - (x + 1) + 2 = x + 1 < p$$

特别是，对任意的 $i,p_i \neq p$，因此

$$\psi(p_1 \cdots p_k p) = \psi(p_1 \cdots p_k) + \phi(p) = n' + p - 1 = n$$

这样就完成了归纳.

4 与哥德巴赫猜想的联系

回忆哥德巴赫猜想，它断言每一个大于 4 的偶自然数可以写作两个奇素数的和. 它的一个常见的变型是：

强哥德巴赫猜想 每一个大于 6 的偶自然数 x 能写作两个不同奇素数的和.

Schinzel 证明哥德巴赫猜想隐含着每一个大于 17 的奇整数是 3 个不同素数的和，接着 Sierpiński 证明强哥德巴赫猜想等价于条件：每个大于 17 的整数是 3 个不同素数的和. 哥德巴赫猜想已经被验证直到 $4 \cdot 10^{14}$ 都成立，而且这些计算也支持强哥德巴赫猜想.

我们现在陈述强哥德巴赫猜想，结晶学约束，对称群的元的阶之间的联系.

定理 3 下面的陈述等价：

(1) 强哥德巴赫猜想是正确的；

(2) 对每个偶 $n \geqslant 6$，存在一个 qp 阶的 $n \times n$ 整数矩阵，这里的 p 和 q 是不同奇素数，而且不存在同样阶的更小的整数矩阵.

(3) 对每个偶 $n > 6$，S_n 有一个阶为 pq 的元，这里的 p 和 q 是不同奇素数，而且 S_{n-1} 中不存在同样阶的元.

证明 为了证明 (1) 和 (2) 等价，只需要注意到当 $n \geqslant 6$ 时，$n+2 = p+q$ 当且仅当 $n = (p-1)+(q-1) = \psi(pq)$，这里的 p,q 是不同奇素数. (1) 和 (3) 的等价直接来自于定理 2.

最后，我们谈谈定理 3 与上下文的关系. 首先，读者容易验证，(1) 和 (3) 的等价性可以直接证明，只要用一件事实：每个置换是不相交的圈的积. 毫不奇怪，这后一件事实构成定理 2 的证明的基础. 第二点，回忆爱尔特希的猜想：对每个偶数 x，存在自然数 a 和 b 使得 $\phi(a) + \phi(b) = x$. 在定理 3 中，(1) 隐含着 (2) 只是一个明显而且众所周知的事实的另一种形式：强哥德巴赫猜想包含爱尔特希猜想. 同样地，命题 3 中的陈述 (2) 可以改述为下面的 "Erdös 型" 的形式：对每一个偶数 $n \geqslant 2$，存在不同奇素数 $p_1, \cdots, p_k$ 满足 $\phi(p_1) + \cdots + \phi(p_k) = n$.

（王平 译　戴宗铎 校）

再比如 J. Handumand 和 Vallée Poussin deluch 在 1896 年所证明的所谓素数定理,这只"昔日王榭的堂前燕,已经飞入了寻常百姓家",甚至在国际上的奥林匹克试题中已可以使用.

例如:证明:存在无穷多个正整数 n,使得 $(n^2)!$ 为 $(n!)^{n+2\,015}$ 的倍数.

(2015,土耳其国家队选拔考试)

证明　用到熟知的结论:若 p 为素数,n 为正整数,且 $p^n \| n!$,则

$$a = \sum_{i=1}^{+\infty} \left[\frac{n}{p^i}\right]$$

于是,原命题可表述为存在无穷多个正整数 n,满足对于每个素数 p,均有

$$(n+2\,015) \sum_{k=1}^{+\infty} \left[\frac{n}{p^k}\right] \leqslant \sum_{k=1}^{+\infty} \left[\frac{n^2}{p^k}\right] \qquad ①$$

设 $S_p(n)$ 表示 n 在 p 进制表示中的各位数码之和.

将 n 写为 p 进制,容易得到

$$\sum_{k=1}^{+\infty} \left[\frac{n}{p^k}\right] = \frac{n - S_p(n)}{p-1}$$

于是,式 ① 简写为

$$(n+2\,015)(n - S_p(n)) \leqslant n^2 - S_p(n^2)$$

首先证明:存在无穷多个正整数 n,使得

$$(S_p(n))^2 \geqslant S_p(n^2)$$

从而,当 $S_p(n) \geqslant 2\,015$ 时,有

$$(n+2\,015)(n - S_p(n))$$
$$\leqslant (n + S_p(n))(n - S_p(n))$$
$$= n^2 - (S_p(n))^2$$
$$\leqslant n^2 - S_p(n^2)$$

于是,$S_p(n) \geqslant 2\,015$ 时,一定有 $(n^2)!$ 为 $(n!)^{n+2\,015}$ 的倍数.

设多项式 $N(x)$ 的系数为 n 在 p 进制表示下的数码,且记 $M(x) = N^2(x)$. 则 $M(x)$ 的系数均为非负整数,且

$$M(1) = N^2(1) = (S_p(n))^2$$
$$M(p) = N^2(p) = n^2$$

用下述方式调整 $M(x)$ 的系数:

若 $M(x)$ 的一个系数不小于 p,将这个系数减去 p,且下一个系数加 1(系数从多项式的低次幂到高次幂排列),则 $M(p)$ 保持不变,$M(x)$ 的系数仍为非负

103

整数,且 $M(1)$ 减少.

因为 $M(1)$ 总是非负的,所以,这样的调整只能进行有限次. 最后得到的多项式 $M'(x)$ 的所有系数均属于 $\{0,1,\cdots,p-1\}$,并满足 $M'(1) \leqslant (S_p(n))^2$,且 $M'(p)=n^2$.

由于 $M'(x)$ 的系数就是 n^2 在 p 进制表示下的数码. 于是
$$S_p(n^2)=M'(1) \leqslant (S_p(n))^2$$

其次证明:存在无穷多个正整数 n 满足 $S_p(n) \geqslant 2\,015$.

下面计算正整数 n 的个数,n 满足对于任意足够大的正整数 N,在集合 $\{1,2,\cdots,N\}$ 中至少有一个素数 p,使得 $S_p(n) < 2\,015$.

下面分三种情况讨论:

(1) 若 $p > N$,则 n 在 p 进制表示下是一位数,故 $n=S_p(n) < 2\,015$. 这表明,有 $2\,014$ 个正整数 n 满足 $S_p(n) < 2\,015$.

(2) 若 $N \geqslant p > \sqrt{N}$,则 n 在 p 进制表示下最多为两位数.

因为 $S_p(n) < 2\,015$,且 n 的每个数码均属于集合 $\{0,1,\cdots,2\,014\}$,所以,对于每个素数 p,最多有 $2\,015^2$ 个这样的正整数 n. 从而,最多有 $2\,015^2\pi(N)$ 个正整数 n 满足 $S_p(n) < 2\,015$,其中,$\pi(N)$ 为集合 $\{1,2,\cdots,N\}$ 中素数的个数.

(3) 若 $\sqrt{n} \geqslant p$,则 n 在 p 进制表示下最多有 k 位,其中,k 为 N 在二进制表示下的位数.

对于 $0 \leqslant s \leqslant 2\,014$,各位数码之和是 s 的 k 位数的个数的上界为将 s 个不同的球放到 k 个不同盒子中的不同放法的数目,此数目为 k^s.

于是,对于每个素数 p,满足 $S_p(n) < 2\,015$ 的正整数 n 最多有 $1+k+\cdots+k^{2\,014} < k^{2\,015}$.

因为集合 $\{1,2,\cdots,N\}$ 中最多有 $\sqrt{N}$ 个素数,所以,最多有 $\sqrt{N}k^{2\,015}$ 个正整数 n 满足 $S_p(n) < 2\,015$.

综上,在集合 $\{1,2,\cdots,N\}$ 中满足至少有一个素数 p,使得 $S_p(n) < 2\,015$ 的正整数 n 的个数不超过 $2\,014 + \sqrt{N}k^{2\,015} + 2\,015^2\pi(N)$.

显然,对于足够大的正整数 N,均有
$$2\,014 + \sqrt{N}k^{2\,105} < \frac{N}{4}$$

又由素数定理,知存在无穷多个正整数 N,使得 $\pi N < \dfrac{N}{10^8}$. 从而
$$2\,015^2\pi(N) < \frac{N}{2}$$

104

这表明,对于无穷多个 N,有

$$2\ 014 + \sqrt{N}k^{2\ 015} + 2\ 015^2\pi(N) < \frac{N}{4} + \frac{N}{2} = \frac{3N}{4}$$

因此,在集合 $\{1,2,\cdots,N\}$ 中多于 $\dfrac{N}{4}$ 个正整数 n 满足 $S_p(n) \geqslant 2\ 015$.

素数定理 对正实数 x,定义 $\pi(x)$ 为不大于 x 的素数个数. 则当 $x \to +\infty$ 时,$\pi(x):\dfrac{x}{\ln x} \to 1$.

1949 年 A. Selberg 和 P. Erdös 首先不用复变函数论知识而仅用初等微积分给出了素数定理的第一个真正的初等证明. 我国著名解析数论专家潘承彪先生在《素数定理的初等证明》中给出了经过简化了的 Selberg-Erdös 的证明. 而证明的关键是所谓的 Selberg 不等式:

§1 Selberg 不等式的证明

Selberg 不等式最简单的证明是由 Tatuzawa 和 Iseki 给出的. 他们证明了以下的一般结果:

引理 1 设 $F(x),G(x)$ 是定义在 $x \geqslant 1$ 上的函数,$F(1)=G(1)$. 若

$$G(x) = \sum_{n \leqslant x} F\left(\frac{x}{n}\right), x \geqslant 1 \tag{1}$$

则当 $x \geqslant 1$ 时,有

$$F(x)\ln x + \sum_{n \leqslant x} \Lambda(n)F\left(\frac{x}{n}\right) = \sum_{n \leqslant x} \mu(n)G\left(\frac{x}{n}\right)\ln\frac{x}{n} \tag{2}$$

反过来,若式(2)成立,则式(1)亦成立.

证明 若式(1)成立,则有

$$\sum_{n \leqslant x} \mu(n)G\left(\frac{x}{n}\right)\ln\frac{x}{n} = \sum_{n \leqslant x} \mu(n)\ln\frac{x}{n}\sum_{m \leqslant \frac{x}{n}} F\left(\frac{x}{mn}\right) =$$

$$\sum_{k \leqslant x} F\left(\frac{x}{k}\right)\sum_{n|k} \mu(n)\ln\frac{x}{n} =$$

$$\ln x \sum_{k \leqslant x} F\left(\frac{x}{k}\right)\sum_{n|k} \mu(n) -$$

$$\sum_{k \leqslant x} F\left(\frac{x}{k}\right)\sum_{n|k} \mu(n)\ln n$$

利用第二章 §3 式(6)及第二章 §6 式(5),由此即得式(2).

反过来,若式(2)成立,则由广义 Möbius 反转公式(第二章 §6 引理 3),可得

$$G(x)\ln x = \sum_{n \leqslant x}\left\{ F\left(\frac{x}{n}\right)\ln\frac{x}{n} + \sum_{m \leqslant \frac{x}{n}}\Lambda(m)F\left(\frac{x}{mn}\right)\right\} =$$

$$\ln x \sum_{n \leqslant x}F\left(\frac{x}{n}\right) - \sum_{n \leqslant x}F\left(\frac{x}{n}\right)\ln n +$$

$$\sum_{k \leqslant x}F\left(\frac{x}{k}\right)\sum_{m|k}\Lambda(m)$$

由此及第二章 §6 式(4)即得

$$G(x)\ln x = \ln x \sum_{n \leqslant x}F\left(\frac{x}{n}\right), x \geqslant 1$$

注意到 $G(1) = F(1)$,这就证明了式(1).

该结果表明:以 $G(x)\ln x$ 为其广义 Möbius 变换的函数不是 $F(x)\ln x$,而还要多出一项

$$\sum_{n \leqslant x}\Lambda(n)F\left(\frac{x}{n}\right)$$

下面证明 Selberg 不等式.

定理 1 对 $x \geqslant 1$,有

$$(\psi(x) - x)\ln x + \sum_{n \leqslant x}\Lambda(n)\left(\psi\left(\frac{x}{n}\right) - \frac{x}{n}\right) = O(x) \tag{3}$$

证明 在引理 1 中取 $F(x) = \psi(x) - (x - \gamma - 1)$,由 §1 式(4)知, $G(x) = T(x) - T_1(x)$. 这样由引理 1 和 §1 估计式(6)($l=1$)得到

$$(\psi(x) - (x - \gamma - 1))\ln x + \sum_{n \leqslant x}\Lambda(n)\left(\psi\left(\frac{x}{n}\right) - \left(\frac{x}{n} - \gamma - 1\right)\right) \ll x$$

由此及 Chebyshev 不等式即得式(3).

利用 Mertens 定理(第三章 §2 定理 1),由式(3)得

$$\psi(x)\ln x + \sum_{n \leqslant x}\Lambda(n)\psi\left(\frac{x}{n}\right) = 2x\ln x + O(x) \tag{4}$$

下面证明 Selberg 不等式的另一等价形式:

定理 2 对 $x \geqslant 1$ 有

$$\sum_{n \leqslant x}\Lambda_2(n) = 2x\ln x + O(x) \tag{5}$$

其中

$$\Lambda_2(n) = \Lambda(n)\ln n + \sum_{jk=n}\Lambda(j)\Lambda(k) \geqslant 0 \tag{6}$$

证明 用 $\psi(x) = \sum_{n \leqslant x}\Lambda(n)$ 代入式(4)得

106

质数漫谈

$$2x\ln x + O(x) = \ln x \sum_{n \leqslant x} \Lambda(n) + \sum_{n \leqslant x} \Lambda(n) \sum_{m \leqslant \frac{x}{n}} \Lambda(m) =$$

$$\ln x \sum_{n \leqslant x} \Lambda(n) + \sum_{k \leqslant x} \left(\sum_{mn = k} \Lambda(m) \Lambda(n) \right) \quad (7)$$

此外,由 Abel 恒等式(第三章 §1 引理 1)易得

$$\sum_{n \leqslant x} \Lambda(n) \ln n = \psi(x) \ln x - \int_1^x \frac{\psi(t)}{t} dt = \psi(x) \ln x + O(x) \quad (8)$$

最后一步用到了 Chebyshev 不等式. 由以上两式即得式(5).

利用第二章 §7 式(8)与式(5)可写为

$$\sum_{n \leqslant x} (\Lambda_2(n) - 2\ln n) = O(x) \quad (9)$$

这表明 $\Lambda_2(n)$ 和 $2\ln n$ 差不多.

由于多出了一项

$$\sum_{n \leqslant x} \Lambda(n) \left(\psi\left(\frac{x}{n}\right) - \frac{x}{n} \right)$$

从 Selberg 不等式(3),并不能立即推出素数定理. 那么,Selberg 不等式究竟给了我们什么信息呢?

为简单起见,设误差项

$$\begin{cases} R(x) = \psi(x) - x, x \geqslant 2 \\ 0, 0 \leqslant x < 2 \end{cases} \quad (10)$$

这样,素数定理就等价于证明

$$\lim_{x \to +\infty} \frac{R(x)}{x} = 0 \quad (11)$$

由 Mertens 素数定理(第三章 §2 定理 1)

$$\sum_{n \leqslant x} \frac{\Lambda(n)}{n} = \ln x + O(1), x \geqslant 1 \quad (12)$$

可得

$$\sum_{\frac{x}{2} < n \leqslant x} \Lambda(n) \left(\psi\left(\frac{x}{n}\right) - \frac{x}{n} \right) = -x \sum_{\frac{x}{2} < n \leqslant x} \frac{\Lambda(n)}{n} = O(x)$$

所以 Selberg 不等式(3)可写为

$$R(x)\ln x + \sum_{n \leqslant x} \Lambda(n) R\left(\frac{x}{n}\right) \ll x \quad (13)$$

或(由于 $R(y) = 0, 0 \leqslant y < 1$)

$$R(x)\ln x + \sum_{n=1}^{+\infty} \Lambda(n) R\left(\frac{x}{n}\right) \ll x \quad (13')$$

定理 3 对 $x \geqslant 2$ 有

$$\frac{|R(x)|}{x} \leqslant \frac{1}{(\ln x)^2} \sum_{n \leqslant x} \frac{\Lambda_2(n)}{n} \cdot \frac{\left|R\left(\frac{x}{n}\right)\right|}{\frac{x}{n}} + O((\ln x)^{-1}) \quad (14)$$

证明 以 $Z(x)$ 记式(13)的左端,有

$$Z(x)\ln x - \sum_{n \leqslant x} \Lambda(n) Z\left(\frac{x}{n}\right) = R(x)\ln^2 x + \ln x \sum_{n \leqslant x} \Lambda(n) R\left(\frac{x}{n}\right) -$$

$$\sum_{n \leqslant x} \Lambda(n) R\left(\frac{x}{n}\right) \ln \frac{x}{n} -$$

$$\sum_{n \leqslant x} \Lambda(n) \sum_{m \leqslant \frac{x}{n}} \Lambda(m) R\left(\frac{x}{mn}\right) =$$

$$R(x)\ln^2 x + \sum_{k \leqslant x} (\Lambda(k)\ln k +$$

$$\sum_{mn = k} \Lambda(m)\Lambda(n)) R\left(\frac{x}{k}\right)$$

而由式(13)及式(12)可得

$$Z(x)\ln x - \sum_{n \leqslant x} \Lambda(n) Z\left(\frac{x}{n}\right) \ll x\ln x + x \sum_{n \leqslant x} \frac{\Lambda(n)}{n} \ll x\ln x$$

因此

$$R(x)\ln^2 x = -\sum_{k \leqslant x} (\Lambda(k)\ln k +$$

$$\sum_{mn = k} \Lambda(m)\Lambda(n)) R\left(\frac{x}{k}\right) + O(x\ln x)$$

两边取绝对值并利用式(6)得到

$$|R(x)|\ln^2 x \leqslant \sum_{k \leqslant x} \Lambda_2(k) \left|R\left(\frac{x}{k}\right)\right| + O(x\ln x) \quad (15)$$

这就证明了式(14).

由式(5)容易证明(留给读者)

$$\frac{1}{(\ln x)^2} \sum_{n \leqslant x} \frac{\Lambda_2(n)}{n} = 1 + O\left(\frac{1}{\ln x}\right), x \geqslant 2 \quad (16)$$

这样,大体说来,不等式(14)的右端的和式是 $\frac{|R(x)|}{x}$ 的一种加权平均和,而不等式(14)表明正值函数 $\frac{|R(x)|}{x}$ 不大于它在自变量不超过 x 的值

$$x, \frac{x}{2}, \frac{x}{3}, \cdots, \frac{x}{[x]}$$

上的值的一个加权平均和. 从直观上看,这种函数应该是不断减小到零

的. 通过细致的分析学上的讨论, Erdös 首先证明了这一点, 为完成素数定理的初等证明做出了贡献.

应该指出, 由 Selberg 不等式 (取式 (13) 的形式) 本身可以得到

$$\left|\frac{R(x)}{x}\right| \leqslant \frac{1}{\ln x} \sum_{n \leqslant x} \frac{\Lambda(n)}{n} \cdot \frac{\left|R\left(\frac{x}{n}\right)\right|}{\frac{x}{n}} + O\left(\frac{1}{\ln x}\right) \qquad (17)$$

由于式 (12), 这个结果和式 (14) 有类似的意义, 不同的只是把权 $\frac{\Lambda_2(n)}{n}$ 换为 $\frac{\Lambda(n)}{n}$. 但这二者之间的一个重要差别是: 对于 $\Lambda_2(n)$ 本身我们有渐近公式 (5), 而对于 $\Lambda(n)$ 本身的相应的渐近公式正是我们所要证明的素数定理. 正是由于对 $\Lambda_2(n)$ 本身有渐近公式 (5), 才使我们有可能从式 (14) 证明式 (11), 即素数定理.

还有, 由于取了绝对值, 式 (14) 比 Selberg 不等式本身所包含的信息减弱了很多. 因而也就存在着利用 Selberg 不等式, 做更细致的讨论来对余项 $R(x)$ 的阶的更精确的估计的可能性.

最后, $R(x)$ 是一个逐段连续函数, 讨论起来比较麻烦. 数学上的一个重要方法就是所谓 "光滑化" 方法, 即先把这个不连续函数转化 (通常是通过各种类型的积分) 为足够次可微的函数来处理, 然后回过来对原有的函数推出所要的结果. 这样的讨论往往会变得简洁些, 在这里, 我们将引进函数

$$S(x) = \int_2^x \frac{R(t)}{t} dt, x \geqslant 0 \qquad (18)$$

§2　问题的转化

由 §1 中式 (18) 所定义的函数 $S(x)$ 显然具有以下的性质:

引理 1　$S(x)$ 是定义在 $x \geqslant 0$ 上的逐段连续可微函数

$$S(x) = 0, 0 \leqslant x \leqslant 2 \qquad (1)$$

以及存在正常数 c_1, 使得

$$|S(x_2) - S(x_1)| \leqslant c_1 |x_2 - x_1|, x_1 \geqslant 0, x_2 \geqslant 0 \qquad (2)$$

特别地

$$|S(x)| \leqslant c_1 x, x \geqslant 0 \qquad (3)$$

证明　由 Chebyshev 不等式知,存在正数 c_1,使得

$$|R(t)| \leqslant c_1 t, t \geqslant 0 \tag{4}$$

由此,从 §1 式(18)即得式(2),在式(2)中取 $x_1 = 0$ 即得式(3).其他的结论是显然的.

下面证明由函数 $S(x)$ 来表述的素数定理的等价形式:

定理 1　§1 中命题(11)与命题

$$\lim_{x \to +\infty} \frac{S(x)}{x} = 0 \tag{5}$$

等价.

这是一个经典的 Tauber 型定理的直接推论.下面先证明这个 Tauber 型定理.

引理 2　设 $f(u)$ 是定义在 $u \geqslant u_0 > 0$ 上的实函数,在任意区间 $[u_0, x]$ 上可积,且 $uf(u)$ 是递增函数.那么,若

$$\lim_{x \to +\infty} \frac{1}{x} \int_{u_0}^{x} f(u)\mathrm{d}u = a \tag{6}$$

则

$$\lim_{x \to +\infty} f(x) = a \tag{7}$$

证明　设 $\delta(0 < \delta < 1)$ 是任给的正数.由 $uf(u)$ 的递增性知,当 $x \geqslant u_0$ 时

$$xf(x)\ln(1+\delta) \leqslant \int_{x}^{(1+\delta)x} f(u)\mathrm{d}u \leqslant$$

$$(1+\delta)xf((1+\delta)x)\ln(1+\delta)$$

而由条件(6)知

$$\int_{x}^{(1+\delta)x} f(u)\mathrm{d}u = a\delta x + o(x), x \to +\infty$$

其中 o 常数和 δ 无关.由以上两式得

$$\ln(1+\delta)f(x) \leqslant a\delta + o(1) \leqslant (1+\delta)f((1+\delta)x)\ln(1+\delta), x \to +\infty$$

由此推出,对任意固定的正数 δ,有

$$\varlimsup_{x \to +\infty} f(x) \leqslant \frac{a\delta}{\ln(1+\delta)}$$

及

$$\varliminf_{x \to +\infty} f(x) = \varliminf_{x \to +\infty} f((1+\delta)x) \geqslant \frac{a\delta}{(1+\delta)\ln(1+\delta)}$$

这样,由 δ 的任意性就推出式(7).

注意　显然,对任意的 $f(x)$,若式(7)成立,则式(6)一定成立.

（读者自证.）

定理 1 的证明　因为 §1 中式 (11) 即是素数定理

$$\lim_{x \to +\infty} \frac{\psi(x)}{x} = 1$$

而命题 (5) 即是

$$\lim_{x \to +\infty} \frac{1}{x} \int_2^x \frac{\psi(u)}{u} \mathrm{d}u = 1 \tag{8}$$

在引理 2 中取 $f(u) = \dfrac{\psi(u)}{u}, u_0 = 2$，显然条件满足. 这样，由引理 2 及其注就证明了定理.

相应于 §1 中的定理 3，对 $S(x)$ 有下面的定理：

定理 2　对 $x \geqslant 2$，有

$$\frac{|S(x)|}{x} \leqslant \frac{1}{(\ln x)^2} \sum_{n \leqslant x} \frac{\Lambda_2(n)}{n} \frac{\left| S\left(\frac{x}{n}\right) \right|}{\frac{x}{n}} + O\left(\frac{1}{\ln x}\right) \tag{9}$$

证明　设 $y \geqslant 2$. 在 §1 式 (13′) 两边同除以 x 并积分，得 (注意其中级数实际上是一有限和)

$$\int_2^y \frac{R(x)}{x} \ln x \, \mathrm{d}x + \sum_{n=1}^{+\infty} \Lambda(n) \int_2^y R\left(\frac{x}{n}\right) \frac{\mathrm{d}x}{x} \ll y$$

由 $S(x)$ 的定义及式 (3) 可得

$$\int_2^y \frac{R(x)}{x} \ln x \, \mathrm{d}x = S(y) \ln y - \int_2^y \frac{S(x)}{x} \mathrm{d}x =$$
$$S(y) \ln y + O(y)$$

及

$$\int_2^y R\left(\frac{x}{n}\right) \frac{\mathrm{d}x}{x} = \int_{\frac{2}{n}}^{\frac{y}{n}} \frac{R(t)}{t} \mathrm{d}t = \int_2^{\frac{y}{n}} \frac{R(t)}{t} \mathrm{d}t = S\left(\frac{y}{n}\right)$$

从以上三式得到

$$S(y) \ln y = \sum_{n \leqslant y} \lambda(x) S\left(\frac{y}{n}\right) \ll y \tag{10}$$

上式当 $y < 2$ 时，显然也成立. 这一关系式相当于 $R(x)$ 的关系式 (§1 式 (13)). 同从 §1 式 (13) 证明 §1 的定理 3 的推导完全一样 (只要把变量 x 换为 y，$R(x)$ 换为 $S(y)$)，由式 (10) 可推出式 (9) (变量 x 亦换为 y). 详细的推导留给读者.

利用 $\Lambda_2(n)$ 的渐近公式 (§1 式 (5))，可把式 (9) 写为积分形式，从而消去了变化不规则的算术函数 $\Lambda_2(n)$.

111

定理 3 对 $x \geqslant 2$，有

$$\frac{|S(x)|}{x} \leqslant \frac{2}{(\ln x)^2} \int_1^x \frac{\ln t}{t} \cdot \frac{\left|S\left(\frac{x}{t}\right)\right|}{\frac{x}{t}} \mathrm{d}t + O\left(\frac{1}{\ln x}\right) \quad (11)$$

证明 取 $a(n) = \Lambda_2(n), y = 1, f(t) = S\left(\frac{x}{t}\right), H(t) = 2t\ln t$. 由引理 3 及 §1 式 (5), $S(1) = 0$ 及 $r(1) = 0$ 得

$$\sum_{n \leqslant x} \Lambda_2(n) S\left(\frac{x}{n}\right) = \int_1^x S\left(\frac{x}{t}\right)(2\ln t + 1)\mathrm{d}t + \int_1^x r(t)\frac{R\left(\frac{x}{t}\right)}{t}\mathrm{d}t = $$
$$2\int_1^x \ln t S\left(\frac{x}{t}\right)\mathrm{d}t + O(x\ln x)$$

最后一步用到了 $S(y) \ll y, R(y) \ll y$ 及 $r(y) \ll y$. 由上式及式 (9) 就推出式 (11).

积分

$$\frac{2}{(\ln x)^2} \int_1^x \frac{\ln t}{t}\mathrm{d}t = 1 \quad (12)$$

所以，式 (11) 右端的主项恰好是一个积分加权平均.

最后，为了方便起见，把 $S(x)$ 再转化为讨论

$$W(y) = \mathrm{e}^{-y} S(\mathrm{e}^y), y \geqslant 0 \quad (13)$$

这样，素数定理就等价于要证明

$$\lim_{y \to +\infty} W(y) = 0 \quad (14)$$

由 $S(x)$ 的性质容易推出 $W(y)$ 具有性质：

引理 3 (1) 对引理 1 中的常数 c_1，有

$$|W(y)| \leqslant c_1, y \geqslant 0 \quad (15)$$

$$|W(y_2) - W(y_1)| \leqslant 2c_1|y_2 - y_1|, y_1 \geqslant 0, y_2 \geqslant 0 \quad (16)$$

(2) 对 $y \geqslant 1$，有

$$|W(y)| \leqslant \frac{2}{y^2} \int_0^y (y - v)|W(v)|\mathrm{d}v + O\left(\frac{1}{y}\right) \quad (17)$$

(3) 存在一个正常数 c_2，使若

$$W(y) \neq 0, 0 \leqslant y_1 < y < y_2 \quad (18)$$

则有

$$\int_{y_1}^{y_2} |W(y)|\mathrm{d}y \leqslant c_2 \quad (19)$$

证明 式 (15) 可由式 (3) 推出. 为证明式 (16)，不妨设 $y_2 \geqslant y_1$，由

112

式(2)及式(3)得

$$
\begin{aligned}
\mid W(y_2) - W(y_1) \mid \leqslant & \, e^{-y_2} \mid S(e^{y_2}) - S(e^{y_1}) \mid + \\
& \mid S(e^{y_1}) \mid \mid e^{-y_2} - e^{-y_1} \mid \leqslant \\
& c_1 e^{-y_2} (e^{y_2} - e^{y_1}) + c_1 e^{y_1} (e^{-y_1} - e^{-y_2}) = \\
& 2c_1 (1 - e^{-(y_2 - y_1)}) \leqslant 2c_1 (y_2 - y_1)
\end{aligned}
$$

这就证明了式(16). 在式(11)中令 $x = e^y$,并作积分变量替换 $t = e^{y-v}$,即得式(17).

最后证明式(19). 作变量替换 $x = e^y$,设 $x_1 = e^{y_1}$,$x_2 = e^{y_2}$,利用分部积分由式(3)得

$$
\int_{y_1}^{y_2} W(y) \mathrm{d}y = \int_{x_1}^{x_2} \frac{S(x)}{x^2} \mathrm{d}x = \int_{x_1}^{x_2} \frac{R(x)}{x^2} \mathrm{d}x + O(1)
$$

而当 $x \geqslant 2$ 时,由 $R(x)$ 的定义及第三章 §3 式(3)可得

$$
\int_2^x \frac{R(t)}{t^2} \mathrm{d}t = \int_2^x \frac{\psi(t)}{t^2} \mathrm{d}t - \int_2^x \frac{\mathrm{d}t}{t} = O(1)
$$

上式对 $x < 2$ 显然亦成立. 由以上两式得:对任意 $y_2 < y_1$ 有

$$
\int_{y_1}^{y_2} W(y) \mathrm{d}y = O(1) \tag{20}
$$

由于 $W(y)$ 是连续函数,故当条件(18)成立时,由式(20)即推出式(19)成立.

下一节就来证明式(14)成立.

§3　定理的证明

定理 1　设 $W(y)$ 由 §2 式(13)给出. 由 $W(y)$ 所满足的四条性质,即 §2 中的式(15),(16),(17)及式(19)可以推出

$$
\lim_{y \to +\infty} W(y) = 0 \tag{1}
$$

下面先证明两条引理.

引理 1　设

$$
\alpha = \overline{\lim_{y \to +\infty}} \mid W(y) \mid, \beta = \overline{\lim_{y \to +\infty}} \frac{1}{y} \int_0^y \mid W(t) \mid \mathrm{d}t \tag{2}
$$

则由 §2 中的式(15)和式(17)可推出

$$
\alpha = \beta \tag{3}
$$

证明　由 §2 式(15)知,α, β 均为有限. 而由上极限的定义可立即推出

113

$$\beta \leqslant \alpha \tag{4}$$

另外,交换积分号可得

$$\int_0^y \mathrm{d}t \int_0^t |W(v)| \,\mathrm{d}v = \int_0^y (y-v) |W(v)| \,\mathrm{d}v$$

由上式及 §2 式(17) 就得到

$$|W(y)| \leqslant \frac{2}{y^2} \int_0^y t\left(\frac{1}{t} \int_0^t |W(v)| \,\mathrm{d}v\right) \mathrm{d}t + O\left(\frac{1}{y}\right)$$

由此,从上极限的定义就推出

$$\alpha \leqslant \beta \tag{5}$$

由式(4)及式(5)就证明了式(3).

引理2 设 α 由式(2)给出. 则由 §2 中的式(15)(16) 及式(19) 可证明:对任意正数 $\tau > \alpha$,必有正数 y_τ,若 a,b 是 $W(y)$ 的两个零点,满足

$$y_\tau \leqslant a < b \tag{6}$$

就一定有

$$\int_a^b |W(y)| \,\mathrm{d}y \leqslant \left(1 - \frac{\alpha^2}{4c_1 c_2}\right)(b-a)\tau \tag{7}$$

其中 c_1, c_2 是使 §2 式(15) 和式(19) 成立的正常数,且取得足够大,使满足

$$\frac{1}{2} \leqslant 1 - \frac{\alpha^2}{4c_1 c_2} \tag{8}$$

证明 由 §2 式(15) 知 α 有界. 由上极限的定义知,对任给的正数 $\tau > \alpha$,必有 y_τ,使得

$$|W(y)| \leqslant \tau, y \geqslant y_\tau \tag{9}$$

下面证明这一 y_τ 就满足引理的要求.

先设 a,b 是相邻的零点,所以

$$W(a) = W(b) = 0 \tag{10}$$

$$W(y) \neq 0, a < y < b \tag{11}$$

对 $b-a$ 分三种情形来讨论:

(i) $b-a \geqslant \dfrac{2c_2}{\tau}$. 由式(11) 知 §2 式(19) ($y_1 = a, y_2 = b$) 成立,所以,这时有

$$\int_a^b |W(y)| \,\mathrm{d}y \leqslant c_2 \leqslant \frac{\tau}{2}(b-a)$$

(ii) $b-a \leqslant \dfrac{\tau}{c_1}$. 由式(10) 及 §2 式(16) 得

114

$$\int_a^b |W(y)| \, dy = \int_a^{\frac{1}{2}(a+b)} |W(y) - W(a)| \, dy +$$

$$\int_{\frac{1}{2}(a+b)}^b |W(b) - W(y)| \, dy \leqslant$$

$$2c_1 \int_a^{\frac{1}{2}(a+b)} (y-a) \, dy + c_2^2 \int_{\frac{1}{2}(a+b)}^b (b-y) \, dy =$$

$$\frac{c_1}{2}(b-a)^2 \leqslant \frac{\tau}{2}(b-a)$$

(iii) $\dfrac{\tau}{c_1} < b - a < \dfrac{2c_2}{\tau}$. 这时,由式(9)及类似于情形(ii)可得

$$\int_a^b |W(y)| \, dy = \int_a^{a+\frac{\tau}{2c_1}} |W(y) - W(a)| \, dy +$$

$$\int_{a+\frac{\tau}{2c_1}}^{b-\frac{\tau}{2c_1}} |W(y)| \, dy +$$

$$\int_{b-\frac{\tau}{2c_1}}^b |W(b) - W(y)| \, dy \leqslant$$

$$\frac{\tau^2}{4c_1} + \left(b - a - \frac{\tau}{c_1}\right)\tau + \frac{\tau^2}{4c_1} \leqslant$$

$$\left(1 - \frac{\tau}{2c_1(b-a)}\right)(b-a)\tau <$$

$$\left(1 - \frac{\tau^2}{4c_1 c_2}\right)(b-a)\tau$$

综合以上结果,并注意到式(8)及 $\tau > \alpha$,即得式(7).

当 a, b 不是相邻零点时,设

$$a = a_0 < a_1 < a_2 < \cdots < a_K = b$$

使得 a_k, a_{k+1} $(0 \leqslant k \leqslant K-1)$ 均为相邻零点. 由已证明的结论推出

$$\int_a^b |W(y)| \, dy = \sum_{k=1}^{K-1} \int_{a_k}^{a_{k+1}} |W(y)| \, dy \leqslant$$

$$\left(1 - \frac{\alpha^2}{4c_1 c_2}\right)\tau \sum_{k=1}^{K-1}(a_{k+1} - a_k) =$$

$$\left(1 - \frac{\alpha^2}{4c_1 c_2}\right)(b-a)\tau$$

所以,式(7)亦成立.

定理 1 的证明　显见,式(1)就是要证明 $\alpha = 0$. 分两种情形来证明:

(i) 对充分大的 y 必有 $W(y) \neq 0$. 这时由 §2 式(19)推出 $\beta = 0$,进

115

而由引理 1 即得 $\alpha = 0$.

(ii)$W(y)$ 可能出现任意大的零点,对任给的 $\tau > \alpha$ 及任意正数 $y > y_\tau(y_\tau$ 见引理 2),设 a 是 y_τ 右端的第一个零点,b 是 y 的左端的第一个零点,则由 §2 中的式(15)和式(19),及引理 2 得到

$$\int_0^y |W(t)| \, \mathrm{d}t = \int_0^a |W(t)| \, \mathrm{d}t + \int_a^b |W(t)| \, \mathrm{d}t + \int_b^y |W(t)| \, \mathrm{d}t \leqslant$$
$$c_1 y_\tau + \left(1 - \frac{\alpha^2}{4c_1 c_2}\right)(b-a)\tau + 2c_2$$

在上式两端除以 y 并取上极限,得(注意:$b-a \leqslant y$)

$$\beta = \varlimsup_{y \to +\infty} \frac{1}{y} \int_0^y |W(t)| \, \mathrm{d}t \leqslant \left(1 - \frac{\alpha^2}{4c_1 c_2}\right)\tau$$

令 $\tau \to \alpha$,得

$$\beta \leqslant \left(1 - \frac{\alpha^2}{4c_1 c_2}\right)\alpha$$

进而由引理 1,得

$$\alpha \leqslant \left(1 - \frac{\alpha^2}{4c_1 c_2}\right)\alpha$$

因为 $\alpha \geqslant 0$,由此推出必有 $\alpha = 0$.

注 显见,对任意一个函数 $F(y)$,只要它具有相应的性质,则以 $F(y)$ 代替 $W(y)$ 时,引理 1、引理 2、定理 1 均成立.

素数定理的第一个证明 由本节定理 1 及 §3 中定理 1 就推出 $\psi(x) \sim x$.

在结束本章时,我们来回顾一下这里所给出的素数定理 $\psi(x) \sim x$ 的第一个证明究竟用到了些什么. 不难看出,除了一些必要的微积分知识外,整个证明是基于 Chebyshev 不等式、Mertens 的定理(§1 定理 1)以及 Selberg 不等式,而这三者都是由 $\psi(x)$ 的基本关系式

$$\sum_{n \leqslant x} \psi\left(\frac{x}{n}\right) = \ln([x]!\,)$$

推出来的,而这一基本关系式仅是算术基本定理(§1 引理 1)的推论. 此外,还用到的数论工具是 Möbius 变换理论,而这一理论的基础是 §2 引理 1,它亦是算术基本定理的推论. 因此,素数定理的基础实质上就是算术基本定理. 这里可以看出 Chebyshev 天才地引进函数 $\psi(x)$ 的伟大贡献. 但是,实现这一证明是十分困难的. 这是由于我们对素数本身除了它的定义外一无所知,而它的分布是由极其不规则所决定的.

116

看来,对素数定理不可能找到一个简单的证明 —— 不管是初等的,还是非初等的.

此外,在本章所给出的证明中,直接应用的不是 Selberg 不等式(即 §1 式(3))本身,而是 §2 中不等式(11)(或可以用 §1 中式(14)),它是 Selberg 不等式的一个推论,所包含的信息要比 Selberg 不等式弱得多.因而,这里我们仅证明了最简单的渐近公式

$$\psi(x) \sim x$$

即仅证明了余项

$$R(x) = \psi(x) - x = o(x)$$

而对它的阶不能得到进一步的估计.下一章我们将对 Selberg 不等式做更仔细的讨论,用类似的方法证明

$$R(x) = O(x(\ln x)^{-\frac{1}{6}+\varepsilon})$$

其中 ε 为任意小的正数.

在最近的一次国内数论会议上,中科院数学与系统科学研究院的贾朝华研究员以 *An introduction to the Brun-Titchmarsh theorem* 为题介绍了相关的进展:

Dirichlet 定理　　对于给定的 $q, a \geqslant 1, (a,q) = 1$,我们有

$$\pi(x;q,a) := \sum_{\substack{p \leqslant x \\ p \equiv a \,(\mathrm{mod}\, q)}} 1 \to \infty, \, x \to \infty$$

素数定理(Hadamard, Vallée Poussin)　　我们有

$$\pi(x) := \pi(x;1,1) \sim \frac{x}{\log x}, \, x \to \infty$$

算术级数中的素数定理(Siegel-Walfisz)　　我们有

$$\pi(x;q,a) := \frac{\mathrm{Li}\, x}{\varphi(q)} + O(x \exp(-A(\log x)^{\frac{1}{2}}))$$

对于 $q \leqslant (\log x)^B, (a,q) = 1$ 一致成立,这里 B 是任意的正常数,$A = A(B) > 0$,而 $\varphi(q)$ 是 Euler totient 函数,且

$$\mathrm{Li}\, x := \int_2^x \frac{\mathrm{d}t}{\log t}$$

这个定理的缺点是,它仅对较小的 q 有效.

Titchmarsh 定理　　在广义 Riemann 猜想(GRH)之下,我们有

117

$$\pi(x;q,a) = \frac{\mathrm{Li}\ x}{\varphi(q)} + O(x^{\frac{1}{2}}\log x)$$

对于 $q \leqslant x^{\frac{1}{2}}(\log x)^{-3}$，$(a,q)=1$ 一致成立.

Montgomery 猜想　我们有

$$\pi(x;q,a) = \frac{\mathrm{Li}\ x}{\varphi(q)} + O\left(\left(\frac{x}{q}\right)^{\frac{1}{2}+\varepsilon}\right)$$

对于 $q < x^{1-\varepsilon}$，$(a,q)=1$ 一致成立.

Brun-Titchmarsh 定理　我们有

$$\pi(x;q,a) < \frac{2\pi}{\varphi(q)\log\left(\frac{x}{q}\right)}$$

对于 $q < x$，$(a,q)=1$ 一致成立.

Titchmarsh 最初只是利用 Brun 筛法，证明了

$$\pi(x;q,a) \ll \frac{x}{\varphi(q)\log\left(\frac{x}{q}\right)}$$

后来经过他人的改进，达到了常数 2，而进一步改进 2 是非常困难的.

Bombieri-Vinogradov 定理　我们有

$$\sum_{q \leqslant x^{\frac{1}{2}}(\log x)^{-B}} \max_{(a,q)=1} \left|\pi(x;q,a) - \frac{1}{\varphi(q)}\mathrm{Li}\ x\right| \ll x(\log x)^{-A}$$

这里 A 为任意的正数，$B = B(A) > 0$.

用 GRH 可以得到如上的结果. Bombieri 和 Vinogradov 用大筛法，独立地证明了上面的无条件结果. 因此，在某些场合里，Bombieri-Vinogradov 定理可以代替 GRH.

推论　设 A 为任意的正数，$\log^A x < Q \leqslant x^{\frac{1}{2}-\varepsilon}$，则对于 $Q < q \leqslant 2Q$，$(a,q)=1$，我们有

$$\pi(x;q,a) \sim \frac{1}{\varphi(q)\log x}$$

除去至多 $O(Q\log^{-A} x)$ 个例外的 q.

定理 1（Hooley）　设 a 为固定的非零整数，A 为任意的正数，ε 为任意小的正数. 则对于 $Q < q \leqslant 2Q$，$(a,q)=1$，有

$$\pi(x;q,a) \leqslant \begin{cases} \dfrac{(1+\varepsilon)x}{\varphi(q)\log\left(\left(\dfrac{x^2}{q}\right)^{\frac{1}{6}}\right)}, \text{如果 } x^{\frac{1}{2}} \leqslant Q \leqslant x^{\frac{4}{5}} \\[6mm] \dfrac{(1+\varepsilon)x}{\varphi(q)\log\left(\dfrac{x}{q}\right)}, \text{如果 } x^{\frac{4}{5}} \leqslant Q \leqslant x^{1-\varepsilon} \end{cases}$$

除去至多 $O(Q\log^{-A}x)$ 个例外的 q.

本书的第 14 节是所谓的费马小定理. 这里的小是与著名的费马大定理相比而言. 费马大定理被怀尔斯证明展现了代数数论的强大威力. 而费马小定理则可能是初学初等数论者遇到的第一个有趣、相对深刻而且应用广泛的定理. 所以在数学奥林匹克试题中, 应用率最高的就是这个定理. 为了增加读者购买本书的概率, 笔者选择了 20 道在近年世界各国数学奥林匹克中出现的应用费马小定理解题的例子, 附于后, 供参考.

1. 已知正整数 a,b 互素, 整数列 $\{a_n\}$, $\{b_n\}$ 满足 $(a+b\sqrt{2})^{2n} = a_n + b_n\sqrt{2}$. 求所有的素数 p, 使得存在一个不超过 p 的正整数 n, 满足 $b_n \equiv 0(\bmod p)$. (2013, 第 26 届韩国数学奥林匹克)

解 设 p 为素数. 若 p 为整除 $a^2 - 2b^2$ 的奇素数, 由 $(a,b)=1$, 知 $b_1 = 2ab$ 不能被 p 整除.

假设存在正整数 n, 使得 b_n 可被 p 整除, 设 r 是最小的正整数, 使得 b_r 可被 p 整除.

因为

$$(a - b\sqrt{2})^{2n} = a_n - b_n\sqrt{2}$$

所以

$$a_n = (a^2 + 2b^2)a_{n-1} + 4abb_{n-1}$$

$$b_n = 2aba_{n-1} + (a^2 + 2b^2)b_{n-1}$$

故

$$0 \equiv b_r = 2aba_{r-1} + (a^2 + 2b^2)b_{r-1}$$

$$= 2ab((a^2 + 2b^2)a_{r-2} + 4abb_{r-2}) + (a^2 + 2b^2)b_{r-1}$$

$$= 2ab(a^2 + 2b^2)a_{r-2} + (a^2 + 2b^2)^2 b_{r-2} - (a^2 - 2b^2)^2 b_{r-2} + (a^2 + 2b^2)b_{r-1}$$

$$= 2(a^2 + 2b^2)b_{r-1} - (a^2 - 2b^2)^2 b_{r-2}$$

$$\equiv 2(a^2 + 2b^2)b_{r-1}(\bmod p)$$

由于 $a^2 + 2b^2$ 不能被 p 整除,则 b_{r-1} 能被 p 整除,矛盾.

于是,对于任意正整数 n,均有 $p \nmid b_n$.

设 p 为不能整除 $a^2 - 2b^2$ 的素数,假设 p 为奇数,且 ab 不能被 p 整除.

注意到

$$b_n = \frac{(a+b\sqrt{2})^{2n} - (a-b\sqrt{2})^{2n}}{\sqrt{2}} = \sum_{k \equiv 1(\bmod 2)} 2C_{2n}^k a^{2n-k} b^k 2^{\frac{k-1}{2}}$$

假设存在整数 m,使得 $m^2 \equiv 2(\bmod p)$,则

$$\begin{aligned} b_n &= \sum_{k \equiv 1(\bmod 2)} 2C_{2n}^k a^{2n-k} b^k 2^{\frac{k-1}{2}} \\ &\equiv \sum_{k \equiv 1(\bmod 2)} m^2 C_{2n}^k a^{2n-k} b^k m^{k-1} \\ &\equiv \frac{(a+bm)^{2n} - (a-bm)^{2n}}{m} (\bmod p) \end{aligned}$$

又 $(a+bm)(a-bm) = a^2 - m^2 b^2 \equiv a^2 - 2b^2 \not\equiv 0(\bmod p)$,由费马小定理得

$$b_{\frac{p-1}{2}} \equiv 0(\bmod p)$$

假设 $x^2 \equiv 2(\bmod p)$ 没有整数解,则 2 为模 p 的二次非剩余.

因为对所有的整数 $k(2 \leqslant k \leqslant p-1)$ 均有 $C_{p+1}^k \equiv 0(\bmod p)$,所以,由费马小定理和欧拉准则得

$$\begin{aligned} b_{\frac{p+1}{2}} &= \sum_{k \equiv 1(\bmod 2)} 2C_{p+1}^k 2^{\frac{k-1}{2}} a^{p+1-k} b^k \\ &\equiv 2(p+1)a^p b + 2^{\frac{p+1}{2}}(p+1)ab^p \\ &\equiv 2ab(a^{p-1} + 2^{\frac{p-1}{2}} b^{p-1}) \\ &\equiv 2ab(1 + 2^{\frac{p-1}{2}}) \equiv 0(\bmod p) \end{aligned}$$

综上,满足条件的 p 为 2 或与 $a^2 - 2b^2$ 互素的素数.

2. 设 $\varphi(n)$ 表示小于 $n(n \in \mathbf{Z}^+)$ 且与 n 互素的正整数的个数,求所有的正整数对 (m, n),使得

$$2^n + (n - \varphi(n) - 1)! = n^m + 1 \qquad \text{①}$$

(2013,土耳其国家队选拔考试)

解 若 $n = 1$,则方程 ① 为 $2 + 1 = 2$,矛盾.

若 n 为素数,则 $\varphi(n) = n - 1$. 于是,$2^n = n^m \Rightarrow m = n = 2$.

若 $n = p^2$(p 为素数),则 $\varphi(n) = p^2 - p$. 于是,$2^{p^2} + (p-1)! = p^{2m} + 1$.

若 $p > 2$,则由 $p^{2m} \equiv 1 (\bmod 4)$,知 $(p-1)! \equiv 2 (\bmod 4)$.于是,
$p = 3$.

而 $2^9 + 2 = 514 = 3^{2m} + 1$ 无整数解,从而,$p = 2$,有 $n = 4, m = 2$.

对于其他情况,设 p 为 n 的最小素因数.

因为 $1 < p < 2p < \cdots < p^2 < n$,所以,$n - 1 - \varphi(n) \geqslant p$.

于是,$p \mid (n - \varphi(n) - 1)!$.

由于 $p \mid (2^n - 1)$,则 p 为奇数.

由费马小定理,知 $p \mid (2^{p-1} - 1)$.

于是,$p \mid (2^d - 1)$(d 是 n 和 $p - 1$ 的最大公因数).

因为 p 是 n 的最小素因数,所以,$d = 1$,从而,$p \mid 1$,矛盾.

综上,满足方程 ① 的正整数对为 $(m, n) = (2, 2), (2, 4)$.

3. 证明:存在无限多个正整数 n,使得 $n \mid (2^n - 8)$.

(2013,克罗地亚国家队选拔考试)

证明 只要证明 $n = 3p$(素数 $p > 3$)满足 $n \mid (2^n - 8)$.

由费马小定理,得
$$2^p \equiv 2 (\bmod p)$$
故
$$2^{3p} - 8 = (2^p)^3 - 8 \equiv 2^3 - 8 \equiv 0 (\bmod p) \qquad ①$$
类似地,由 $3p$ 为奇数得
$$2^{3p} - 8 \equiv (-1)^{3p} - 2 = -3 \equiv 0 (\bmod p) \qquad ②$$
因为 $(3, p) = 1$,所以,由式 ①② 得
$$2^{3p} - 8 \equiv 0 (\bmod 3p)$$
从而,有无限多个大于 3 的素数,使得结论成立.

4. 证明:存在无穷多个正整数 n,使得 n 的不同素因数个数大于 2,且满足 $n \mid (2^n - 8)$.

(2013,克罗地亚国家队选拔考试)

证明 只要证明:$n = 2^{2p} - 1$(素数 $p > 3$)满足 $n \mid (2^n - 8)$,且 n 最少含有三个不同的素因子.

因为 $2^n - 8 = 8(2^{n-3} - 1)$,所以,为了证明 $n \mid (2^n - 8)$,只要证明 $2p \mid (n - 3)$.

在此情况下,对于某些正整数 k,有
$$n - 3 = 2pk$$

故

$$2^{n-3}-1=2^{2pk}-1=(2^{2p})^k-1=(2^{2p}-1)(2^{2p(k-1)}+2^{2p(k-2)}+\cdots+2^{2p}+1)$$

即

$$(2^{2p}-1)\mid(2^{n-3}-1)\Rightarrow n\mid(2^{n-3}-1)\Rightarrow n\mid(2^n-8)$$

由费马小定理,得

$$2^p\equiv 2(\mathrm{mod}\ p)$$

故

$$n-3=2^{2p}-4=(2p)^2-4\equiv 2^2-4=0(\mathrm{mod}\ p)$$

显然,$n-3$ 为偶数,且由 $(2,p)=1$,得

$$n-3=2^{2p}-4\equiv 0(\mathrm{mod}\ p)$$

最后证明:n 至少有三个不同的素因数.

事实上,由 $n=2^{2p}-1=(2^p-1)(2^p+1)$,且 $(2^p-1,2^p+1)=1$,知 2^p-1 至少有一个素因数.

而 $2^p+1\equiv(3-1)^p+1\equiv C_p^1\times 3\times(-1)^{p-1}-1+1\equiv 3p\equiv\pm 3(\mathrm{mod}\ 9)$,知 2^p+1 至少有两个素因数.

5. 是否存在正整数 a,b,c,使得 $2\,013(ab+bc+ca)\mid(a^2+b^2+c^2)$?

(2013,第 30 届伊朗国家队选拔考试)

解 首先证明两个引理.

引理 1 设正整数 $A\equiv 2(\mathrm{mod}\ 3)$,则存在一个素数 p,使得 $p\equiv 2(\mathrm{mod}\ 3)$,且 $p^\alpha\parallel A$,其中,α 为一个正奇数.

引理 1 的证明 假设不存在这样的素数 p,设 A 的素因数分解为 $A=p_1^{\alpha_1}p_2^{\alpha_2}\cdots p_k^{\alpha_k}$,其中,$p_1,p_2,\cdots,p_k$ 为互不相同的素数,$\alpha_1,\alpha_2,\cdots,\alpha_k$ 及 k 均为正整数.

对于 $p_i(1\leqslant i\leqslant k)$,考虑两种情况:

(1) 若 $p_i\equiv 1(\mathrm{mod}\ 3)$,则 $p_i^{\alpha_i}\equiv 1(\mathrm{mod}\ 3)$;

(2) 若 $p_i\equiv 2(\mathrm{mod}\ 3)$,且 $2\mid\alpha_i$,则 $p_i^{\alpha_i}\equiv(p_i^2)^{\frac{\alpha_i}{2}}\equiv 1(\mathrm{mod}\ 3)$.

于是,$A\equiv 1(\mathrm{mod}\ 3)$,矛盾.

引理 2 设素数 $p\equiv 2(\mathrm{mod}\ 3)$,则 $\{0^3,1^3,\cdots,(p-1)^3\}$ 为模 p 的一个完全剩余系.

引理 2 的证明 显然,$i^3\equiv 0^3(\mathrm{mod}\ p)$ 当且仅当 $i\equiv 0(\mathrm{mod}\ p)$.

假设 $p\nmid i$,且 $p\nmid j$.

下面证明:$i^3\equiv j^3(\mathrm{mod}\ p)$ 当且仅当 $i\equiv j(\mathrm{mod}\ p)$.

若 $i^3 \equiv j^3 \pmod{p}$，可设 $p = 3t + 2$.

由费马小定理，知 $i^{3t+1} \equiv j^{3t+1} \equiv 1 \pmod{p}$.

故 $i^{3t} \cdot i \equiv i^{3t+1} \equiv j^{3t+1} \equiv (j^3)^t j \equiv i^{3t} j \pmod{p}$.

因为 $(i, p) = 1$，所以 $i \equiv j \pmod{p}$.

反之，若 $i \equiv j \pmod{p}$，则 $i^3 \equiv j^3 \pmod{p}$.

综上，$\{0^3, 1^3, \cdots, (p-1)^3\}$ 为模 p 的一个完全剩余系.

引理 1，2 得证.

接下来证明：不存在满足条件的正整数 a, b, c.

假设存在正整数 a, b, c 满足

$$a^2 + b^2 + c^2 = 2\,013k(ab + bc + ca) \quad (k \text{ 为正整数}) \qquad ①$$

不失一般性，假设 a, b, c 的最大公因数为 1，否则，若 $(a, b, c) = d > 1$，用 $\dfrac{a}{d}, \dfrac{b}{d}, \dfrac{c}{d}$ 代替 a, b, c 得到的新的三元数组仍然满足方程 ①.

将方程 ① 改写为

$$(a + b + c)^2 = (2\,013k + 2)(ab + bc + ca)$$

因为 $2\,013k + 2 \equiv 2 \pmod 3$，所以，由引理 1 知存在素数 $p \equiv 2 \pmod 3$，使得

$$p^{2n+1} \parallel (2\,013k + 2) \quad (n \in \mathbf{N})$$

故

$$
\begin{aligned}
p^{2n+1} \parallel (2\,013k + 2) &\Rightarrow p^{2n+1} \mid (a + b + c)^2 \\
&\Rightarrow p^{2n+2} \mid (a + b + c)^2 \\
&\Rightarrow p^{2n+2} \mid (2\,013k + 2)(ab + bc + ca) \\
&\Rightarrow p \mid (ab + bc + ca)
\end{aligned}
$$

又因为 $p \mid (a + b + c)$，所以

$$0 \equiv ab + bc + ca \equiv ab + c(a + b) \equiv ab + c(-c) \pmod{p}$$

$$\Rightarrow ab \equiv c^2 \pmod{p}$$

$$\Rightarrow c^3 \equiv abc \pmod{p}$$

类似地，$a^3 \equiv b^3 \equiv abc \pmod{p}$.

由引理 2，知 $a \equiv b \equiv c \pmod{p}$.

由于 $p \mid (a + b + c)$，且 $3 \nmid p$，则 $p \mid a, p \mid b, p \mid c$ 与 $(a, b, c) = 1$ 矛盾.

因此，不存在满足条件的正整数 a, b, c.

6. 是否存在一个由 10 个互异正整数所构成的递增等差数列 a_1，

123

$a_2, \cdots, a_{10}$, 使得 $\prod\limits_{i=1}^{10} a_i$ 整除一个形如 $n^2+1(n \in \mathbf{Z}^+)$ 的整数? 若存在, 求出满足此条件的数列并使其公差为最小.

(2013, 中国台湾数学奥林匹克选训营)

解 先证明三个引理.

引理 1 形如 n^2+1 的整数没有 $4k+3$ 型素因数.

引理 1 的证明 假设有 $4k+3$ 型素数 p, 满足 $n^2 \equiv -1 (\bmod p)$.

故 $n^4 \equiv 1 (\bmod p)$, 且 n 模 p 的阶为 4.

而由费马小定理 $n^{p-1} \equiv 1 (\bmod p)$, 得 $4 \mid (p-1)$, 与素数 p 为 $4k+3$ 型素数矛盾.

引理 2 若 a_1, b_1, a_2, b_2 为非零整数, 且 $(a_i, b_i) = 1 (i=1,2)$, 则 $(a_1^2 + b_1^2)(a_2^2 + b_2^2)$ 可表示为两个互素整数的平方和.

引理 2 的证明 注意到, $(a_1^2 + b_1^2)(a_2^2 + b_2^2) = (a_1 a_2 - b_1 b_2)^2 + (a_1 b_2 + a_2 b_1)^2$.

若存在素数 p 使得 $p \mid (a_1 a_2 - b_1 b_2), p \mid (a_1 b_2 + a_2 b_1)$, 则

$$p \mid ((a_1 b_2 + a_2 b_1)a_2 - (a_1 a_2 - b_1 b_2)b_2) \Rightarrow p \mid b_1(a_2^2 + b_2^2)$$

类似地, $p \mid a_1(a_2^2 + b_2^2)$.

因为 $(a_1, b_1) = 1$, 所以, 要么 $p \mid a_1$ 且 $p \mid (a_2^2 + b_2^2)$, 要么 $p \mid b_1$ 且 $p \mid (a_2^2 + b_2^2)$.

由于 $(a_2, b_2) = 1$, 从而, 要么 $p \mid a_1$ 且 $p \nmid b_1 a_2 b_2$, 要么 $p \mid b_1$ 且 $p \nmid a_1 a_2 b_2$.

第一种情况下有 $p \nmid (a_1 a_2 - b_1 b_2)$; 第二种情况下有 $p \nmid (a_1 b_2 + a_2 b_1)$.

均得到矛盾.

因此, $(a_1 a_2 - b_1 b_2, a_1 b_2 + a_2 b_1) = 1$.

引理 3 若 a, b 为互素的整数, 则必存在整数 m, 使得 $(a^2 + b^2) \mid (m^2 + 1)$.

引理 3 的证明 因为 a, b 互素, 所以, 一定存在整数 c, d 使得 $ac - bd = 1$. 则

$$(a^2 + b^2)(c^2 + d^2) = (ad + bc)^2 + (ac - bd)^2 = m^2 + 1 \quad (m = ad + bc)$$

引理 $1 \sim 3$ 得证.

若 a_1 为偶数, 则 a_3, a_5, a_7, a_9 也为偶数. 由此得到 $32 \mid (n^2 + 1)$, 这显然是不可能的.

故 a_1 为奇数.

由 $a_1 \mid (n^2+1)$,结合引理 1 知

$$a_1 \equiv 1 \pmod{4}$$

类似地

$$a_2 \equiv 1 \pmod{4}$$

从而,公差 d 必为 4 的倍数,且 $a_i \equiv 1 \pmod{4}$($i=1,2,\cdots,10$).

若 d 不为 3 的倍数,则 $\{a_1,a_2,a_3\}$ 构成一个模 3 的完全剩余系,故 $3 \mid (n^2+1)$,矛盾. 因此,$3 \mid d$.

类似地,$7 \mid d$.

由此,$21 \mid d \Rightarrow 84 \mid d$.

由引理 1,知 11 一定不为 n^2+1 的约数,并且等差数列长度要有 10 项.

于是,$a_1 \equiv 7 \equiv 84 \pmod{11}$.

又由引理 1 得到每个 a_i 的素因数模 4 必为 1,而 a_1 不被 3 及 7 整除,从而,能选出的 a_1 的值由小到大排列依次为 $29,73,\cdots$.

当 $a_1=29=2^2+5^2$ 时,有:

$a_2=29+84=113=7^2+8^2$,素数;

$a_3=29+84 \times 2=197=1^2+14^2$,素数;

$a_4=29+84 \times 3=281=5^2+16^2$,素数;

$a_5=29+84 \times 4=365=(1^2+2^2)(3^2+8^2)=2^2+19^2$;

$a_6=29+84 \times 5=449=7^2+20^2$,素数;

$a_7=29+84 \times 6=533=(2^2+3^2)(4^2+5^2)=7^2+22^2$;

$a_8=29+84 \times 7=617=16^2+19^2$,素数;

$a_9=29+84 \times 8=701=5^2+26^2$,素数;

$a_{10}=29+84 \times 9=785=(1^2+2^2)(6^2+11^2)=1^2+28^2$.

注意到,每个 a_i 可被分解成两个互素整数的平方和.

故由引理 2,知 $\prod\limits_{i=1}^{10} a_i$ 可分解成两个互素整数的平方和,再由引理 3,知必存在整数 n,使得 $\prod\limits_{i=1}^{10} a_i \mid (n^2+1)$.

综上,$29,113,197,281,365,449,533,617,701,785$ 为满足题设条件的公差最小的等差数列.

7. 设 p 为奇素数，r 为奇自然数，证明：$(rp+1) \nmid (p^p-1)$.

（2014，印度国家队选拔考试）

证明 设 $n = \dfrac{p^p-1}{p-1}$，则 n 为奇数.

若 q 为 n 的素因数，则 $q \mid (p^p-1)$，故 p 对 q 的阶 $\mathrm{ord}_q p = 1$ 或 p.

由费马小定理得 $q \mid (p^{q-1}-1)$，从而，$q \mid (p-1)$ 或 $p \mid (q-1)$.

注意到，$p^p-1 = (p-1)(p^{p-1}+p^{p-2}+\cdots+1)$.

若 $q \mid (p-1)$，则 $p \equiv 1 \pmod{q}$，故第二个因子模 q 余 p，不被 q 整除.

于是，q 不整除 n，矛盾. 从而，$p \mid (q-1)$ 或 $q-1 = kp$.

因为 q 是奇数，所以 k 为偶数，这表明，$q = 2tp+1$，$k = 2t$.

因此，n 的所有素因子均是 $2tp+1$ 型的，而不是 $rp+1$ 型的.

若取 $p-1$ 的一个因子 d，并将 d 和 $2tp+1$ 组合到一起，也无法组合成 $rp+1$ 型的. 否则，必有 $rp+1 = d(2tp+1)$，进而，$p \mid (d-1)$，这是不可能的.

综上，若 r 为奇数，则 $(rp+1) \nmid (p^p-1)$.

8. 求所有整系数多项式 f，满足对所有正整数 j，$f(2^j)$ 为素数的幂.

（2014—2015，匈牙利数学奥林匹克）

解 假设存在 i，奇素数 p，使得 $f(2^i) = p^a$.

由费马小定理得 $2^{p-1} \equiv 1 \pmod{p} \Rightarrow p \mid (2^{i+p-1}-2^i)$.

由 f 为整系数多项式，知 $(x-y) \mid (f(x)-f(y))$.

故 $p \mid (f(2^{i+p-1})-f(2^i)) \Rightarrow f(2^{i+p-1})$ 为 p 的幂 $\Rightarrow f(2^{i+k(p-1)})(k \in \mathbf{N})$ 为 p 的幂.

设 $\deg f = n$，则 $\lim\limits_{k \to +\infty} \dfrac{f(2^{i+(k+1)(p-1)})}{f(2^{i+k(p-1)})} = 2^{n(p-1)}$.

而 $f(2^{i+k(p-1)})$ 与 $f(2^{i+(k+1)(p-1)})$ 均为 p 的幂，则上式每个值均为 p 的整数幂，矛盾.

故对于任意的 $i \in \mathbf{Z}^+$，$f(2^i)$ 为 2 的幂.

又 $\lim\limits_{i \to +\infty} \dfrac{f(2^{i+1})}{f(2^i)} = 2^n$，而 $\dfrac{f(2^{i+1})}{f(2^i)}$ 为 2 的整数幂，则存在 N，当 $i \geqslant N$ 时，有

$$\frac{f(2^{i+1})}{f(2^i)} = 2^n$$

此时

$$f(2^i) = f(2^N)2^{n(i-N)} = \frac{f(2^N)}{2^{nN}}(2^i)^n \Rightarrow f(x) = cx^n (c \in \mathbf{Z}) \Rightarrow c = 2^t (t \geqslant 0)$$

综上，$f(x) = 2^t x^n (t, n \in \mathbf{N})$.

9. 设 k 为正整数，$n = 2^k!$. 证明：$\sigma(n)$ 至少有一个大于 2^k 的素因子，其中，$\sigma(n)$ 为 n 的所有正约数之和.

(2015，中国西部数学邀请赛)

证明 用 $v_2(n)$ 表示 n 的标准分解式中 2 的幂次. 则

$$v_2(n) = \left[\frac{2^k}{2}\right] + \left[\frac{2^k}{2^2}\right] + \cdots + \left[\frac{2^k}{2^k}\right] = 2^{k-1} + 2^{k-2} + \cdots + 1 = 2^k - 1$$

所以

$$2^{2^k-1} \parallel n$$

设 $n = 2^{2^k-1} p_1^{\alpha_1} p_2^{\alpha_2} \cdots p_t^{\alpha_t}$，其中，$t \in \mathbf{Z}^+$，$p_1, p_2, \cdots, p_t$ 为互不相同的奇素数，$\alpha_1, \alpha_2, \cdots, \alpha_t$ 为正整数. 则

$$\sigma(n) = \sigma(2^{2^k-1})\sigma(p_1^{\alpha_1})\cdots\sigma(p_t^{\alpha_t}) = (2^{2^k} - 1)M$$

$$= (2^{2^{k-1}} + 1)(2^{2^{k-1}} - 1)M \quad (M \in \mathbf{Z}^+)$$

于是

$$(2^{2^{k-1}} + 1) \mid \sigma(n)$$

则对 $2^{2^{k-1}} + 1$ 的任意一个因子 p，p 为奇素数.

由费马小定理，知

$$2^{p-1} \equiv 1 (\bmod\ p)$$

由 $2^{2^{k-1}} \equiv -1 (\bmod\ p)$，知 $2^{2^k} \equiv 1 (\bmod\ p)$，故

$$2^{(2^k, p-1)} \equiv 1 (\bmod\ p)$$

若 $2^k \nmid (p-1)$，则 $(2^k, p-1) \mid 2^{k-1}$.

从而，$2^{2^{k-1}} \equiv 1 (\bmod\ p)$，则 $2^{2^{k-1}} \equiv 1 \equiv -1 (\bmod\ p)$.

于是，$p = 2$，这与 p 为奇素数矛盾，故 $2^k \mid (p-1)$.

因此，$p \geqslant 2^k + 1$，即 $\sigma(n)$ 有一个大于 2^k 的素因子.

10. 设 $a, b, d \in \mathbf{Z}$，$d \geqslant 2$，对于任意正整数 n，均有 $d \mid (a^n + b^n + 1)$，求数对 (a, b).

(2016，第 54 届荷兰国家队选拔考试)

解 考虑对应于 d 的数对 (a, b) 满足题设.

设 p 为 d 的一个素因子. 由

$$d \mid (a^n + b^n + 1) \Rightarrow p \mid (a^n + b^n + 1) \qquad ①$$

考虑 $n = p - 1$.

由费马小定理, 知当 $p \mid a$ 时, $a^n \equiv 0 \pmod{p}$; 当 $p \nmid a$ 时, $a^n \equiv 1 \pmod{p}$.

类似地, 当 $p \mid b$ 时, $b^n \equiv 0 \pmod{p}$; 当 $p \nmid b$ 时, $b^n \equiv 1 \pmod{p}$.

故 $a^n + b^n + 1$ 模 p 的值为 $1, 2, 3$.

结合式 ① 知

$$p = 2 \text{ 或 } 3$$

下面分两种情况讨论.

(1) 若 $p = 3$, 则 $3 \nmid a, 3 \nmid b$.

当 $n = 1$ 时, $3 \mid (a + b + 1) \Rightarrow a + b \equiv 2 \pmod{3} \Rightarrow a \equiv b \equiv 1 \pmod{3}$.

此时, 对所有正整数 n, 均有 $a^n + b^n + 1 \equiv 1 + 1 + 1 \equiv 0 \pmod{3}$.

故 $d = 3$ 时, 每一数对均为满足题意的解.

(2) 若 $p = 2$, 则 2 恰为 a, b 之一的因数. 此时, 对所有正整数 n, 均有

$$a^n + b^n + 1 \equiv 0 + 1 + 1 \equiv 0 \pmod{2}$$

故 $d = 2$ 时, 每一数对均为满足题意的解.

综上, 所求的 (a, b) 为 $a \equiv b \equiv 1 \pmod{3}$; $a \equiv 1 \pmod{2}, b \equiv 0 \pmod{2}$; $a \equiv 0 \pmod{2}, b \equiv 1 \pmod{2}$.

11. 求所有的正整数 m, n, 使得 $mn \mid (2^{2^n} + 1)(2^{2^m} + 1)$.

(2016, 第 65 届保加利亚数学奥林匹克).

解 $1 < m \leqslant n$, 设 p 为 m 的素因数. 由于 m 为奇数, 则 p 也为奇数.

若 $p \mid (2^{2^m} + 1)$, 则 $2^{2^{m+1}} \equiv 1 \pmod{p}$. 从而, 2 模 p 的阶 k 整除 2^{m+1}.

设 $k = 2^l$, 则正整数 $l \leqslant m + 1$.

若 $l \leqslant m$, 由 $2^{2^l} \equiv 1 \pmod{p} \Rightarrow 2^{2^m} \equiv 1 \pmod{p}$, 得矛盾. 故 $l = m + 1, k = 2^{m+1}$.

由费马小定理, 知 $2^{p-1} \equiv 1 \pmod{p}$, 则 $2^{m+1} \mid (p - 1)$.

于是, $p - 1 \geqslant 2^{m+1} > m \geqslant p$, 矛盾.

类似地, 若 $p \mid (2^{2^n} + 1)$, 也导致矛盾.

128

若 $m=1$,只要求所有正整数 n,使得 $n\mid 5(2^{2^{n}}+1)$.

由前证明知 $(n,2^{2^{n}}+1)=1$. 于是,$n\mid 5$,从而,$n=1,5$ 满足条件.

综上,$(m,n)=(1,1),(1,5),(5,1)$.

12. 设自然数 n 及素数 p,q 满足 $pq\mid(n^{p}+2)$,$(n+2)\mid(n^{p}+q^{p})$. 证明:存在自然数 m,使得 $q\mid(4^{m}n+2)$.

(2017,瑞士数学奥林匹克)

证明 由题设知 $p\mid(n^{p}+2)$. 于是,$p\mid(n+2)$.

从而,$p\mid(n^{p}+q^{p})\Rightarrow p\mid(n+q)$.

因而,$p\mid(q-2)$,设 $q=lp+2$.

若 $q=2$,结论显然成立.

若 $p=2$,由 q 为素数知 $q=2$,结论成立.

假设 p,q 均为奇数,则 l 为奇数,设 $l=2k+1$.

由费马小定理知 $q\mid(n^{q-1}-1)$.

而 $n^{q-1}=n^{p(2k+1)}n$,$q\mid(n^{p}+2)$,则 $q\mid-(2\cdot 4^{k}n+1)$.

因此,$q\mid(4^{k+1}n+2)$,结论也成立.

13. 已知数列 $a=\{a_{0},a_{1},\cdots\}$ 满足 $a_{0}=0,a_{1}=2$,且对于任意的 $n\in\mathbf{Z}^{+}$,均有 $a_{n+2}=2a_{n+1}+41a_{n}$. 证明:$2\,017\mid a_{2\,016}$.

(2017,爱尔兰数学奥林匹克)

证明 注意到,特征方程 $x^{2}-2x-41=0$ 的两根为

$$\alpha=1+\sqrt{42},\beta=1-\sqrt{42}$$

利用 $a_{0}=0,a_{1}=2$,解得

$$a_{n}=\frac{\alpha^{n}-\beta^{n}}{\sqrt{42}}\quad(n\in\mathbf{N}) \tag{①}$$

由 $p=2\,017$ 为素数,且 $119^{2}\equiv 42(\bmod 2\,017)$,知 42 为模 $2\,017$ 的二次剩余.

令 $r^{2}\equiv 42(\bmod 2\,017)$,则式 ① 变为

$$a_{p-1}\equiv\frac{(1+r)^{p-1}-(1-r)^{p-1}}{r}(\bmod 2\,017)$$

由费马小定理,知

$$p\mid((1+r)^{p-1}-(1-r)^{p-1})$$

从而

$$p\mid ra_{p-1}$$

因此,$p\mid a_{p-1}$,即

129

14. 是否存在正偶数 n，使得 $n+1$ 被 5 整除，且 2^n+n 与 2^n-1 互素？

（2017，爱尔兰数学奥林匹克）

解 存在.注意到

$$(2^n+n,2^n-1)=(n+1,2^n-1)$$

由 $2^2\equiv 4(\bmod 5)$，$2^3\equiv 3(\bmod 5)$ 及费马小定理，知对于正整数 n，有

$$2^n\equiv 1(\bmod 5)\Leftrightarrow 4\mid n$$

则当 $n\equiv-1(\bmod 5)$ 且 $n\equiv 0(\bmod 4)$ 时，2^n+n，2^n-1 均为 5 的倍数.

故满足题意的 n 必满足 $n\equiv 2(\bmod 4)$.

设 $n=4k+2$，则 $n+1=4k+3$ 被 5 整除当且仅当 $k\equiv 3(\bmod 5)$.

设 $k=5m+3$，则 $n=20m+14$.

注意到，当 n 为偶数时，$2^n\equiv(-1)^n\equiv 1(\bmod 3)$.

于是，若 $n+1$ 被 3 整除，除 2^n+n，2^n-1 均为 3 的倍数.这表明，$n=14$ 不符合要求.

考虑 $n=34$，此时，$n+1=35=5\times 7$.

由 $2^4\equiv 1(\bmod 5)$，知 $2^{34}\equiv 2^2=4(\bmod 5)$，故 $5\nmid(35,2^{34}-1)$.

又由 $2^3\equiv 1(\bmod 7)$，知 $2^{34}\equiv 2(\bmod 7)$，故 $7\nmid(35,2^{34}-1)$.

因此，$(35,2^{34}-1)=1$，即 $n=34$ 为满足要求的最小正偶数.

15. 给定大于 1 的整数 n.证明：数列 $\{a_k\}(k=1,2,\cdots)$ 中有无穷多项为奇数，其中，$a_k=\left[\dfrac{n^k}{k}\right]$.

（第 55 届 IMO 预选题）

证明 若 n 为奇数，设 $k=n^m(m=1,2,\cdots)$，则 $a_k=n^{n^m-m}$.

这表明，对每个正整数 m，a_k 均为奇数.

若 n 为偶数，设 $n=2t(t\in\mathbf{Z}^+)$.

对每个整数 $m\geqslant 2$，由 $2^m-m>1$，知 $n^{2^m}-2^m=2^m(2^{2^m-m}t^{2^m}-1)$ 存在奇素因数 p.

故对 $k=2^m p$，有 $n^k=(n^{2^m})^p\equiv(2^m)^p\equiv(2^p)^m\equiv 2^m(\bmod p)$，其中，$2^p\equiv 2(\bmod p)$ 用到的是费马小定理.

由 $n^k-2^m<n^k<n^k+2^m(p-1)\Rightarrow\dfrac{n^k-2^m}{2^m p}<\dfrac{n^k}{k}<$

$$\frac{n^k + 2^m(p-1)}{2^m p} \Rightarrow \left[\frac{n^k}{k}\right] = \frac{n^k - 2^m}{2^m p}.$$

因为 $k > m$，所以，$\dfrac{n^k}{2^m} - 1$ 为奇数. 于是，$\dfrac{n^k - 2^m}{2^m p} = \dfrac{\dfrac{n^k}{2^m} - 1}{p}$ 为奇数.

对不同的整数 $m \geqslant 2$，由 k 的素因数分解中 2 的幂不同可得到不同的正整数 k，因此，这样的 k 有无穷多个.

16. 求所有三元数组 (p, x, y)，使得 $x^{p-1} + y$ 与 $x + y^{p-1}$ 均为 p 的幂，其中，p 为素数，x, y 为正整数.

（第 55 届 IMO 预选题）

解 $(p, x, y) \in \{(3, 2, 5), (3, 5, 2)\} \bigcup \{(2, n, 2^i - n) \mid 0 < n < 2^i\}$（$i$ 为任意正整数).

若 $p = 2$，则任意和为 2 的正整数次幂的正整数 x, y 均满足条件.

若 $p > 2$，设存在正整数 a, b，使得 $x^{p-1} + y = p^a$，$x + y^{p-1} = p^b$.

不妨设 $x \leqslant y$.

由 $p^a = x^{p-1} + y \leqslant x + y^{p-1} = p^b \Rightarrow a \leqslant b \Rightarrow p^a \mid p^b$.

由 $p^b = y^{p-1} + x = (p^a - x^{p-1})^{p-1} + x$，且 $p - 1$ 为偶数，知

$$0 \equiv x^{(p-1)^2} + x \pmod{p^a}$$

若 $p \mid x$，则由 $p \nmid (x^{(p-1)^2 - 1} + 1)$，知 $p^a \mid x$.

于是，$x \geqslant p^a > x^{p-1} \geqslant x$，矛盾. 从而，$p \nmid x$.

这表明，$p^a \mid (x^{(p-1)^2 - 1} + 1) \Rightarrow p^a \mid (x^{p(p-2)} + 1)$.

由费马小定理知 $x^{(p-1)^2} \equiv 1 \pmod{p}$. 于是，$p \mid (x + 1)$.

设 $p^r \parallel (x + 1)$（$r \in \mathbf{Z}^+$）.

由二项式定理得

$$x^{p(p-2)} = \sum_{k=0}^{p(p-2)} C_{p(p-2)}^k (-1)^{p(p-2)-k} (x+1)^k$$

除了对应着 $k = 0, 1, 2$ 的项，上述和中其他所有项均能被 p^{3r} 整除，也能被 p^{r+2} 整除.

对应着 $k = 2$ 的项为 $-\dfrac{p(p-2)(p^2 - 2p - 1)}{2}(x+1)^2$，其能被 p^{2r+1} 整除，也能被 p^{r+2} 整除；

对应着 $k = 1$ 的项为 $p(p-2)(x+1)$，其能被 p^{r+1} 整除，不能被 p^{r+2} 整除；

131

对应着 $k=0$ 的项为 -1.

这表明, $p^{r+1} \parallel (x^{p(p-2)}+1)$.

又由于 $p^a \mid (x^{p(p-2)}+1)$,则 $a \leqslant r+1$.

由 $p^r \leqslant x+1 \leqslant x^{p-1}+y=p^a \Rightarrow r \leqslant a$. 故 $a=r$ 或 $a=r+1$.

若 $a=r$,则 $x=y=1$,与 $p>2$ 矛盾. 于是, $a=r+1$.

因为 $p^r \leqslant x+1$,所以, $x=\dfrac{x^2+x}{x+1} \leqslant \dfrac{x^{p-1}+y}{x+1}=\dfrac{p^a}{x+1} \leqslant \dfrac{p^a}{p^r}=p$.

由于 $p \mid (x+1)$,则 $x+1=p$. 此时, $r=1,a=2$.

若 $p \geqslant 5$,则 $p^a=x^{p-1}+y>(p-1)^4=(p^2-2p+1)^2>(3p^2)^2>p^2=p^a$,矛盾.

因此, $p=3,x=2,y=p^a-x^{p-1}=5$.

17. 对整数 $n>1$,设 $n=p_1^{\alpha_1} p_2^{\alpha_2} \cdots p_t^{\alpha_t}$ 是 n 的标准分解式,定义

$$\omega(n)=t,\Omega(n)=\alpha_1+\alpha_2+\cdots+\alpha_t$$

是否对任意给定的正整数 k 及正实数 α,β,总存在整数 $n>1$,使得 $\dfrac{\omega(n+k)}{\omega(n)}>\alpha,\dfrac{\Omega(n+k)}{\Omega(n)}<\beta$? 证明你的结论.

(第 29 届中国数学奥林匹克)

证明 结论是肯定的.

补充定义 $\omega(1)=\Omega(1)=0$,则对任意的正整数 a,b,均有

$$\omega(ab) \leqslant \omega(a)+\omega(b) \tag{①}$$

$$\Omega(ab) \leqslant \Omega(a)+\Omega(b) \tag{②}$$

对任意给定的正整数 k 及正实数 α,β,取正整数 $m>(\omega(k)+1)\alpha$.

因为素数有无穷多个,所以,可取充分大的素数 p,使得 $\dfrac{\Omega(k)+1}{p^m}+$

$\log_p 2<\beta$,并可取 m 个大于 p 且两两不同的素数 $q_1,q_2,\cdots,q_m$.

只要证 $n=2^{q_1 q_2 \cdots q_m} k$ 满足题意.

先证明: $\dfrac{\omega(n+k)}{\omega(n)}>\alpha$.

设 $n_1=2^{q_1 q_2 \cdots q_m}+1=\dfrac{n+k}{k}$.

由 $q_1,q_2,\cdots,q_m$ 均为大于 3 的奇素数,知当 $1 \leqslant i \leqslant m$ 时, $(2^{q_i}+1) \mid n_1$.

此时,记 $d_i=\dfrac{2^{q_i}+1}{3}$,则 d_i 为大于 1 的整数,利用

$$(2^r-1,2^s-1)=2^{(r,s)}-1 \quad (r,s \in \mathbf{Z}^+) \tag{③}$$

132

并注意 $(q_i, q_j) = 1 (i \neq j)$，得

$$(d_i, d_j) = \frac{1}{3}(2^{q_i} + 1, 2^{q_j} + 1)$$

$$\leqslant \frac{1}{3}(2^{2q_i} - 1, 2^{2q_j} - 1)$$

$$= \frac{2^{(2q_i, 2q_j)} - 1}{3} = \frac{2^2 - 1}{3} = 1$$

于是，$d_1, d_2, \cdots, d_m$ 为 n_1 的 m 个两两互素且大于 1 的约数，故

$$\omega(n_1) \geqslant m$$

由式 ① 及 m 的取法，知

$$\frac{\omega(n+k)}{\omega(n)} \geqslant \frac{\omega(n_1)}{\omega(n)} \geqslant \frac{\omega(n_1)}{\omega(k)+1} \geqslant \frac{m}{\omega(k)+1} > \alpha$$

再证明：$\dfrac{\Omega(n+k)}{\Omega(n)} < \beta$.

因为 $q_1 q_2 \cdots q_m$ 是不被 3 整除的奇数，所以

$$n_1 = 2^{q_1 q_2 \cdots q_m} + 1 \equiv \pm 3 (\bmod\ 9)$$

故 $3 \parallel n_1$.

假设 $\dfrac{n_1}{3}$ 存在一个素因子 $q \leqslant p$，则

$$2^{2q_1 q_2 \cdots q_m} - 1 = (2^{q_1 q_2 \cdots q_m} - 1)n_1 \equiv 0 (\bmod\ q)$$

由费马小定理，知

$$2^{q-1} \equiv 1 (\bmod\ q)$$

从而，由式 ③ 并结合上式知

$$q \mid (2^{(2q_1 q_2 \cdots q_m, q-1)} - 1)$$

又 $q - 1 < p < q_i (i = 1, 2, \cdots, m)$，故

$$(q-1, 2q_1 q_2 \cdots q_m) = (q-1, 2) \leqslant 2$$

这样必有 $q \mid (2^2 - 1)$，得 $q = 3$，但 $\dfrac{n_1}{3}$ 不为 3 的倍数，矛盾.

则 $\dfrac{n_1}{3}$ 的素因子均大于 p. 于是

$$\frac{n_1}{3} > p^{\Omega\left(\frac{n_1}{3}\right)}$$

从而，根据式 ② 知

$$\Omega(n+k) = \Omega(k) + \Omega(3) + \Omega\left(\frac{n_1}{3}\right) < \Omega(k) + 1 + \log_p \frac{n_1}{3}$$

$$< \Omega(k) + 1 + \log_p(n_1 - 1)$$
$$= \Omega(k) + 1 + q_1 q_2 \cdots q_m \log_p 2$$

由素数 p 及 $q_1 q_2 \cdots q_m$ 的取法知

$$\frac{\Omega(n+k)}{\Omega(n)} < \frac{\Omega(k) + 1 + q_1 q_2 \cdots q_m \log_p 2}{q_1 q_2 \cdots q_m} < \frac{\Omega(k) + 1}{p^m} + \log_p 2 < \beta$$

18. 设 k 为任意正整数,若对于所有正整数 $m, n (m \neq n)$,均有 $(f(m) + n, f(n) + m) \leqslant k$,则称函数 $f: \mathbf{Z}^+ \to \mathbf{Z}^+$ 为"k— 好的",求所有的正整数 k,使得存在一个"k— 好的"函数.

(第 56 届 IMO 预选题)

解 $k \geqslant 2$.

对于任意函数 $f: \mathbf{Z}^+ \to \mathbf{Z}^+$,设 $G_f(m, n) = (f(m) + n, f(n) + m)$.

对于任意正整数 k,一个"k— 好的"函数也是"$(k+1)$— 好的"函数,于是,只要证明不存在"1— 好的"函数,存在"2— 好的"函数.

先证明:不存在"1— 好的"函数.

假设存在函数 f,使得对于所有正整数 $m, n (m \neq n)$,均有 $G_f(m, n) = 1$.若存在两个不同的偶数 m, n,使得 $f(m), f(n)$ 均为偶数,则 $2 \mid G_f(m, n)$,矛盾.类似地,若存在两个不同的奇数 m, n,使得 $f(m), f(n)$ 均为奇数,则 $2 \mid G_f(m, n)$,矛盾.否则,存在偶数 m 和奇数 n,使得 $f(m)$ 为奇数,$f(n)$ 为偶数,则 $2 \mid G_f(m, n)$,矛盾.

其次,构造一个"2— 好的"函数.

定义 $f(n) = 2^{g(n)+1} - n - 1$,其中,函数 g 满足

$$g(1) = 1, g(n+1) = (2^{g(n)+1})! \quad (n \in \mathbf{Z}^+)$$

对于任意正整数 $m, n (m > n)$,设

$$A = f(m) + n = 2^{g(m)+1} - m + n - 1$$
$$B = f(n) + m = 2^{g(n)+1} - n + m - 1$$

只要证明:$(A, B) \leqslant 2$.

由 $A + B = 2^{g(m)+1} + 2^{g(n)+1} - 2$ 不能被 4 整除,知 $4 \nmid (A, B)$.若存在奇素数 p,使得 $p \mid (A, B)$,接下来的目标是推出矛盾.

对每个正整数 k,由 $g(k+1) > g(k)$,则

$$2^{g(k+1)+1} \geqslant 2^{g(k)+1} + 1$$

反复应用此不等式得

$$2^{g(m-1)+1} \geqslant 2^{g(n)+1} + (m-1) - n = B$$

因为 $p \mid B$,所以

$$p-1 < B \leqslant 2^{g(m-1)+1} \Rightarrow (p-1) \mid (2^{g(m-1)+1})! \Rightarrow (p-1) \mid g(m)$$

由费马小定理,知

$$2^{g(m)} \equiv 1 \pmod{p} \Rightarrow A+B \equiv 2^{g(n)+1} \pmod{p}$$

由 $p \mid (A+B) \Rightarrow p=2$,矛盾.

19. 设 $x,y \in \mathbf{Z}^+$. 若对于每个正整数 n,均有 $(2^n y+1) \mid (x^{2^n}-1)$,证明:$x=1$.

(第 53 届 IMO 预选题)

证明 先证明:对于每个正整数 y,存在无穷多个素数 $p \equiv 3 \pmod 4$,使得 p 整除某个形如 $2^n y+1$ 的整数.

只需考虑 y 为奇数的情况.

设 $2y+1 = p_1^{e_1} p_2^{e_2} \cdots p_r^{e_r}$ 为 $2y+1$ 的素因数分解. 假设结论不成立,则只有有限个模余 3 的素数 $p_{r+1}, p_{r+2}, \cdots, p_{r+s}$ 整除某个形如 $2^n y+1$ 的整数,但不整除 $2y+1$.

接下来寻找正整数 n,使得对 $i(1 \leqslant i \leqslant r)$ 有 $p_i^{e_i} \parallel (2^n y+1)$;对 $i(r+1 \leqslant i \leqslant r+s)$ 有 $p_i \nmid (2^n y+1)$.

取 $n = 1 + \varphi(p_1^{e_1+1} p_2^{e_2+1} \cdots p_r^{e_r+1} p_{r+1} p_{r+2} \cdots p_{r+s})$.

由欧拉定理,知

$$2^{n-1} \equiv 1 \pmod{p_1^{e_1+1} p_2^{e_2+1} \cdots p_r^{e_r+1} p_{r+1} p_{r+2} \cdots p_{r+s}}$$

故

$$2^n y+1 = 2y+1 \pmod{p_1^{e_1+1} p_2^{e_2+1} \cdots p_r^{e_r+1} p_{r+1} p_{r+2} \cdots p_{r+s}}$$

这表明,$p_1^{e_1} p_2^{e_2} \cdots p_r^{e_r}$ 恰整除 $2^n y+1$,且 $p_{r+1}, p_{r+2}, \cdots, p_{r+s}$ 均不整除 $2^n y+1$. 于是,$2^n y+1$ 的素因数分解中包含素数的幂 $p_1^{e_1}, p_2^{e_2}, \cdots, p_r^{e_r}$ 及模 4 余 1 的素数的幂.

因为 y 是奇数,所以

$$2^n y+1 \equiv p_1^{e_1} p_2^{e_2} \cdots p_r^{e_r} \equiv 2y+1 \equiv 3 \pmod 4$$

又 $n>1$,则 $2^n y+1 \equiv 1 \pmod 4$,矛盾.

最后考虑原问题.

若 p 为 $2^n y+1$ 的一个素因数,则 $x^{2^n} \equiv 1 \pmod p$.

由费马小定理,知 $x^{p-1} \equiv 1 \pmod p$.

设 $d=(2^n, p-1)$,则对于 $p \equiv 3 \pmod 4$,有 $(2^n, p-1)=2$. 于是,$x^2 \equiv 1 \pmod p$. 这只可能在 $x=1$ 时成立. 否则,x^2-1 是一个有无穷多个素因数的正整数,这是不可能的.

20. 设 p 为奇素数，$a_1, a_2, \cdots, a_p$ 为整数，证明以下两个命题等价：

(1) 存在一个次数不超过 $\dfrac{p-1}{2}$ 的整系数多项式 $f(x)$，使得对于每个不超过 p 的正整数 i，均有 $f(i) \equiv a_i \pmod{p}$；

(2) 对于每个不超过 $\dfrac{p-1}{2}$ 的正整数 d，均有 $\displaystyle\sum_{i=1}^{p}(a_{i+d}-a_i)^2 \equiv 0 \pmod{p}$（下标按模 p 理解，即 $a_{p+n}=a_n$）。

（第 31 届中国数学奥林匹克）

证明　先给出五个引理．

引理 1　定义多项式 f 的差分为 $\Delta f = \Delta f(x) = f(x+1) - f(x)$．
各阶差分为：$\Delta^0 f = f$，$\Delta^1 f = \Delta f$，$\Delta^n f = \Delta(\Delta^{n-1}f)(n=2,3,\cdots)$．
若 $\deg f \geqslant 1$，则 $\deg \Delta f = \deg f - 1$；若 $\deg f = 0$，则 Δf 为零多项式．

为方便起见，约定零多项式的次数为 0，则总有 $\deg \Delta f \leqslant \deg f$．
另外，Δf 的首项系数等于 f 的首项系数乘以 $\deg f$．

引理 2　对于正整数 n，有 $f(x+n) = \displaystyle\sum_{i=0}^{n} C_n^i \Delta^i f(x)$．

对 n 用数学归纳法即证．

引理 3　设 f 为整系数多项式，对于每个整数 d，定义

$$T_d = \sum_{x=1}^{p}(f(x+d)-f(x))^2$$

则 $T_0 = 0$，且 $T_{p-d} \equiv T_d \equiv T_{p+d} \pmod{p}$．

又对于每个正整数 i，定义 $S_i = \displaystyle\sum_{x=1}^{p}(\Delta^i f(x))f(x)$，则在模 p 的意义下可用 $S_1, S_2, \cdots$ 来表示 T_d，且 $T_d \equiv -2 \displaystyle\sum_{i=1}^{d} C_d^i S_i \pmod{p}$．

引理 3 的证明　事实上

$$T_d = \sum_{x=1}^{p} f^2(x+d) + \sum_{x=1}^{p} f^2(x) - 2\sum_{x=1}^{p} f(x+d)f(x)$$

$$\equiv 2\sum_{x=1}^{p} f^2(x) - 2\sum_{x=1}^{p} f(x+d)f(x)$$

$$= -2\sum_{x=1}^{p}(f(x+d)-f(x))f(x)$$

136

$$= -2 \sum_{x=1}^{p} \left(\sum_{i=0}^{d} \mathrm{C}_d^i \Delta^i f(x) - f(x) \right) f(x)$$

$$= -2 \sum_{x=1}^{p} \sum_{i=1}^{d} \mathrm{C}_d^i (\Delta^i f(x)) f(x)$$

$$= -2 \sum_{i=1}^{d} \left(\mathrm{C}_d^i \left(\sum_{x=1}^{p} (\Delta^i f(x)) f(x) \right) \right)$$

$$\equiv -2 \sum_{i=1}^{d} \mathrm{C}_d^i S_i \,(\mathrm{mod}\ p)$$

引理 4　$\displaystyle\sum_{x=1}^{p} x^k \equiv \begin{cases} 0(\mathrm{mod}\ p), k=0,1,\cdots,p-2 \\ -1(\mathrm{mod}\ p), k=p-1 \end{cases}$.

引理 4 的证明　当 $k=0$ 时，$\displaystyle\sum_{x=1}^{p} x^0 = p$；

当 $k=p-1$ 时，由费马小定理得

$$\sum_{x=1}^{p} x^{p-1} \equiv \sum_{x=1}^{p-1} x^{p-1} \equiv \sum_{x=1}^{p-1} 1 \equiv -1(\mathrm{mod}\ p)$$

当 $1 \leqslant k \leqslant p-2$ 时，至多有 k 个 $x \in \{1,2,\cdots,p\}$ 满足 $x^k - 1 \equiv 0(\mathrm{mod}\ p)$，故存在 $a \in \{1,2,\cdots,p-1\}$，使得 $a^k - 1 \not\equiv 0(\mathrm{mod}\ p)$.

注意到，$a \cdot 1, a \cdot 2, \cdots, a \cdot p$ 模 p 的余数遍历 $1,2,\cdots,p$，则

$$\sum_{x=1}^{p} x^k \equiv \sum_{x=1}^{p} (ax)^k \equiv a^k \sum_{x=1}^{p} x^k (\mathrm{mod}\ p)$$

故此时有

$$\sum_{x=1}^{p} x^k \equiv 0(\mathrm{mod}\ p)$$

引理 5　由引理 4，对于整系数多项式

$$g(x) = B_{p-1} x^{p-1} + \cdots + B_1 x + B_0$$

有

$$\sum_{x=1}^{p} g(x) \equiv -B_{p-1}(\mathrm{mod}\ p)$$

特别地，若 $\deg g \leqslant p-2$，则 $\displaystyle\sum_{x=1}^{p} g(x) \equiv 0(\mathrm{mod}\ p)$.

引理 $1 \sim 5$ 得证.

先设(1)成立，$f(x)$ 满足(1)中的条件，下面证明(2)成立.

当 $\deg f = 0$ 时，$T_d = 0$.

当 $1 \leqslant \deg f \leqslant \dfrac{p-1}{2}$ 时，对于正整数 i，有

$$\deg((\Delta^i f)f) \leqslant 2\deg f - 1 \leqslant p - 2$$

由引理 5,得

$$S_i = \sum_{x=1}^{p}(\Delta^i f(x))f(x) \equiv 0 \pmod{p}$$

再根据引理 3,知 $T_d \equiv 0 \pmod{p}$.

从而,(2) 成立.

以下设(2) 成立,证明(1) 成立.

对于每个 $i \in \{1,2,\cdots,p\}$,取整数 λ_i,使得 $\lambda_i \prod\limits_{\substack{1 \leqslant j \leqslant p \\ j \neq i}}(i-j) \equiv 1 \pmod{p}$.

令 $f(x) \equiv \sum\limits_{i=1}^{p}(a_i\lambda_i \prod\limits_{\substack{1 \leqslant j \leqslant p \\ j \neq i}}(i-j)) \pmod{p}$,其中,$f$ 的首项系数不

为 p 的倍数,除非 f 为零多项式.

显然,f 为次数不超过 $p-1$ 的整系数多项式,且

$$f(i) \equiv a_i \pmod{p} \quad (i=1,2,\cdots,p)$$

设 f 不为零多项式,记

$$f(x) = \sum_{i=0}^{m} B_i x^i \quad (B_m \not\equiv 0 \pmod{p})$$

用反证法证明:$m \leqslant \dfrac{p-1}{2}$.

假设 $m > \dfrac{p-1}{2}$.

当 $d = 1,2,\cdots,\dfrac{p-1}{2}$ 时,有

$$\begin{aligned}
T_d &= \sum_{x=1}^{p}(f(x+d)-f(x))^2 \\
&\equiv \sum_{i=1}^{p}(a_{i+d}-a_i)^2 \\
&\equiv 0 \pmod{p}
\end{aligned}$$

再由引理 3,得

$$\sum_{i=0}^{d} C_d^i S_i \equiv 0 \pmod{p}$$

取 $d=1$,知 $S_1 \equiv 0 \pmod{p}$. 由此及 $S_d \equiv -\sum\limits_{i=1}^{d-1} C_d^i S_i \equiv 0 \pmod{p}$,

知对于每个正整数 i,均有 $S_i \equiv 0 \pmod{p}$.

令 $k = 2m - (p-1)$,则另一方面,$0 < k \leqslant m$.

138

由引理 1，知 $\Delta^k f$ 的次数为 $m-k$，首项系数为 $m(m-1)\cdots(m-k+1)B_m$.

则 $(\Delta^k f)f$ 的次数为 $(m-k)+m=p-1$，首项系数为 $m(m-1)\cdots(m-k+1)B_m^2$.

利用引理 5，得

$$S_k=\sum_{x=1}^{p}(\Delta^k f(x))f(x)\equiv-m(m-1)\cdots(m-k+1)B_m^2\not\equiv 0(\bmod\ p)$$

这与前述所有 $S_i\equiv 0(\bmod\ p)$ 矛盾.

从而，$\deg f=m\leqslant\dfrac{p-1}{2}$. 因此，$(1)$ 成立.

综上，(1) 与 (2) 等价.

在本书的 $\S 15$ "每一个形如 $4k+1,4k+3$ 和 $6k+5$ 的数都有无穷多个质数的定理的证明" 这一节中介绍了所谓狄利克雷定理.

这个定理显然在国内的数学奥林匹克竞赛大纲中没被列入，但在奥数圈内早已成为了一个人尽皆知，应用起来得心应手的定理了.

还是举几个数学奥林匹克竞赛例子加以说明：

（Dan Schwarz 的数学问题（冷岗松））

问题 1（RomTST, 2007） 求所有多项式 $f(x)\in\mathbf{Z}[x]$，使得满足：存在正整数 N 使得对任何素数 $p>N$，$|f(p)|$ 也是素数.

（Dan Schwarz）

解 若满足要求的正整数 N 存在，取素数 $p>N$，这时 $|f(p)|=q$ 也是素数.

如果 $q\neq p$，则由狄利克雷定理知，等差数列 $\{p+mq\}_{m=0}^{\infty}$ 中包含无穷多个素数，即存在无穷子序列 $\{p+m_i q\}_{i=0}^{\infty}$，其中每一项均为素数. 注意到 $p+m_i q>N$，所以 $f(p+m_i q)$ 也是素数. 又

$$f(p+m_i q)\equiv f(p)\equiv 0(\bmod\ q)$$

故必须 $|f(p+m_i q)|=q$ 对所有 $m_i(i=0,1,2,\cdots)$ 都成立. 因此，多项式 $f(x)$ 一定是常数，即 $f(x)=\pm q$. 反过来，形如 $f(x)=c$（c 为素数）的函数均满足要求.

如果对所有的 $p>N$ 都有 $|f(p)|=p$，则 $f(x)$ 一定是 $f(x)=\pm x$.

综上，满足要求的多项式 $f(x)$ 是 $f(x)=c$，其中 c 为素数和一次多

项式 $f(x) = \pm x$.

上面的巧妙解答（源于罗马尼亚的几位参赛学生）中用到了著名的狄利克雷定理：

一个首项和公差都是整数的等差数列中一定存在无穷多个与首项和公差都互素的素数.

Dan Schwarz 提供的另一个问题也与该定理的应用相关，这就是 2008 年罗马尼亚大师杯的试题：

给定整数 $a > 1$，证明：对任何正整数 N，序列 $a_n = \left\lfloor \dfrac{a^n}{n} \right\rfloor (n = 1, 2, \cdots)$ 一定包含 N 的一个倍数.

问题 2 是否存在正整数列 $\{a_n\} (n \geqslant 1)$，满足：

(1) 对于任意的 $n \in \mathbf{Z}^+$，均有 $(a_n^3 + 2\,014)^2 \mid (a_{n+1}^3 + 2\,014)$；

(2) 存在两个互素的正整数 a, b，使得对于任意 $ak + b$ 形式的素数 p，数列 $\{\mathrm{ord}_p(a_n)\} (n \geqslant 1)$ 无界.

(2014，第 22 届朝鲜数学奥林匹克)

解 存在满足条件的数列.

先证明一个引理.

引理 存在两个互素正整数 a, b，对于任意 $ak + b$ 形式的素数 p，没有整数 x 满足 $p \mid (x^2 + 2\,014)$.

证明 设 $a = 8 \times 19 \times 53$.

根据中国剩余定理，知存在唯一的 b，满足

$b \equiv 1 (\mathrm{mod}\ 8), b \equiv -1 (\mathrm{mod}\ 19), b \equiv 1 (\mathrm{mod}\ 53), a < b \leqslant 2a$

再根据狄利克雷定理，知存在无限个 $ak + b$ 形式的素数 $p_1 < p_2 < \cdots < p_s < \cdots$.

显然，$p_1 > 2\,014$. 任取 $p \in \{p_i\} (i = 1, 2, \cdots)$，则

$$(p, 2\,014) = 1$$

由 $p \equiv 1 (\mathrm{mod}\ 8)$，知

$$\left(\frac{-1}{p}\right) = \left(\frac{2}{p}\right) = 1$$

由 $\left(\dfrac{19}{p}\right)\left(\dfrac{p}{19}\right) = (-1)^{\frac{19-1}{2} \cdot \frac{p-1}{2}} = 1$，知

$$\left(\frac{19}{p}\right) = \left(\frac{p}{19}\right) = \left(\frac{-1}{19}\right) = -1$$

类似地

$$\left(\frac{53}{p}\right)=1$$

故

$$\left(\frac{-2\,014}{p}\right)=\left(\frac{-1}{p}\right)\left(\frac{2}{p}\right)\left(\frac{19}{p}\right)\left(\frac{53}{p}\right)=-1$$

引理得证.

设 $a_n=b_n^2$. 下面证明存在数列 $\{b_n\}(n\geqslant 1)$ 满足：

(i) 对于任意的 $n\in \mathbf{Z}^+$，均有 $(b_n^6+2\,014)^2\mid(b_{n+1}^6+2\,014)$；

(i) 对于任意的 $p\in\{p_i\}(i=1,2,\cdots)$，数列 $\{\mathrm{ord}_p(b_n)\}(n\geqslant 1)$ 无界.

事实上，用数学归纳法依次构造：

令

$$b_1=p_1,t=p_1p_2\cdots p_{n+1}$$

$$\begin{cases} b_{n+1}\equiv b_1(\mathrm{mod}\,2\,014) \\ (b_n^6+2\,014)^2\mid(b_{n+1}^6+2\,014) \\ t^{n+1}\mid b_{n+1} \end{cases}$$

由 $(b_n^6+2\,014,t)=1,(6b_n^5,b_n^6+2\,014)=1$，可取正整数 s_n，满足

$$\begin{cases} s_n\equiv -b_n\cdot\dfrac{1}{b_n^6+2\,014}(\mathrm{mod}\,t^{n+1}) \\ s_n\equiv -\dfrac{1}{6b_n^5}(\mathrm{mod}\,b_n^6+2\,014) \\ s_n\equiv 0(\mathrm{mod}\,2\,014) \end{cases}$$

由中国剩余定理，可设

$$b_{n+1}=b_n+s_n(b_n^6+2\,014)$$

由二项式定理展开得

$$b_{n+1}^6+2\,014\equiv(b_n^6+2\,014)+6b_n^5 s_n(b_n^6+2\,014)$$
$$=(b_n^6+2\,014)(1+6b_n^5 s_n)$$
$$\equiv 0(\mathrm{mod}(b_n^6+2\,014)^2)$$

另一结论由 s_n 的定义易证.

问题 3 对于正整数集的任意一个有限子集 A，是否存在一个素数 p，使得对于任意的 $a\in A$，均存在一个正整数 x 满足 $p\mid(x^2-a)$，且 $p\nmid x$？

（2014，第 54 届乌克兰数学奥林匹克）

解 存在.

设 T 为所有子集 A 中元素的素因子构成的集合. 因为集合 A 是有限集, 所以集合 T 也为有限集.

由狄利克雷定理, 知存在素数 p 满足 $p = k(4 \prod_{q \in T} q) + 1$.

下面证明: 这样的 p 满足题意.

由 p 的定义, 可证明对于任意的 $q \in T$, 其勒让德符号 $\left(\dfrac{q}{p}\right) = \left(\dfrac{p}{q}\right) = \left(\dfrac{1}{q}\right) = 1$.

显然, $p \equiv 1 \pmod 4$, 故由高斯互反律, 知 $p \mid (x^2 - a)$ 成立. 从而, 集合 T 中的所有素数均为模 p 的二次剩余, 而集合 A 中的任意一个元素均可以分解为集合 T 中元素的乘积, 因此, 也为模 p 的二次剩余, 即结论成立.

问题 4 求满足下述性质的所有次数为奇数 d 的整系数多项式 $P(x)$: 对每个正整数 n, 存在 n 个不同的正整数 $x_1, x_2, \cdots, x_n$, 使得对于每对下标 i, j $(1 \leqslant i, j \leqslant n)$, 均有 $\dfrac{1}{2} < \dfrac{P(x_i)}{P(x_j)} < 2$, 且 $\dfrac{P(x_i)}{P(x_j)}$ 为有理数的 d 次幂.

(第 57 届 IMO 预选题)

解 $P(x) = a(rx + s)^d$ $(a, r, s \in \mathbf{Z}, 且 a \neq 0, r \geqslant 1, (r, s) = 1)$

设 $$P(x) = \sum_{i=0}^{d} a_i x^i, \quad y = d a_d x + a_{d-1}$$

定义 $Q(y) = P(x)$, 则 Q 为有理系数多项式, 且不含 y^{d-1} 这一项.

设 $$Q(y) = b_d y^d + \sum_{i=0}^{d-2} b_i y^i, \quad B = \max_{0 \leqslant i \leqslant d}\{ |b_i| \} \quad (b_{d-1} = 0)$$

则条件化为对于每个正整数 n, 存在 n 个正整数 $y_1, y_2, \cdots, y_n$, 使得对于每对下标 i, j $(1 \leqslant i, j \leqslant n)$, 均有 $\dfrac{1}{2} < \dfrac{Q(y_i)}{Q(y_j)} < 2$, 且 $\dfrac{Q(y_i)}{Q(y_j)}$ 为有理数的 d 次幂.

因为 n 可以任意大, 所以, 可假设所有的 x_i, 进而, 所有的 y_i 为比下面的某个常数的绝对值大的整数.

又 d 为奇数, 则由狄利克雷定理, 知存在一个足够大的素数 p, 使得 $p \equiv 2 \pmod d$.

特别地, 有 $$(p - 1, d) = 1$$

142

对于这个固定的 p,选择的 n 足够大.

由抽屉原理,知在 $y_1, y_2, \cdots, y_n$ 中一定有 $d+1$ 个数模 p 同余.不失一般性,假设对于 $1 \leqslant i, j \leqslant d+1$,有 $y_i \equiv y_j (\bmod\ p)$.

证明一个引理.

引理 对于所有的 $i(2 \leqslant i \leqslant d+1)$,均有 $\dfrac{Q(y_i)}{Q(y_1)} = \dfrac{y_i^d}{y_1^d}$.

证明 设

$$\frac{Q(y_i)}{Q(y_1)} = \frac{l^d}{m^d} \quad (l, m \in \mathbf{Z}, 且\ (l, m) = 1)$$

则可将其改写为

$$b_d(m^d y_i^d - l^d y_1^d) = -\sum_{j=0}^{d-2} b_j(m^d y_i^j - l^d y_1^j) \qquad ①$$

设 c 为有理系数多项式 Q 所有系数的分母的公倍数,则对于所有整数 $k, cQ(k)$ 为整数.

因为 c 只依赖于多项式 P,所以,可假设 $(p, c) = 1$.

由 $y_1 \equiv y_i (\bmod\ p)$,知

$$cQ(y_1) \equiv cQ(y_i)(\bmod\ p)$$

分情况讨论.

(1) 若 $p \mid cQ(y_1)$.

此时,$\dfrac{cQ(y_i)}{cQ(y_1)}$ 的分子、分母有公约数,则

$$m^d \leqslant p^{-1} \mid cQ(y_1) \mid$$

由于 y_1 比较大,则

$$\mid Q(y_1) \mid < 2By_1^d$$

故

$$m \leqslant p^{-\frac{1}{d}} (2cB)^{\frac{1}{d}} y_1 \qquad ②$$

由于 y_1, y_i 比较大,则

$$\frac{1}{2} < \frac{Q(y_i)}{Q(y_1)} < 2 \Rightarrow \frac{1}{3} < \frac{y_i^d}{y_1^d} < 3 \qquad ③$$

且

$$\frac{1}{2} < \frac{l^d}{m^d} < 2 \qquad ④$$

式 ① 的左边为

$$b_d(my_i - ly_1)\sum_{j=0}^{d-1} m^i y_i^j (ly_1)^{d-1-j}$$

若 $my_i - ly_1 \neq 0$,则上式的绝对值至少为 $|b_d| m^{d-1} y_i^{d-1}$.

但由式 ③④②,可得式 ① 的右边的绝对值最多为

$$\sum_{j=0}^{d-2} B(m^d y_i^j + l^d y_1^j) \leqslant (d-1)B(m^d y_i^{d-2} + l^d y_1^{d-2})$$

$$\leqslant (d-1)B \cdot 7m^d y_i^{d-2}$$

$$\leqslant 7(d-1)Bp^{-\frac{1}{d}}(2cB)^{\frac{1}{d}} y_1 m^{d-1} y_i^{d-2}$$

$$\leqslant 21(d-1)Bp^{-\frac{1}{d}} m^{d-1} y_i^{d-1}$$

则

$$|b_d| m^{d-1} y_i^{d-1} \leqslant 21(d-1)Bp^{-\frac{1}{d}}(2cB)^{\frac{1}{d}} m^{d-1} y_i^{d-1}$$

由于 p 足够大,b_d,B,c,d 仅依赖于多项式 P,矛盾.

因此

$$my_i - ly_i = 0$$

(2) 若 $(p,cQ(y_1)) = 1$.

由 $cQ(y_1) = cQ(y_i) \pmod{p} \Rightarrow l^d \equiv m^d \pmod{p}$.

注意到,$(p-1,d) = 1$.

由费马小定理,知 $l \equiv m \pmod{p}$.于是

$$p \mid (my_i - ly_1).$$

若 $my_i - ly_1 \neq 0$,则式 ① 的左边的绝对值至少为 $|b_d| pm^{d-1} y_i^{d-1}$.

类似于 (1), 式 ① 的右边的绝对值最多为 $21(d-1)B(2cB)^{\frac{1}{d}} m^{d-1} y_i^{d-1}$.

由于 p 足够大,式 ① 不可能成立.

因此

$$my_i - ly_1 = 0$$

两种情况均有

$$\frac{Q(y_i)}{Q(y_1)} = \frac{l^d}{m^d} = \frac{y_i^d}{y_1^d}$$

引理得证.

由引理,知多项式 $Q(y_1)y^d - y_1^d Q(y)$ 有 $d+1$ 个不同的根 $y = y_1,$ $y_2,\cdots,y_{d+1}$.

因为这个多项式的次数最多是 d,所以,其一定为零多项式.

144

于是,$Q(y) = b_d y^d$. 这表明,$P(x) = a_d (x + \frac{a_{d-1}}{d a_d})^d$.

设 $\frac{a_{d-1}}{d a_d} = \frac{s}{r}(r, s$ 为整数,且 $r \geqslant 1, (r, s) = 1)$.

因为 P 是整系数多项式,所以,$r^d \mid a_d$.

设 $a_d = r^d a$,则 $P(x) = a(rx + s)^d$,且满足条件.

本书 §21 是二次剩余,也称平方剩余,这是初等数论中第一个大量出现深刻结果的富矿. 许多大家挖掘起来都乐此不疲,流连忘返. 在国内中学生视野中较早出现的是 1994 年. 华中师大数学系的徐胜林教授在 2002 年第 5 期《数学通讯》发表的一篇题为:平方剩余的一个应用中介绍:

本刊 1994 年"问题征解"第 139 题(黑龙江曹珍富提供)为:设 $p \equiv 1 (\bmod 4)$ 是素数,计算

$$\sum_{k=1}^{\infty} \left\{ \frac{k^2}{p} \right\}$$

这里 $\{x\} = x - [x]$ 表示 x 的小数部分.

本文利用平方剩余的有关知识,给出了该问题的一种解答,并介绍平方剩余的一些应用,首先给出一个定义:

定义 当 $\{a, p\} = 1$ 时,如果同余式 $x^2 = a(\bmod p)$ 有解,则称 a 是模 p 的平方剩余;若无解,则称 a 是模 p 的平方非剩余.

由数论知识,下列引理成立.

引理 1 (欧拉判别条件)设 p 是奇素数,$(a, p) = 1$,则 a 是模 p 的平方剩余的充要条件是

$$a^{\frac{p-1}{2}} = 1 (\bmod p)$$

a 是模 p 的平方非剩余的充要条件是

$$a^{\frac{p-1}{2}} = 4 (\bmod p)$$

引理 2 在奇素数模 p 的简化剩余系中,有 $\frac{p-1}{2}$ 个平方剩余,$\frac{p-1}{2}$ 个平方非剩余,且平方剩余必与下列各数之一关于模 p 同余

$$1^2, 2^2, \cdots, \left(\frac{p-1}{2} \right)^2$$

定理 1 设 $p \equiv 1 (\bmod 4)$ 是素数,a 是模 p 的平方剩余,则 $-a$ 也

是模 p 的平方剩余.

证明 因为 $p \equiv 1 (\bmod\ 4)$,不妨设 $p = 4m + 1, m \in \mathbf{N}$,已知 a 是模 p 的平方剩余,由引理 1 知

$$a^{\frac{p-1}{2}} \equiv 1 (\bmod\ p)$$

即

$$a^{2m} \equiv 1 (\bmod\ p)$$

从而有

$$(-a)^{2m} \equiv 1 (\bmod\ p)$$

即

$$(-a)^{\frac{p-1}{2}} \equiv 1 (\bmod\ p)$$

若由引理 1 知,$-a$ 也是模 p 的平方剩余.

定理 2 设 $p \equiv 1 (\bmod\ 4)$ 是素数,记 $A = \{1, 2, \cdots, \frac{p-1}{2}\}$,则在 A 中任取一元素 a,必可在 A 中找到唯一一个异于 a 的元素 b,使得

$$a^2 + b^2 \equiv 0 (\bmod\ p)$$

证明 任取 $a \in A$,设 $a^2 \equiv m (\bmod\ p)$.

因为 p 是素数,显然 $m \neq 0 (\bmod\ p)$,可令 $1 \leqslant m \leqslant p - 1$,则 $(m, p) = 1$,且可知 m 是模 p 的平方剩余.

又因为 $p \equiv 1 (\bmod\ 4)$,由定理 1 可知,$-m$ 也是模 p 的平方剩余.

由引理 2 知,$-m$ 必与下列各数之一关于模 p 同余

$$1^2, 2^2, \cdots, \left(\frac{p-1}{2}\right)^2$$

不妨设 $b^2 \equiv -m (\bmod\ p)$,则

$$b \in A$$

且有

$$a^2 + b^2 = m + (-m) = 0 (\bmod\ p)$$

其中 $b \neq a$,否则若 $b = a$,则有

$$m = a^2 = b^2 = -m (\bmod\ p)$$

从而可得 $m = 0 (\bmod\ p)$,这与 $1 \leqslant m \leqslant p - 1$,矛盾.

下证唯一性,若又有 $c \in A$,使得 $a^2 + c^2 = 0 (\bmod\ p)$,则

$$a^2 + b^2 \equiv a^2 + c^2 (\bmod\ p)$$

从而有

$$(b + c)(b - c) \equiv 0 (\bmod\ p)$$

146

考虑到 $b \in A, c \in A$. 显然

$$b + c \not\equiv 0 (\bmod\ p)$$

所以应有

$$b - c \equiv 0 (\bmod\ p)$$

即

$$b \equiv c (\bmod\ p)$$

又由于 $b \in A, c \in A$, 所以 $b = c$, 即满足条件的 b 是唯一的.

定理 3　设 $p \equiv 1 (\bmod\ 4)$ 是素数, 记

$$B = \left\{ \frac{p+1}{2}, \frac{p+3}{2}, \cdots, p-1 \right\}$$

则在 B 中任取一元素 c, 必可在 B 中找到唯一一个异于 c 的元素 d, 使得

$$c^2 + d^2 \equiv 0 (\bmod\ p)$$

证明　对于任意的 $c \in B$, 必存在 $a \in A$. 使得 $c = p - a$, 从而

$$c^2 \equiv a^2 (\bmod\ p)$$

由定理 2 知, 存在唯一的一个 $b \in A$, 使得

$$a^2 + b^2 = 0 (\bmod\ p)$$

令 $d = p - b$, 则 $d \in B$ 且 $d^2 \equiv b^2 (\bmod\ p)$, 所以有

$$c^2 + d^2 \equiv a^2 + b^2 \equiv 0 (\bmod\ p)$$

推论　可将 A (或 B) 中的元素两两一组分成 $\frac{p-1}{4}$ 组, 使得每一组的两元素 a_i, b_i 满足

$$a_i^2 + b_i^2 \equiv 0 (\bmod\ p) \quad (i = 1, 2, \cdots, \frac{p-1}{4})$$

且分法唯一, 下面介绍以下结论的一些应用.

例 1　本刊 1994 年第 9 期问题征解第 139 题 (题目见前文).

解　记

$$A = \left\{ 1, 2, \cdots, \frac{p-1}{2} \right\}$$

将 A 中元素按上述方法分组, 则对于每一组中的两数 a_i 和 b_i, 均有

$$a_i^2 + b_i^2 \equiv 0 (\bmod\ p), i = 1, 2, \cdots, \frac{p-1}{4}$$

从而有

$$\left[\frac{a_i^2 + b_i^2}{p} \right] = \frac{a_i^2 + b_i^2}{p} = \frac{a_i^2}{p} + \frac{b_i^2}{p}$$

147

$$= \left[\frac{a_i^2}{p}\right] + \left[\frac{b_i^2}{p}\right] + \left\{\frac{a_i^2}{p}\right\} + \left\{\frac{b_i^2}{p}\right\}$$

所以

$$\left\{\frac{a_i^2}{p}\right\} + \left\{\frac{b_i^2}{p}\right\} = 0$$

或

$$\left\{\frac{a_i^2}{p}\right\} + \left\{\frac{b_i^2}{p}\right\} = 1$$

但是 $a_i \in A, b_i \in A, a_i^2 \not\equiv 0 \pmod{p}, b_i^2 \not\equiv 0 \pmod{p}$，所以 $\left\{\frac{a_i^2}{p}\right\} + \left\{\frac{b_i^2}{p}\right\} \neq 0$，即必有

$$\left\{\frac{a_i^2}{p}\right\} + \left\{\frac{b_i^2}{p}\right\} = 1$$

从而可得

$$\sum_{k=1}^{\frac{p-1}{2}} \left\{\frac{k^2}{p}\right\} = \sum_{i=1}^{\frac{p-1}{4}} \left\{ \left\{\frac{a_i^2}{p}\right\} + \left\{\frac{b_i^2}{p}\right\} \right\} = \sum_{l=1}^{\frac{p-1}{4}} 1 = \frac{p-1}{4}$$

例 2 设 $p \equiv 1 \pmod{4}$ 是素数，计算 $\sum_{k=1}^{p-1} \left[\frac{k^2}{p}\right]$．其中 $[a]$ 表示 a 的整数部分．

解 首先，类似例 1，可求得

$$\sum_{k=\frac{p+1}{2}}^{p-1} \left\{\frac{k^2}{p}\right\} = \frac{p-1}{4}$$

从而可得

$$\sum_{k=1}^{p-1} \left\{\frac{k^2}{p}\right\} = \frac{p-1}{4} + \frac{p-1}{4} = \frac{p-1}{2}$$

所以

$$\sum_{k=1}^{p-1} \left[\frac{k^2}{p}\right] = \sum_{k=1}^{p-1} \left(\frac{k^2}{p} - \left\{\frac{k^2}{p}\right\}\right) = \sum_{k=1}^{p-1} \frac{k^2}{p} - \sum_{k=1}^{p-1} \left\{\frac{k^2}{p}\right\}$$

$$= \frac{1}{p} \sum_{k=1}^{p-1} k^2 - \frac{p-1}{2}$$

$$= \frac{1}{p} \cdot \frac{1}{6}(p-1)p(2p-1) - \frac{p-1}{2}$$

$$= \frac{1}{3}(p-1)(p-2)$$

148

例 3 求方程 $\left[\dfrac{1^2}{p}\right]+\left[\dfrac{2^2}{p}\right]+\cdots+\left[\dfrac{(p-1)^2}{p}\right]=520$ 的解,其中 $p\equiv$ $1(\bmod 4)$ 是素数.

解 直接求解此方程显然是难以下手的.

考虑到 $p\equiv 1(\bmod 4)$ 是素数,根据例 2 可知,方程左边

$$\left[\frac{1^2}{p}\right]+\left[\frac{2^2}{p}\right]+\cdots+\left[\frac{(p-1)^2}{p}\right]=\frac{1}{3}(p-1)(p-2)$$

所以原方程可变为

$$\frac{1}{3}(p-1)(p-2)=520$$

解之得 $p=41$ 或 $p=-38$(舍去).

所以原方程的解为 $p=41$.

经过漫长的普及与渗透,终于 2020 年全国高中数学联合竞赛二试第 3 题出现了二次剩余的背景. 以下是试题及标准答案:

设 $a_1=1,a_2=2,a_n=2a_{n-1}+a_{n-2},n=3,4,\cdots$. 证明:对整数 $n\geqslant 5$, a_n 必有一个模 4 余 1 的素因子.

证明 记 $\alpha=1+\sqrt{2},\beta=1-\sqrt{2}$,则易求得

$$a_n=\frac{\alpha^n-\beta^n}{\alpha-\beta}$$

记 $b_n=\dfrac{\alpha^n+\beta^n}{2}$,则数列 $\{b_n\}$ 满足

$$b_n=2b_{n-1}+b_{n-2}\quad(n\geqslant 3) \qquad\qquad ①$$

因 $b_1=1,b_2=3$ 均为整数,故由式 ① 及数学归纳法,可知 $\{b_n\}$ 每项均为整数.

由 $\left(\dfrac{\alpha^n+\beta^n}{2}\right)^2-\left(\dfrac{\alpha-\beta}{2}\right)^2\left(\dfrac{\alpha^n-\beta^n}{\alpha-\beta}\right)^2=(\alpha\beta)^n$,可知

$$b_n^2-2a_n^2=(-1)^n\quad(n\geqslant 1) \qquad\qquad ②$$

当 $n>1$ 为奇数时,由于 a_1 为奇数,故由 $\{a_n\}$ 的递推式及数学归纳法,可知 a_n 为大于 1 的奇数,所以 a_n 有奇素因子 p,由式 ② 得

$$b_n^2\equiv -1(\bmod p)$$

故

$$b_n^{p-1}\equiv(-1)^{\frac{p-1}{2}}(\bmod p)$$

又上式表明 $(p, b_n) = 1$，故由费马小定理得
$$b_n^{p-1} \equiv 1 \pmod{p}$$
从而
$$(-1)^{\frac{p-1}{2}} \equiv 1 \pmod{p}$$
因 $p > 2$，故必须 $(-1)^{\frac{p-1}{2}} = 1$，因此
$$p \equiv 1 \pmod 4$$

另一方面，对正整数 m, n，若 $m \mid n$，设 $n = km$，则
$$a_n = \frac{\alpha^n - \beta^n}{\alpha - \beta} \cdot \frac{\alpha^m - \beta^m}{\alpha - \beta} \cdot$$
$$(\alpha^{(k-1)m} + \alpha^{(k-2)m}\beta^m + \cdots + \alpha^m\beta^{(k-2)m} + \beta^{(k-1)m})$$
$$= \begin{cases} a_n \sum\limits_{i=0}^{l-1} (\alpha\beta)^{im} (\alpha^{(2l-1-2i)m} + \beta^{(2l-1-2i)m}), & k = 2l \\ a_m \left(\sum\limits_{i=0}^{l-1} (\alpha\beta)^{im} (\alpha^{(2l-2i)m} + \beta^{(2l-2i)m}) + (\alpha\beta)^{im} \right), & k = 2l+1 \end{cases}$$

因 $\alpha^s + \beta^s = 2b_s$ 为整数（对正整数 s），$\alpha\beta = -1$ 为整数，故由上式知 a_n 等于 a_m 与一个整数的乘积，从而 $a_m \mid a_n$.

因此，若 n 有大于 1 的奇因子 m，则由前面已证得的结论和 a_m 有素因子 $p \equiv 1 \pmod 4$，而 $a_m \mid a_n$，故 $p \mid a_n$，即 a_n 也有模 4 余 1 的素因子.

最后，若 n 没有大于 1 的奇因子，则 n 是 2 的方幂. 设 $n = 2^l (l \geqslant 3)$，因 $a_3 = 408 = 24 \times 17$ 有模 4 余 1 的素因子 17，对于 $l \geqslant 4$，由 $8 \mid 2^l$ 知 $a_8 \mid a_{2^l}$，从而 a_{2^l} 也有素因子 17. 证毕.

当然在世界各国的数学奥林匹克竞赛题中此类问题层出不穷，举几个供参考：

例 1 记集合 S 由以下形式的有理数构成
$$\frac{(a_1^2 + a_1 - 1)(a_2^2 + a_2 - 1) \cdots (a_n^2 + a_n - 1)}{(b_1^2 + b_1 - 1)(b_2^2 + b_2 - 1) \cdots (b_n^2 + b_n - 1)}$$
其中，$n, a_1, a_2, \cdots, a_n, b_1, b_2, \cdots, b_n$ 遍历了所有的正整数. 证明：集合 S 中包含无穷多个素数.

（2013，罗马尼亚国家队选拔考试）

证明 显然，集合 S 在乘法和除法运算下是封闭的，即对于任意的 $r, s \in S$，有 $rs, \dfrac{r}{s} \in S$.

先给出二次互反律，又称欧拉－高斯定理：

设 p,q 均为奇素数，$(p,q)=1$，则 $\left(\dfrac{p}{q}\right)=(-1)^{\frac{p-1}{2}\cdot\frac{q-1}{2}}\left(\dfrac{p}{q}\right)$.

若 $a\in\mathbf{Z}^+$，奇素数 $p\neq5$，且 $p\mid(a^2+a-1)$，则 $(2a+1)^2=5(\bmod p)$.
于是，$\left(\dfrac{5}{p}\right)=1$.

而 $\left(\dfrac{5}{p}\right)\left(\dfrac{p}{5}\right)=(-1)^{\frac{(5-1)(p-1)}{4}}=1$，得 $\left(\dfrac{p}{5}\right)=1$.

而 5 的二次剩余只有 $0,1,4$，故 $p\equiv\pm1(\bmod 5)$.

再证明：集合 S 中包含所有模 5 为 ±1 的素数.

由于 $5=2^2+2-1,11=3^2+3-1,19=4^2+4-1$，故开始几个这样的素数已在集合 S 中.

由数学归纳法，对素数 $q\equiv\pm1(\bmod 5)$，可假设所有的素数 $p<q$，$p\equiv\pm1(\bmod 5)$ 均有 $p\in S$.

又 $2^2\equiv-1(\bmod 5),1^2\equiv1(\bmod 5)$，则 q 是 5 的二次剩余.

而由二次互反律，知
$$\left(\frac{5}{q}\right)\left(\frac{q}{5}\right)=(-1)^{\frac{(5-1)(q-1)}{4}}=1$$

从而，5 为 q 的二次剩余.

由于 $n^2\equiv(q-n)^2(\bmod q)$，故可找到奇数 $2a+1$，使得
$$(2a+1)^2\equiv5(\bmod q)$$

而 $(4,q)=1$，则存在正整数 m，使得在集合 $\{1,2,\cdots,q-1\}$ 中存在整数 a 满足 $a^2+a-1=mq$.

由 $a^2+a-1\leqslant(q-1)^2+(q-1)-1=q^2-q-1<q^2$，得 $m<q$.

若 $m=1$，则 $q=a^2+a-1\in S$；

若 $m>1$，记 p 为 m 的一个因子，故 $p\mid(a^2+a-1)$.

从而，由性质知 $p=5$ 或 $p\equiv\pm1(\bmod 5)$，于是，$p\in S$.

由集合 S 关于乘除法的封闭性，知 $q\in S$.

因此，原结论成立.

例 2 设 $p,4p+1$ 为素数，且 $p>10^9$. 证明：$\dfrac{1}{4p+1}$ 在十进制表示下包含从 $0\sim9$ 的每个数码.

(2014，保加利亚国家队选拔考试)

证明 设 $q=4p+1$，用 $a\circ b$ 表示 a 除以 b 的剩余.

151

只要证明:$10^k \circ q(k=1,2,\cdots)$ 的末位数包含了从 $0 \sim 9$ 的每个数码.

事实上,因为 $(q,10)=1$,所以,$\left[\dfrac{10^k}{q}\right]$ 的末位数也包含了从 $0 \sim 9$ 的每个数码.于是,$\dfrac{1}{q}$ 在十进制表示下包含了从 $0 \sim 9$ 的每个数码.

设 S 为模 q 的非零四次剩余,即所有正整数 $t(0 < t < q)$ 构成的集合,使得同余方程 $x^4 \equiv t(\bmod q)$ 有解,则 S 中恰有 p 个元素.

事实上,因为 -1 为模 q 的二次剩余,则 $2p$ 个模 q 的非零二次剩余可被分成 p 个形如 $\{s,-s\}$ 的数对,其平方恰为模 q 的 p 个不同的四次剩余.

接下来证明:S 中的每个元素均形如 $10^k \circ q(k \in \mathbf{Z}^+)$.

事实上,设 d 为 10 模 q 的阶,则
$$d \mid \varphi(q) \Rightarrow d \mid 4p \Rightarrow d = p,2p \text{ 或 } 4p$$
若 $d = p$,设整数 k 满足 $0 \leqslant k < p$,则存在整数 $j(0 \leqslant j \leqslant 3)$,使得 $k + jp$ 为 4 的倍数.

由 $10^k \equiv (10^{\frac{k+jp}{4}})^4 (\bmod q)$,知 10^k 为模 q 的四次剩余.

因为 $10^k \circ q(0 \leqslant k < p)$ 为两两不同且均为模 q 的四次剩余,所以,这 p 个数就是集合 S 中的 p 个数.

对于 $d = 2p$ 和 $d = 4p$,类似地可得同样的结论.

设 u 为任意一个 $0 \sim 9$ 之间的数码,则存在整数 $j(0 \leqslant j \leqslant 3)$,使得 $u + jq$ 的末位数码为 $0,1,5$ 或 6.

因为 $p > 10^9$,所以
$$\sqrt[4]{(j+1)q-1} - \sqrt[4]{u+jq} > 6$$
于是,在区间 $[u+jq,(j+1)q)$ 内至少包含六个正整数的四次幂.

从而,至少有一个正整数 x 的四次幂 x^4 的末位数码与 $u+jq$ 的末位数码相同.

设 $s = x^4 \circ q$,则 $x^4 = s + jq$,且 $10 \mid (x^4 - (\mu + jq)) \Rightarrow 10 \mid (s - u)$,即 s 的末位数码为 u.

这就是要证明的结论.

例 3 已知,$a_1,a_2,\cdots$ 为整数列,满足任意相邻若干项的算术平均均为完全平方数,即对于每个正整数 n,k,$\dfrac{a_n + a_{n+1} + \cdots + a_{n+k-1}}{k}$ 均为

152

一个整数的平方. 证明:该数列为常数列(所有的 $a_i(i=1,2,\cdots)$ 均等于同一个完全平方数).

(2014,美国国家队选拔考试)

证明　证明本题的等价命题:

若函数 $f:\mathbf{Z}^+ \to \mathbf{Z}$ 满足 $(f(m)-f(n))(m-n)$ 总是一个整数的平方,则 f 一定形如 A^2x+B,其中, $A,B \in \mathbf{Z}$.

首先,因为对于每个素数 p 和正整数 n, $p(f(n+p)-f(n))$ 均为完全平方数,所以, $p \mid (f(n+p)-f(n))$.

接下来研究 f 模 p 的结构,为了方便起见,设 $\overline{A} \equiv A(\bmod p)$.

先证明一个引理.

引理　若对于某个整数 a,b,有 $p \mid (f(a)-f(b))$,且 $p \nmid (a-b)$,则对于所有整数 m,n,有 $p \mid (f(m)-f(n))$(换句话说, f 在模 p 的意义下要么为单射,要么为常数).

证明　对于每个整数 r,定义 $S_r = \{x \mid f(x) \equiv r(\bmod p)\}$,其一定为模 p 的剩余类的并(限制到正整数).

需要证明:要么对于每个 r, S_r 最多覆盖一个剩余类(于是恰为一个),要么对于某个 r, S_r 覆盖所有剩余类.否则,存在 r,使得 $S=S_r$ 覆盖 2 至 $p-1(p \geqslant 3)$ 个剩余类.

若 $n \notin S$,即 $f(n) \not\equiv r(\bmod p)$,则对于任意的 $s \in S$,均有

$$(n-s)(f(n)-f(s)) \equiv (n-s)(f(n)-r) \not\equiv 0(\bmod p)$$

为一个非零二次剩余.于是

$$\left(\frac{n-s}{p}\right) = \left(\frac{f(n)-r}{p}\right) \neq 0$$

其中, $\left(\dfrac{x}{y}\right)$ 表示勒让德符号.

设 $T=\left\{t \left| \left(\dfrac{f(t)-r}{p}\right)=1\right.\right\}, U=\left\{u \left| \left(\dfrac{f(u)-r}{p}\right)=-1\right.\right\}$. 则 T,U 为 $\mathbf{Z}^+ \setminus S$ 的拆分.于是,对于任意的 $a=t-s \in T-S$,有 $\left(\dfrac{a}{p}\right)=1$,对于任意的 $b \in U-S$,有 $\left(\dfrac{b}{p}\right)=-1$.

从而,非零的二次剩余与二次剩余的个数 $|\overline{T-S}|$ 与 $|\overline{U-S}|$ 的上界为 $\dfrac{p-1}{2}$.

而 $|\overline{T}|+|\overline{U}|=p-|\overline{S}|\geqslant 1$，故若 $|\overline{T}|\geqslant|\overline{U}|$（此时，$T$ 非空），则由柯西—达文波特定理，有

$$\frac{p-1}{2}\geqslant|\overline{T-S}|$$
$$\geqslant\min\{p,|\overline{T}|+|-\overline{S}|-1\}$$
$$\geqslant\min\left\{p,\frac{p-|\overline{S}|}{2}+|\overline{S}|-1\right\}$$
$$=\min\left\{p,\frac{p+(|\overline{S}|-2)}{2}\right\}$$

与 $|\overline{S}|\geqslant 2$ 矛盾.

$|\overline{U}|\geqslant|\overline{T}|$ 的情况类似.

引理得证.

注意到，$f(n+1)-f(n)$ 总为完全平方数，若 f 不为常数，则对于所有的正整数 n，$f(n+1)-f(n)$ 的最大公因数一定为非零的完全平方数，记为 $g^2(g>0)$.

若 $g=1$，则 f 模每个素数 p 均为非零数（由引理知 f 为单射）.

特别地，对所有的 n,p，均有 $p\nmid(f(n+1)-f(n))$.

从而

$$f(x+1)-f(x)\equiv 1$$

于是，存在常数 d，使得

$$f(x)\equiv x+d$$

若 $g>1$，设 $f'(x)\equiv\dfrac{f(x)-f(1)}{g^2}$，则 $(f'(m)-f'(n))(m-n)$ 总为完全平方数，且对于所有正整数 n，$f'(n+1)-f'(n)$ 的最大公因数为 1. 于是，存在常数 c,d，使得

$$f(x)=g^2(x+d)+c$$

综上，有唯一的 $f(x)$ 满足条件，且 $f(x)\equiv A^2x+B(A,B\in\mathbf{Z})$.

注 当 $A=0$ 时，f 为常数.

例 4 记 $b_1<b_2<\cdots$ 是由所有能写成两个自然数平方和的自然数组成的自然数序列. 证明：存在无穷多个正整数 n，满足 $b_{n+1}-b_n=2\,015$.

（第 32 届伊朗国家队选拔考试）

证明 证明更一般的结论：对于任意正奇数 m，存在无穷多个正整数 n，满足 $b_{n+1}-b_n=m$.

先证明两个引理：

引理 1 记正整数 a 不为完全平方数，则存在无穷多个素数 $p \equiv 3 (\bmod 4)$ 满足 a 不为模 p 意义下的平方剩余.

引理 1 的证明 记 $p_1 p_2 \cdots p_s$ 为 a 的无平方因子部分.

若 p_i 中没有 2，则取模 p_1 的非平方剩余 r_1，且取分别模 $p_2, p_3, \cdots, p_s$ 的平方剩余 $r_2, r_3, \cdots, r_s$. 故由中国剩余定理及狄利克雷定理，知可取到素数 p 满足

$$p \equiv - r_i (\bmod p_i) \quad (i = 1, 2, \cdots, s)$$

且

$$p \equiv 3 (\bmod 4)$$

于是，由高斯二次互反律得

$$\left(\frac{a}{p} \right) = \prod_{i=1}^{s} \left(\frac{p_i}{p} \right) = \prod_{i=1}^{s} \left(\frac{p}{p_i} \right) (-1)^{\frac{p_i - 1}{2}}$$

$$= \prod_{i=1}^{s} \left(\frac{-r_i}{p_i} \right) (-1)^{\frac{p_i - 1}{2}} = -1$$

若 p_i 中存在 2，不妨设 $p_1 = 2$，则只需省略上面同余式中的第一个同余式，换成 $p \equiv 3 (\bmod 8)$ 即可.

引理 2 记 r 是模 p（p 为奇素数）的一个平方剩余，且 $(r, p) = 1$，则存在整数 x 满足 $0 < x < 2p, x^2 \equiv r (\bmod p)$，且 $x^2 \not\equiv r (\bmod p^2)$.

引理 2 的证明 注意到

$$(x + p)^2 - x^2 = p^2 + 2xp \not\equiv 0 (\bmod p^2)$$

故选择 x 或 $x + p$ 即符合题意.

引理 $1, 2$ 得证.

记 $m = 2M + 1$，考虑序列

$$k^2 + M^2, k^2 + M^2 + 1, \cdots, k^2 + M^2 + 2M + 1$$

在该序列中第一项和最后一项均可以表示成两个自然数的平方和.

下面证明：存在无穷多个正整数 k，使得在该序列中只有这两项可以表示成两个自然数的平方和.

事实上，由引理 1，知存在素数 $p_j \equiv 3 (\bmod 4)$，使得 $M^2 + j (j = 1, 2, \cdots, 2M)$ 为模 p_j 意义下的非平方剩余.

由引理 1，知存在素数 $p_j \equiv 3 (\bmod 4)$，使得 $M^2 + j (j = 1, 2, \cdots, 2M)$ 为模 p_j 意义下的非平方剩余.

故 $-(M^2 + j)$ 是模 p_j 意义下的平方剩余.

155

于是,由引理 2,知存在正整数 $n_1, n_2, \cdots, n_{2M}$ 满足 $0 < n_j < 2p_j$,且
$$n_j^2 \equiv -(M^2+j)(\bmod\ p_j),\ n_j^2 \not\equiv -(M^2+j)(\bmod\ p_j^2).$$

接下来,只要对任意的 $j(1 \leqslant j \leqslant 2M)$ 取 $k \equiv n_j(\bmod\ p_j^2)$. 则 $k^2 + M^2 + j$ 能被 p_j 整除,但不能被 p_j^2 整除.

又因为 $p_j \equiv 3(\bmod\ 4)$,所以,$k^2 + M^2 + j$ 不能写成两个自然数的平方和.

综上,要证的结论成立,从而完成了证明.

例 5 证明:在任意连续 20 个正整数中,一定存在整数 k,使得对于每个正整数 n,均有 $n\sqrt{k}\ \{n\sqrt{k}\} > \dfrac{5}{2}$.

(2015,第 32 届巴尔干地区数学奥林匹克)

证明 因定一个有 20 个连续正整数的集合,且选择其中一个元素 $k \equiv 15(\bmod\ 20)$.

下面证明:k 满足要求:

确定一个正整数 n.

注意到,k 不为平方数($k \equiv 3(\bmod\ 4)$),则存在某个正整数 m,使得
$$m < n\sqrt{k} < m+1$$
于是
$$m^2 < kn^2 < (m+1)^2$$
由 $5 \mid k$,知
$$kn^2 \notin \{m^2+2, m^2+3\}$$
由 $k \equiv 3(\bmod\ 4)$,知 k 的分解式中存在一个素因数 $p \equiv 3(\bmod\ 4)$.

则 -1 是模 p 的非二次剩余. 于是
$$kn^2 \notin \{m^2+1, m^2+4\}$$
从而
$$kn^2 \geqslant m^2+5$$
故
$$\begin{aligned}
n\sqrt{k}\ \{n\sqrt{k}\} &= n\sqrt{k}\ (n\sqrt{k} - m) \\
&= kn^2 - nm\sqrt{k} \\
&= \sqrt{kn^2}\ (\sqrt{kn^2} - n) \\
&\geqslant \sqrt{m^2+5}\ (\sqrt{m^2+5} - m)
\end{aligned}$$

156

$$= m^2 + 5 - m\sqrt{m^2 + 5}$$
$$> m^2 + 5 - \frac{m^2 + m^2 + 5}{2} = \frac{5}{2}$$

例 6 给定正奇数 n，证明：存在无穷多个素数 p，使得 $\dfrac{2}{p-1}\sum\limits_{k=1}^{\frac{p-1}{2}}\left\{\dfrac{k^{2n}}{p}\right\}$ 的值相同.

(2017，第 68 届罗马尼亚国家队选拔考试)

证明 取素数 $p \equiv 1 (\bmod 4)$，则 $(-1)^{\frac{p-1}{2}} = 1$.

由欧拉判别法，知 -1 为模 p 的二次剩余. 设 $-1 \equiv \lambda^2 (\bmod p)(\lambda \in \{1, 2, \cdots, p-1\})$.

注意到，对于任意的 $k \in \left\{1, 2, \cdots, \dfrac{p-1}{2}\right\}$，$k\lambda^{-1}$ 与 $-k\lambda^{-1}$ 中必有一个数除以 p 的余数在 $\left\{1, 2, \cdots, \dfrac{p-1}{2}\right\}$ 中，设这个余数为 $a_k (a_k \in \left\{1, 2, \cdots, \dfrac{p-1}{2}\right\})$.

则 $a_k \equiv k\lambda^{-1} (\bmod p)$ 或 $a_k \equiv -k\lambda^{-1} (\bmod p)$. 故
$$k^{2n} + a_k^{2n} = (k^2)^n - (-a_k^2)^n \equiv (k^2)^n - (\lambda^2 k^2 \lambda^{-2})^n \equiv 0 (\bmod p)$$
从而
$$\left\{\frac{k^{2n}}{p}\right\} + \left\{\frac{a_k^{2n}}{p}\right\} = 1$$

假设存在 $1 \leqslant i < j \leqslant \dfrac{p-1}{2}$，使得 $a_i \equiv a_j (\bmod p)$. 则
$$a_i - a_j \equiv 0 (\bmod p) \Leftrightarrow p \mid (i-j)\lambda^{-1} \text{ 或 } p \mid (i+j)\lambda^{-1} \qquad ①$$
由 $1 \leqslant |i-j| \leqslant p-1, 1 \leqslant |i+j| \leqslant p-1, \lambda^{-1}$ 为 λ 的数论倒数，知不可能有结论 ①.

从而，$c_1, c_2, \cdots, c_{\frac{p-1}{2}}$ 两两模 p 互不同余，且 $c_1, c_2, \cdots, c_{\frac{p-1}{2}} \in \left\{1, 2, \cdots, \dfrac{p-1}{2}\right\}$. 于是
$$\{c_1, c_2, \cdots, c_{\frac{p-1}{2}}\} = \left\{1, 2, \cdots, \dfrac{p-1}{2}\right\}$$
故
$$\frac{2}{p-1}\sum_{k=1}^{\frac{p-1}{2}}\left\{\frac{k^{2n}}{p}\right\} = \frac{1}{p-1}\left(\sum_{k=1}^{\frac{p-1}{2}}\left\{\frac{k^{2n}}{p}\right\} + \sum_{k=1}^{\frac{p-1}{2}}\left\{\frac{k^{2n}}{p}\right\}\right)$$

$$= \frac{1}{p-1} \sum_{k=1}^{\frac{p-1}{2}} \left(\left\{ \frac{k^{2n}}{p} \right\} + \left\{ \frac{a_k^{2n}}{p} \right\} \right)$$

$$= \frac{1}{p-1} \sum_{k=1}^{\frac{p-1}{2}} 1 = \frac{1}{2}$$

显然, $4l+1$ 型的素数 p 有无穷多个.

例 7 求满足下列条件的所有整数 a,b 及非负整数 c:

(1) 对于任意正整数 n,均有 $(a^n + 2^n) \mid (b^n + c)$;

(2) $2ab$ 不为完全平方数.

(2013,朝鲜国家队选拔考试)

解 由 (1),知
$$b^n \equiv -c \pmod{a^n + 2^n}, b^{3n} \equiv -c \pmod{a^{3n} + 2^{3n}}$$
由于 $(a^n + 2^n) \mid (a^{3n} + 2^{3n})$,则
$$(-c)^3 \equiv b^{3n} \equiv -c \pmod{a^n + 2^n}$$
从而
$$(a^n + 2^n) \mid c(c+1)(c-1)$$
取 n 足够大,可使 $|c(c+1)(c-1)| < |a^n + 2^n|$. 故
$$c(c+1)(c-1) = 0 \Rightarrow c = 0 \text{ 或 } 1$$

分两种情况讨论:

当 $c=0$ 时,有 $(a^n + 2^n) \mid b^n$.

若 $a=2$,则 $2^{n+1} \mid b^n$,故有 $4 \mid b$,符合题设要求;

若 $|a| \neq 2$,只要证:对于任意的正整数 $n, a^n + 2^n$ 的素因子有无穷多个.

事实上,若 a 为偶数,设 $a = 2a_1(|a_1| > 1)$,则 $a^n + 2^n = 2^n(a_1^n + 1)$.

对于任意不等的自然数 k, l,均有 $(a_1^{2^k} + 1, a_1^{2^l} + 1) \leqslant 2$.

若 a 为奇数,则对于任意不等的自然数 k, l,均有
$$(a^{2^k} + 2^{2^k}, a^{2^l} + 2^{2^l}) = 1$$

故 b 有无穷多个素因子,这不可能.

当 $c=1$ 时,有 $(a^n + 2^n) \mid (b^n + 1)$.

若 $2 \mid a$,令 $n=2$,则 $b^2 + 1 \equiv 1$ 或 $2 \pmod 4$.

而 $a^2 + 2^2 \equiv 0 \pmod 4$,故 $(a^n + 2^n) \mid (b^n + 1)$ 不成立.

于是, a 为奇数. 从而, $2a$ 不为完全平方数.

设 $2a = l^2 p_1 p_2 \cdots p_t, b = m^2 p_k p_{k+1} \cdots p_{t+s}$ 或 $b = m^2$,其中, $p_1, p_2, \cdots,$

158

p_{t+s} 为两两不同的素数,且 $k \geqslant 1, t \geqslant 1, s \geqslant 0 (k, t, s \in \mathbf{Z})$.

由于 $2ab$ 不为完全平方数,故 $k=1$ 与 $s=0$ 不能同时成立.

由中国剩余定理和高斯二次互反律,知存在一个形如 $4q+1$ 的素数 $p(q$ 为正整数),满足:

当 $b=m^2$ 时,$\left(\dfrac{p_i}{p}\right)=1(i=2,3,\cdots,t)$,$\left(\dfrac{p_1}{p}\right)=-1$;

当 $k>t$ 时,$\left(\dfrac{p_i}{p}\right)=1(i=2,3,\cdots,t,k,k+1,\cdots,t+s)$,$\left(\dfrac{p_1}{p}\right)=-1$;

当 $1<k\leqslant t$ 时,$\left(\dfrac{p_i}{p}\right)=1(i=2,3,\cdots,t+s)$,$\left(\dfrac{p_1}{p}\right)=-1$;

当 $k=1,s>0$ 时,$\left(\dfrac{p_i}{p}\right)=1(i=2,3,\cdots,t+s-1)$,$\left(\dfrac{p_1}{p}\right)=\left(\dfrac{p_{t+s}}{p}\right)=-1$.

这表明,$\left(\dfrac{2a}{p}\right)=-1$,$\left(\dfrac{b}{p}\right)=1$.

由欧拉定理得

$$(2a)^{\frac{p-1}{2}} \equiv -1 (\bmod\ p), a^{\frac{p-1}{2}}+2^{\frac{p-1}{2}} \equiv 0 (\bmod\ p), b^{\frac{p-1}{2}} \equiv 1 (\bmod\ p)$$

但由 $(a^{\frac{p-1}{2}}+2^{\frac{p-1}{2}}) \mid (b^{\frac{p-1}{2}}+1)$,故 $b^{\frac{p-1}{2}} \equiv -1 (\bmod\ p)$. 这不可能.

故 $(a,b,c) = \{(2, 4k, 0) \mid k \in \mathbf{Z}, k$ 不为完全平方数$\}$.

例 8 已知素数 $p(p \neq 13)$ 为形如 $8k+5(k \in \mathbf{Z}^+)$ 的数,且 39 不为模 p 的二次剩余. 证明:方程 $x_1^4 + x_2^4 + x_3^4 + x_4^4 \equiv 0 (\bmod\ p)$ 有一个整数解满足 $p \nmid x_1 x_2 x_3 x_4$.

(第 33 届伊朗国家队选拔考试)

证明 注意到

$$\sum_{1 \leqslant x_i \leqslant p-1} (1-(x_1^4+x_2^4+x_3^4+x_4^4)^{p-1})$$

$$\equiv (p-1)^4 - (p-1)^4 \sum_{\substack{\frac{p-1}{4} \mid \theta_i \\ \sum \theta_i = p-1}} (p-1; \theta_1, \theta_2, \theta_3, \theta_4) (\bmod\ p)$$

其中,$(p-1; \theta_1, \theta_2, \theta_3, \theta_4)$ 表示 $(x_1^4 + x_2^4 + x_3^4 + x_4^4)^{p-1}$ 中 $(x_1^4)^{\theta_1} (x_2^4)^{\theta_2} (x_3^4)^{\theta_3} (x_4^4)^{\theta_4}$ 的系数,$(p-1; \theta_1, \theta_2, \theta_3)$ 及 $(p-1; \theta_1, \theta_2)$ 定义类似.

对于 $(p-1; \theta_1, \theta_2, \theta_3, \theta_4)$,若某个 $(p-1) \nmid 4\theta_i$,则固定 $(x_1^4)^{\theta_1} (x_2^4)^{\theta_2} (x_3^4)^{\theta_3} (x_4^4)^{\theta_4}$ 中的 θ_i.

注意到

$$\sum_{0 \leqslant x \leqslant p-1} x^j \equiv 0 (\bmod p) \quad (j \in \{0,1,\cdots,p-2\})$$

对 x_i 取遍 $0 \leqslant x_i \leqslant p-1$,固定其余三个变量不动,便得到了值为 0 的结论.

于是,剩下的只有 $\dfrac{p-1}{4}\Big| \theta_i$ 的项.

记 $A = \sum\limits_{\substack{\frac{p-1}{4}\big|\theta_i \\ \sum \theta_i = p-1}} (p-1;\theta_1,\theta_2,\theta_3,\theta_4)$. 下面证明 $A \not\equiv 1 (\bmod p)$.

事实上

$$A \equiv 4(p-1;p-1) + 12\left(p-1;\frac{p-1}{4};3 \cdot \frac{p-1}{4}\right) +$$

$$6\left(p-1;\frac{p-1}{2},\frac{p-1}{2}\right) + 12\left(p-1;\frac{p-1}{4},\frac{p-1}{4},\frac{p-1}{2}\right) +$$

$$\left(p-1;\frac{p-1}{4},\frac{p-1}{4},\frac{p-1}{4},\frac{p-1}{4}\right)$$

$$\equiv 4 + \frac{12 \cdot (p-1)!}{\left(\frac{p-1}{4}\right)! \cdot \left(\frac{3(p-1)}{4}\right)!} + \frac{6 \cdot (p-1)!}{\left(\left(\frac{p-1}{2}\right)!\right)^2} +$$

$$\frac{12 \cdot (p-1)!}{\left(\frac{p-1}{2}\right)! \cdot \left(\left(\frac{p-1}{4}\right)!\right)^2} + \frac{(p-1)!}{\left(\left(\frac{p-1}{4}\right)!\right)^4}$$

$$\equiv 4 + \frac{12 \cdot (p-1)!}{(-1)^{\frac{p-1}{4}}(p-1)!} + \frac{6 \cdot (p-1)!}{-1} +$$

$$\frac{12 \cdot (p-1)!}{\left(\frac{p-1}{2}\right)!\left(\left(\frac{p-1}{4}\right)!\right)^2} + \frac{(p-1)!}{\left(\left(\frac{p-1}{4}\right)!\right)^4}$$

$$\equiv 4 - 12 + 6 + 12\frac{(p-1)!}{\left(\left(\frac{p-1}{4}\right)!\right)^2} + \frac{-1}{\left(\left(\frac{p-1}{4}\right)!\right)^2} (\bmod p)$$

记

$$a \equiv \left(\frac{p-1}{2}\right)! \ (\bmod p), b \equiv \frac{1}{\left(\left(\frac{p-1}{4}\right)!\right)^2}(\bmod p)$$

则

$$A \equiv -2 + 12ab - b^2 (\bmod p) \Rightarrow -A + 1$$

$$\equiv b^2 - 12ab + 3$$

$$\equiv (b-6a)^2 - 36a^2 + 3$$

160

$$\equiv (b-6a)^2 + 39 \pmod{p}$$

据题意,知 -39 不是模 p 的二次剩余.

这便完成了证明.

例 9 是否存在一个非常值的整系数多项式 $Q(x)$,使得对于每个正整数 $n > 2$,$Q(0)$,$Q(1)$,$\cdots$,$Q(n-1)$ 模 n 最多有 $0.499n$ 个不同的剩余?

(第 58 届美国国家队选拔考试)

解 $Q(x) = 420(x^2-1)^2$.

只需验证 $n=4$ 和 n 为奇素数 p 时满足条件.

当 $n=4$ 时,$Q(i)(i=0,1,\cdots,n-1)$ 模 4 的剩余只有 0,满足条件.

当 $n=p(p$ 为奇素数) 时,先证明一个引理.

引理 对于任意奇素数 p,在模 p 的意义下,至少存在 $\frac{1}{2}(p-3)$ 个整数 a,使得

$$\left(\frac{1-a^2}{p}\right) = 1 \qquad\qquad ①$$

其中,$\left(\dfrac{a}{b}\right)$ 为勒让德符号,定义为

$$\left(\frac{a}{b}\right) = \begin{cases} 1, a \text{ 为模 } b \text{ 的二次剩余} \\ -1, a \text{ 为模 } b \text{ 的非二次剩余} \end{cases}$$

证明 在模 p 的意义下,若 $k \not\equiv 0$,$k \not\equiv \pm 1$,$k^2 \not\equiv -1$,则 $a \equiv 2(k+k^{-1})^{-1}$ 满足式 ①.

事实上,对于 $k \not\equiv 0$,由 $(k,p)=1$,知 $kx \equiv 1 \pmod{p}$ 必有解,其解为 $x \equiv k^{-1} \pmod{p}$.

假设 $k+x$ 与 p 不互素,则

$$k+x \equiv 0 \pmod{p} \Rightarrow k^2 + kx \equiv 0 \pmod{p} \Rightarrow k^2 \equiv -1 \pmod{p}$$

与 $k^2 \not\equiv -1 \pmod{p}$ 矛盾.

于是,$(k+x,p)=1$,即 $(k+x)y \equiv 1 \pmod{p}$ 必有解,其解为

$$y \equiv (k+x)^{-1} \equiv (k+k^{-1})^{-1} \pmod{p}$$

下面证明:$a \equiv 2y \equiv 2(k+k^{-1})^{-1} \pmod{p}$ 为式 ① 的解.

由

$$(k+x)y \equiv 1 \pmod{p} \Rightarrow (k^2+kx)y \equiv k \pmod{p}$$
$$\Rightarrow (k^2+1)y \equiv k \pmod{p}$$
$$\Rightarrow (k^2+1)2y \equiv 2k \pmod{p}$$

161

$$\Rightarrow (k^2+1)a \equiv 2k \pmod{p}$$

k^2+1 分别加上和减去上式两边,得

$$(k^2+1)(1+a) \equiv (k+1)^2 \pmod{p},$$
$$(k^2+1)(1-a) \equiv (k-1)^2 \pmod{p}$$

以上两式乘得 $(k^2+1)^2(1-a^2) \equiv (k^2-1)^2 \pmod{p}$,即式 ① 成立.

故 $a \equiv 2(k+k^{-1})^{-1} \pmod{p}$ 为式 ① 的解.

根据 k 与 x 的对称性,知上述的 a 为式 ① 的解,至少有 $\dfrac{1}{2}(p-5)$ 个.

又 $a=0$ 为式 ① 的解,故至少有

$$\frac{1}{2}(p-5)+1 = \frac{1}{2}(p-3)$$

个整数 a,使得式 ① 成立.

引理得证.

设 $F(x)=(x^2-1)^2$,则 F 模 p 的取值范围包含在模 p 的 $\dfrac{1}{2}(p+1)$ 个二次剩余中.

若对于某个 t 使得 $1+t,1-t$ 均不为二次剩余,则 t^2 也从 F 的取值范围内删掉,称这样的 t 是"可被删掉的".

注意到

$$\sum_{k=0}^{p-1} \left(\frac{k}{p}\right) = 0$$

当 $2 \leqslant t \leqslant p-2$ 时,有

$$\left(1-\left(\frac{1-t}{p}\right)\right)\left(1-\left(\frac{1+t}{p}\right)\right) = 0 \text{ 或 } 4$$

其中

$$\left(1-\left(\frac{1-t}{p}\right)\right)\left(1-\left(\frac{1+t}{p}\right)\right) = 4 \Leftrightarrow \left(\frac{1-t}{p}\right) = \left(\frac{1+t}{p}\right) = -1$$

下面在模 p 的意义下计算可被删除的 t 的个数,设可被删掉的剩余的个数为 N,则

$$N = \frac{1}{4}\sum_{t=2}^{p-2}\left(1-\left(\frac{1-t}{p}\right)\right)\left(1-\left(\frac{1+t}{p}\right)\right)$$
$$= \frac{1}{4}\left(\sum_{t=0}^{p-1}\left(1-\left(\frac{1-t}{p}\right)\right)\left(1-\left(\frac{1+t}{p}\right)\right)\right) -$$
$$\left(1-\left(\frac{2}{p}\right)\right) - \left(1-\left(\frac{-2}{p}\right)\right)$$

162

$$\geq \frac{1}{4}\sum_{t=0}^{p-1}\left(1-\left(\frac{1-t}{p}\right)\right)\left(1-\left(\frac{1+t}{p}\right)\right)-1$$

$$=\frac{1}{4}\sum_{t=0}^{p-1}\left(1-\left(\frac{1+t}{p}\right)-\frac{(1-t)}{p}+\left(\frac{1-t}{p}\right)\left(\frac{1+t}{p}\right)\right)-1$$

$$=\frac{1}{4}\left(p+\sum_{t=0}^{p-1}\left(\frac{1-t^2}{p}\right)\right)-1$$

$$\geq \frac{1}{4}(p+1\times\frac{1}{2}(p-3)+0\times2+(-1)((p-2)-\frac{1}{2}(p-3)))-1$$

$$=\frac{1}{4}(p-5)$$

于是,F 的值域中元素个数最多为 $\frac{1}{2}(p+1)-\frac{1}{2}N\leqslant\frac{3}{8}(p+3)$.

对于任意的 $p\geqslant11$,均有 $\frac{3}{8}(p+3)<0.499p$.

对于 $p=3,5,7$,则 $Q(i)(i=0,1,\cdots,p-1)$ 模 p 的余数只有 0,满足条件.

在国内数论学家中对二次剩余及互反律研究较多的南京大学的孙智伟教授是其中之一,在 *International Journal of Number Theory* 上,孙教授发表了题为 *Quadratic residues and quartic residues modulo primes* 的长文. 经孙教授同意这里转载其结果及猜想部分,主要的证明部分请查阅原论文.

Quadratic residues and quartic residues modulo primes

In this paper, we study some products related to quadratic residues and quartic residues modulo primes. Let p be an odd prime and let A be any integer. We determine completely the product

$$f_P(A):=\prod_{\substack{1\leqslant i,j\leqslant(p-1)/2\\p\nmid i^2-Aij-j^2}}(i^2-Aij-j^2)$$

modulo p; for example, if $p\equiv1(\bmod 4)$ then

$$f_P(A)\equiv\begin{cases}-(A^2+4)^{(p-1)/4}(\bmod p) & \text{if } \left(\dfrac{A^2+4}{p}\right)=1\\[2mm](-A^2-4)^{(p-1)/4}(\bmod p) & \text{if } \left(\dfrac{A^2+4}{p}\right)=-1\end{cases}$$

where $(\frac{\cdot}{p})$ denotes the Legendre symbol. We also determine

$$\prod_{\substack{i,j=1 \\ p\nmid 2i^2+5ij+2j^2}}^{(p-1)/2} (2i^2+5ij+2j^2) \quad \text{and} \quad \prod_{\substack{i,j=1 \\ p\nmid 2i^2-5ij+2j^2}}^{(p-1)/2} (2i^2-5ij+2j^2)$$

modulo p.

1. Introduction

For $n\in \mathbf{Z}^+=\{1,2,3,\cdots\}$ and $x=a/b$ with $a,b\in \mathbf{Z}$, $b\neq 0$ and gcd $(b,n)=1$, we let $\{x\}_n$ denote the unique integer $r\in\{0,\cdots,n-1\}$ with $r\equiv x\pmod{n}$ (i. e. $a\equiv br\pmod{n}$). The well-known Gauss Lemma (see, e. g. ,[6,p. 52]) states that for any odd prime p and integer $x\not\equiv 0\pmod{p}$) we have

$$\left(\frac{x}{p}\right)=(-1)^{|\{1\leqslant k<p/2:\{kx\}_p>p/2\}|} \tag{1.1}$$

where $(\frac{\cdot}{p})$ is the Legendre symbol. This was extended to Jacobi symbols by Jenkins [7] in 1867, who showed (by an elementary method) that for any positive odd integer n and integer x with $\gcd(x,d)=1$ we have

$$\left(\frac{x}{n}\right)=(-1)^{|\{1\leqslant k<n/2:\{kx\}_n>n/2\}|} \tag{1.2}$$

where $(\frac{\cdot}{n})$ is the Jacobi symbol. In the textbook [9, Chap. 11$-$12], H. Rademacher supplied a proof of Jenkins' result by using subtle properties of quadratic Gauss sums.

Now, we present our first new theorem.

Theorem 1.1 Let n be a positive odd integer, and let $x\in \mathbf{Z}$ with gcd $(x(1-x)n)=1$. Then

$$(-1)^{|\{1\leqslant k<n/2:\{kx\}_n>k\}|}=\left(\frac{2x(1-x)}{n}\right) \tag{1.3}$$

Also

$$(-1)^{|\{1\leqslant k<n/2:\{kx\}_n>n/2 \ \& \ \{k(1-x)\}_n>n/2\}|}=\left(\frac{2}{n}\right) \tag{1.4}$$

$$(-1)^{|\{1\leqslant k<n/2:\{kx\}_n<n/2 \ \& \ \{k(1-x)\}_n<n/2\}|}=\left(\frac{2x(n-1)}{n}\right) \tag{1.5}$$

and

$$(-1)^{|\{1\leqslant k<n/2:\{kx\}_n>n/2>\{k(1-x)\}_n\}|}=\left(\frac{2x}{n}\right) \tag{1.6}$$

Let p be an odd prime, and let $a,b,c\in \mathbf{Z}$ and

164

$$S_p(a,b,c) := \prod_{\substack{1 \leqslant i < j \leqslant p-1 \\ p \nmid ai^2 + bij + cj^2}} (ai^2 + bij + ci^2) \qquad (1.7)$$

Using Theorem 1. 1, together with [15, Theorem 1. 2], we completely determine $S_p(a,b,c) \bmod p$ in terms of Legendre symbols.

Theorem 1. 2 Let p an odd prime, and let $a,b,c \in \mathbf{Z}$ and $\Delta = b^2 - 4ac$. When $p \nmid ac(a+b+c)$, we have

$$S_p(a,b,c) \equiv \begin{cases} \left(\dfrac{a(a+b+c)}{p}\right) (\bmod p) & \text{if } p \mid \Delta \\[2mm] -\left(\dfrac{ac(a+b+c)\Delta}{p}\right) (\bmod p) & \text{if } p \nmid \Delta \end{cases} \qquad (1.8)$$

In the case $p \mid ac(a+b+c)$, we have

$$S_p(a,b,c) \equiv \begin{cases} 0(\bmod p) & \text{if } p \mid a, p \mid b \text{ and } p \mid c \\[2mm] -\left(\dfrac{-a}{p}\right)(\bmod p) & \text{if } p \nmid a, p \mid b \text{ and } p \mid c \\[2mm] -\left(\dfrac{b}{p}\right)(\bmod p) & \text{if } p \mid a, p \nmid b \text{ and } p \mid c \\[2mm] -\left(\dfrac{-c}{p}\right)(\bmod p) & \text{if } p \mid a, p \mid b \text{ and } p \nmid c \\[2mm] -\left(\dfrac{c}{p}\right)(\bmod p) & \text{if } p \mid a, p \nmid bc \text{ and } p \mid b+c \\[2mm] -\left(\dfrac{a}{p}\right)(\bmod p) & \text{if } p \nmid ab, p \mid a+b \text{ and } p \mid c \\[2mm] -\left(\dfrac{-a}{p}\right)(\bmod p) & \text{if } p \nmid ac, p \mid a-c \text{ and } p \mid a+b+c \\[2mm] \left(\dfrac{-ac}{p}\right)(\bmod p) & \text{if } p \nmid ac(a-c) \text{ and } p \mid a+b+c \\[2mm] \left(\dfrac{-a(a+b)}{p}\right)(\bmod p) & \text{if } p \nmid ab(a+b) \text{ and } p \mid c \\[2mm] \left(\dfrac{-c(b+c)}{p}\right)(\bmod p) & \text{if } p \mid a \text{ and } p \nmid bc(b+c) \end{cases}$$

$$(1.9)$$

We will prove Theorem 1. 1 and those parts of Theorem 1. 2 not covered by [15, Theorem 1. 2] in Sec. 2.

Let p be an odd prime. For $a,b,c \in \mathbf{Z}$ we introduce

$$T_p(a,b,c) := \prod_{\substack{i,j=1 \\ p \nmid ai^2 + bij + cj^2}}^{(p-1)/2} (ai^2 + bij + cj^2) \qquad (1.10)$$

165

Our following theorem determines $T_p(1, -(a+b), -1)$ modulo p for all $a, b \in \mathbf{Z}$ with $ab \equiv -1 \pmod{p}$.

Theorem 1.3 Let p be any odd prime, and let $a, b \in \mathbf{Z}$ with $ab \equiv -1 \pmod{p}$. Set

$$\{a, b\}_p := \prod_{\substack{i,j=1 \\ i \not\equiv aj, bj \pmod{p}}}^{(p-1)/2} (i - aj)(i - bj) \tag{1.10}$$

which is congruent to $T_p(1, -(a+b), -1)$ modulo p.

(i) We have

$$-\{a, b\}_p \equiv \begin{cases} \left(\dfrac{a-b}{p}\right) \pmod{p} & \text{if } p \equiv 1 \pmod{4} \,\&\, p \nmid (a-b) \\[3mm] \left(\dfrac{a(a-b)}{p}\right) = \left(\dfrac{a^2+1}{p}\right) \pmod{p} & \text{if } p \equiv 3 \pmod{4} \end{cases} \tag{1.12}$$

(ii) If $a \equiv b \pmod{p}$ and $p \equiv 1 \pmod{8}$, then

$$\{a, b\}_p \equiv (-1)^{(p+7)/8} \frac{p-1}{2}! \pmod{p}$$

If $p \equiv 5 \pmod{8}$ and $a \equiv b \equiv (-1)^k ((p-1)/2)! \pmod{p}$ with $k \in \{0, 1\}$, then

$$\{a, b\}_p \equiv (-1)^{k+(p-5)/8} \pmod{p}$$

Our proof of Theorem 1.3 will be given in Sec. 3.

For any $A \in \mathbf{Z}$, we define the Lucas sequences $\{u_n(A)\}_{n \geqslant 0}$ and $\{v_n(A)\}_{n \geqslant 0}$ by $u_0(A) = 0, u_1(A) = 1$, and $u_{n+1}(A) = A u_n(A) + u_{n-1}(A)$ for $n = 1, 2, 3, \cdots$, and $v_0(A) = 2$, $v_1(A) = A$, and $v_{n+1}(A) = A v_n(A) + v_{n-1}(A)$ for $n = 1, 2, 3, \cdots$.

It is well known that

$$u_n(A) = \frac{\alpha^n - \beta^n}{\alpha - \beta} \quad \text{and} \quad u_n(A) = \alpha^n + \beta^n$$

for all $n \in \mathbf{N} = \{0, 1, 2, \cdots\}$, where

$$\alpha = \frac{A + \sqrt{A^2 + 4}}{2} \quad \text{and} \quad \beta = \frac{A - \sqrt{A^2 + 4}}{2}$$

Thus

$$\left(\frac{A \pm \sqrt{A^2 + 4}}{2}\right)^n = \frac{v_n(A) \pm u_n(A)\sqrt{A^2 + 4}}{2} \quad \text{for all } n \in \mathbf{N} \tag{1.13}$$

Now, we state our fourth theorem which determines $T_p(1, -A,$

166

-1) for any odd prime p and integer A.

Theorem 1.4 Let p be an odd prime and let $A \in \mathbf{Z}$.

(i) Suppose that $p \mid (A^2 + 4)$. Then

$$p \equiv 1 \pmod 4,\ \frac{A}{2} \equiv (-1)^k \left(\frac{p-1}{2}\right)! \pmod p \text{ for some } k \in \{0,1\}$$

and

$$T_p(1, -A, -1) \equiv \begin{cases} (-1)^{(p+7)/8} \left(\dfrac{p-1}{2}\right)! \pmod p & \text{if } p \equiv 1 \pmod 8 \\[2mm] (-1)^{k+(p-5)/8} \pmod p & \text{if } p \equiv 5 \pmod 8 \end{cases}$$

$$(1.14)$$

(ii) When $\left(\dfrac{A^2+4}{p}\right) = 1$, we have

$$T_p(1, -A, -1) \equiv \begin{cases} -(A^2+4)^{(p-1)/4} \pmod p & \text{if } p \equiv 1 \pmod 4 \\[2mm] -(A^2+4)^{(p+1)/4} u_{(p-1)/2}(A)/2 \pmod p & \text{if } p \equiv 3 \pmod 4 \end{cases}$$

$$(1.15)$$

(iii) When $\left(\dfrac{A^2+4}{p}\right) = -1$, we have

$$T_p(1, -A, -1) \equiv \begin{cases} (-A^2-4)^{(p-1)/4} \pmod p & \text{if } p \equiv 1 \pmod 4 \\[2mm] (-A^2-4)^{(p+1)/4} u_{(p+1)/2}(A)/2 \pmod p & \text{if } p \equiv 3 \pmod 4 \end{cases}$$

$$(1.16)$$

We will prove Theorem 1.4 in Sec. 4.

Let p be a prime with $p \equiv 1 \pmod 4$. Then $\left(\dfrac{p-1}{2}!\right)^2 \equiv -1 \pmod p$ by Wilson's theorem. We may write $p = x^2 + y^2$ with $x, y \in \mathbf{Z}$, $x \equiv 1 \pmod 4$ and $y \equiv \dfrac{p-1}{2}!\ x \pmod p$. Recall that an integer a not divisible by p is a quartic residue modulo p(i. e. $z^4 \equiv a \pmod p$ for some $z \in \mathbf{Z}$) if and only if $a^{(p-1)/4} \equiv 1 \pmod p$. Dirichlet proved that 2 is a quartic residue modulo p if and only if $8 \mid y$ (see, e. g. , [6, p. 64, Exercise 28]). On the other hand, we have

$$\left| \left\{ 1 \leqslant k < \frac{p}{4} : \left(\frac{k}{p}\right) = 1 \right\} \right| \equiv 0 \pmod 2 \Leftrightarrow y \equiv (-1)^{(p-1)/4} - 1 \pmod 8$$

as discovered by Burde [2] and reproved by Williams[16]. In view of Williams and Currie[17, (1. 4)], we have

167

$$2^{(p-1)/4} \equiv (-1)^{\left| \left\{ 1 \leqslant k < \frac{p}{4} : \left(\frac{k}{p}\right) = -1 \right\} \right|} \times \begin{cases} 1 \pmod{p} & \text{if } p \equiv 1 \pmod 8 \\ \dfrac{p-1}{2}! \pmod{p} & \text{if } p \equiv 5 \pmod 8 \end{cases}$$

By Dirichlet's class number formula (see, e. g. ,Dickson[4,p. 101])

$$\frac{p-1}{2} - 4\left| \left\{ 1 \leqslant k < \frac{p}{4} : \left(\frac{k}{p}\right) = -1 \right\} \right| = h(-4p)$$

where $h(d)$ with $d \equiv 0,1 \pmod 4$ not a square denotes the class number of the qudratic field with discriminant d. In 1905, Lerch (see,e. g. ,[5]) proved that

$$h(-3p) = 2 \sum_{1 \leqslant k < p/3} \left(\frac{k}{p}\right)$$

By[17, Lemma,14]

$$(-3)^{(p-1)/4} \equiv \begin{cases} (-1)^{h(-3p)/4} \pmod{p} & \text{if } p \equiv 1 \pmod{12} \\ (-1)^{(h(-3p)-2)/4} \dfrac{p-1}{2}! \pmod{p} & \text{if } p \equiv 5 \pmod{12} \end{cases}$$

Thus, if $p \equiv 1 \pmod{12}$ then

$$(-3)^{(p-1)/4} \equiv (-1)^{\frac{1}{2} \sum\limits_{k=1}^{(p-1)/3} \left(\left(\frac{k}{p}\right) -1 \right) + \frac{p-1}{6}}$$

$$= (-1)^{\left| \left\{ 1 \leqslant k < \frac{p}{3} : \left(\frac{k}{p}\right) = -1 \right\} \right|}$$

similarly, if $p \equiv 5 \pmod{12}$ then

$$(-3)^{(p-1)/4} \equiv (-1)^{\left| \left\{ 1 \leqslant k < \frac{p}{3} : \left(\frac{k}{p}\right) = -1 \right\} \right|} \dfrac{p-1}{2}! \pmod{p}$$

From Theorem 1. 4, we deduce the following result which will be proved in Sec. 5.

Theorem 1. 5 Let p be an odd prime.

(i) We have

$$T_p(1,-1,-1) \equiv \begin{cases} -5^{(p-1)/4} \pmod{p} & \text{if } p \equiv 1,9 \pmod{20} \\ (-5)^{(p-1)/4} \pmod{p} & \text{if } p \equiv 13,17 \pmod{20} \\ (-1)^{[(p-10)/20]} \pmod{p} & \text{if } p \equiv 3,7 \pmod{20} \\ (-1)^{[(p-5)/10]} \pmod{p} & \text{if } p \equiv 11,19 \pmod{20} \end{cases}$$

$$(1. 17)$$

(ii) We have

168

$$T_p(1,-2,-1) \equiv \begin{cases} -2^{(p-1)/4}\,(\bmod\ p) & \text{if } p \equiv 1\,(\bmod\ 8) \\ 2^{(p-1)/4}\,(\bmod\ p) & \text{if } p \equiv 5\,(\bmod\ 8) \\ (-1)^{(p-3)/8}\,(\bmod\ p) & \text{if } p \equiv 3\,(\bmod\ 8) \\ (-1)^{(p-7)/8}\,(\bmod\ p) & \text{if } p \equiv 7\,(\bmod\ 8) \end{cases}$$

$$(1.18)$$

Now, we state our sixth theorem.

Theorem 1.6 Let $p > 3$ be a prime and let $\delta \in \{\pm 1\}$. If $p \equiv 1\,(\bmod\ 4)$, then

$$T_P(2,5\delta,2) \equiv (-1)^{\lfloor (p+11)/12 \rfloor} \quad (\bmod\ p) \qquad (1.19)$$

When $p \equiv 3\,(\bmod\ 4)$, we have

$$T_p(2,5\delta,2) \equiv \left(\frac{6}{p}\right)\frac{\delta 2^\delta}{3^\delta}\begin{bmatrix}(p-3)/2 \\ (p-3)/4\end{bmatrix}^{-2\delta} \quad (\bmod\ p) \qquad (1.20)$$

Note that there is no simple closed form for $\begin{bmatrix}(p-3)/2 \\ (p-3)/4\end{bmatrix}$ modulo a prime $p \equiv 3\,(\bmod\ 4)$. For a prime $p \equiv 1\,(\bmod\ 4)$ with $p = x^2 + y^2$ (x, $y \in \mathbf{Z}$) and $x \equiv 1\,(\bmod\ 4)$, Gauss showed the congruence $\begin{bmatrix}(p-1)/2 \\ (p-1)/4\end{bmatrix} \equiv 2x\,(\bmod\ p)$, and Chowla et al. [3] used Gauss and Jacobi sums to prove further that

$$\begin{bmatrix}(p-1)/2 \\ (p-1)/4\end{bmatrix} \equiv \frac{2^{p-1}+1}{2}(2x - \frac{p}{2x})\,(\bmod\ p^2)$$

which was first conjectured by Beukers (see also[1,Chap. 9] for further related results).

Though we have made some numerical tests via a computer, we are unable to find general patterns for $T_p(a,b,c)$ modulo p, where p is an arbitrary odd prime and a,b,c are arbitrary integers.

Let p be an odd prime. It is known (cf. [15,(1.6) and (1.7)]) that

$$\prod_{\substack{1\leqslant i<j\leqslant(p-1)/2 \\ p\nmid i^2+j^2}} (i^2+j^2) \equiv \begin{cases} (-1)^{\lfloor (p-5)/8 \rfloor}\,(\bmod\ p) & \text{if } p \equiv 1\,(\bmod\ 4) \\ (-1)^{\lfloor (p+1)/8 \rfloor}\,(\bmod\ p) & \text{if } p \equiv 3\,(\bmod\ 4) \end{cases}$$

From this we immediately get

$$\prod_{\substack{1\leqslant i<j\leqslant(p-1)/2 \\ p\nmid i^2+j^2}}\left(\frac{i^2+j^2}{p}\right)\equiv\begin{cases}1 & \text{if } p\equiv1(\mathrm{mod}\ 4)\\(-1)^{\lfloor(p+1)/8\rfloor} & \text{if } p\equiv3(\mathrm{mod}\ 4)\end{cases}$$

As the product $\displaystyle\prod_{1\leqslant i<j\leqslant(p-1)/2}(i^2-j^2)$ modulo p was determined via [15, (1.5)], we also know the value of the product

$$\prod_{1\leqslant i<j\leqslant(p-1)/2}\left(\frac{i^2-j^2}{p}\right)=\prod_{1\leqslant i<j\leqslant(p-1)/2}\left(\frac{i-j}{p}\right)\left(\frac{i+j}{p}\right)$$

Motivated by this, we obtain the following result.

Theorem 1.7 Let $p>3$ be a prime and let $\delta\in\{\pm1\}$. Then

$$\prod_{1\leqslant i<j\leqslant(p-1)/2}\left(\frac{j+\delta i}{p}\right)=\begin{cases}(-1)^{\left|\left\{0<k<\frac{p}{4}:\left(\frac{k}{p}\right)=\delta\right\}\right|} & \text{if } p\equiv1(\mathrm{mod}\ 4)\\(-1)^{(p-3)/8} & \text{if } p\equiv3(\mathrm{mod}\ 8)\\(-1)^{(p+1)/8+(h(-p)+1)/2} & \text{if } p\equiv7(\mathrm{mod}\ 8)\end{cases}$$

$$(1.21)$$

We will prove Theorems 1.6 and 1.7 in Sec. 6, and pose ten conjectures in Sec. 7.

2. Proofs of Theorems 1.1 and 1.2

Proof of Theorem 1.1 For each $k=1,\cdots,(n-1)/2$, we have

$$\left\lfloor\frac{kx}{n}\right\rfloor-\left\lfloor\frac{k(x-1)}{n}\right\rfloor=\begin{cases}0 & \text{if }\{kx\}_n>k\\1 & \text{if }\{kx\}_n<k\end{cases}$$

Thus

$$\left|\left\{1\leqslant k<\frac{n}{2}:(kx)_n>k\right\}\right|=\frac{n-1}{2}-\sum_{k=1}^{(n-1)/2}\left(\left\lfloor\frac{kx}{n}\right\rfloor-\left\lfloor\frac{k(x-1)}{n}\right\rfloor\right)$$

and hence

$$(-1)^{\left|\left\{0\leqslant k<\frac{n}{2}:\{kx\}_n>k\right\}\right|}\left(\frac{-1}{n}\right)$$

$$=(-1)^{\sum_{k=1}^{(n-1)/2}\lfloor\frac{kx}{n}\rfloor+\sum_{k=1}^{(n-1)/2}\lfloor\frac{k(x-1)}{n}\rfloor}$$

$$=(-1)^{\left(\sum_{k=1}^{(n-1)/2}(2x-1)k-\sum_{k=1}^{(n-1)/2}\{kx\}_n-\sum_{k=1}^{(n-1)/2}\{k(x-1)\}_n\right)/n}$$

$$=(-1)^{(n^2-1)/8}(-1)^{\sum_{k=1}^{(n-1)/2}\{kx\}_n+\sum_{k=1}^{(n-1)/2}\{k(x-1)\}_n}$$

7. Some Related Conjectures

Motivated by our results in Sec. 1, here we pose 10 conjectures for further research. We have verified all the following conjectures for primes $p<13\,000$.

170

Conjecture 7.1 Let $p > 3$ be a prime and let $\delta \in \{\pm 1\}$. Then

$$\prod_{\substack{1 \leqslant i < j \leqslant (p-1)/2 \\ p \nmid 2i^2 + \delta 5ij + 2j^2}} \left(\frac{2i^2 + \delta 5ij + 2j^2}{p} \right) = \frac{1}{2} \left(\frac{\delta}{p} \right) \left(\left(\frac{-1}{p} \right) + \left(\frac{2}{p} \right) + \left(\frac{6}{p} \right) - \left(\frac{p}{3} \right) \right)$$

$$(7.1)$$

Conjecture 7.2 Let $p > 3$ be a prime. Then

$$\prod_{\substack{1 \leqslant i < j \leqslant (p-1)/2 \\ p \nmid i^2 - ij + j^2}} \left(\frac{i^2 - ij + j^2}{p} \right) = \begin{cases} -1 & \text{if } p \equiv 5,7 \pmod{24} \\ 1 & \text{otherwise} \end{cases} \qquad (7.2)$$

Also

$$\prod_{\substack{1 \leqslant i < j \leqslant (p-1)/2 \\ p \nmid i^2 + ij + j^2}} \left(\frac{i^2 + ij + j^2}{p} \right) = \begin{cases} -1 & \text{if } p \equiv 5,11 \pmod{24} \\ 1 & \text{otherwise} \end{cases} \qquad (7.3)$$

Conjecture 7.3 Let $p > 3$ be a prime. Then

$$\prod_{\substack{1 \leqslant i < j \leqslant (p-1)/2 \\ p \nmid i^2 - 3ij + j^2}} \left(\frac{i^2 - 3ij + j^2}{p} \right) = \begin{cases} -1 & \text{if } p \equiv 7,19 \pmod{20} \\ 1 & \text{otherwise} \end{cases} \qquad (7.4)$$

Also

$$\prod_{\substack{1 \leqslant i < j \leqslant (p-1)/2 \\ p \nmid i^2 + 3ij + j^2}} \left(\frac{i^2 + 3ij + j^2}{p} \right) = \begin{cases} -1 & \text{if } p \equiv 19,23,27,31 \pmod{40} \\ 1 & \text{otherwise} \end{cases}$$

$$(7.5)$$

Recall that for any prime $p \equiv 3 \pmod 4$ the class number $h(-p)$ of the imaginary quadratic field $\mathbf{Q}(\sqrt{-p})$ is odd by[8].

Conjecture 7.4 Let $\delta \in \{\pm 1\}$.

(i) For any prime $p \equiv 1 \pmod{12}$, we have

$$T_p(1, 4\delta, 1) \equiv -3^{(p-1)/4} \pmod{p} \qquad (7.6)$$

(ii) Let $p > 3$ be a prime. Then

$$\prod_{\substack{1 \leqslant i < j \leqslant (p-1)/2 \\ p \nmid i^2 + \delta 4ij + j^2}} \left(\frac{i^2 + \delta 4ij + j^2}{p} \right) = \begin{cases} 1 & \text{if } p \equiv 1 \pmod{24} \\ (-1)^{\left| \left\{ 0 < k < \frac{p}{4} : \left(\frac{k}{p} \right) = -1 \right\} \right|} & \text{if } p \equiv 17 \pmod{24} \\ \delta(-1)^{\left| \left\{ 0 < k < \frac{p}{12} : \left(\frac{k}{p} \right) = -1 \right\} \right| - 1} & \text{if } p \equiv 7 \pmod{24} \\ \delta(-1)^{\left| \left\{ 0 < k < \frac{p}{12} : \left(\frac{k}{p} \right) = -1 \right\} \right| + \frac{h(-p)-1}{2}} & \text{if } p \equiv 19 \pmod{24} \end{cases}$$

$$(7.7)$$

Conjecture 7.5 Let $p > 3$ be a prime. Then

$$\prod_{\substack{1 \leqslant i < j \leqslant (p-1)/2 \\ p \nmid 4i^2 + j^2}} \left(\frac{4i^2 + j^2}{p} \right) = \begin{cases} 1 & \text{if } p \equiv 1,7,9,19 \pmod{24} \\ -1 & \text{otherwise} \end{cases}$$

171

Conjecture 7.6 Let $p>3$ be a prime. Then

$$(-1)^{\left|\left\{1\leqslant k<\frac{p}{3}:\left(\frac{k}{p}\right)=-1\right\}\right|}\prod_{\substack{i,j=1\\p\nmid 3i+j}}^{(p-1)/2}\left(\frac{3i+j}{p}\right)=\begin{cases}1 & \text{if } p\equiv\pm 1\pmod{12}\\(-1)^{\lfloor p/12\rfloor} & \text{if } p\equiv\pm 5\pmod{12}\end{cases}$$

and

$$\prod_{\substack{i,j=1\\p\nmid 3i-j}}^{(p-1)/2}\left(\frac{3i-j}{p}\right)=\begin{cases}(-1)^{\left|\left\{1\leqslant k<\frac{p}{3}:\left(\frac{k}{p}\right)=-1\right\}\right|+\frac{p-1}{12}} & \text{if } p\equiv 1\pmod{12}\\(-1)^{\left|\left\{1\leqslant k<\frac{p}{3}:\left(\frac{k}{p}\right)=-1\right\}\right|-1} & \text{if } p\equiv 5\pmod{12}\\(-1)^{\left|\left\{1\leqslant k<\frac{p}{6}:\left(\frac{k}{p}\right)=-1\right\}\right|+\frac{p+1}{4}} & \text{if } p\equiv 7\pmod{12}\\-1 & \text{if } p\equiv 11\pmod{12}\end{cases}$$

Conjecture 7.7 Let $p>3$ be a prime. Then

$$\prod_{\substack{i,j=1\\p\nmid 4i+j}}^{(p-1)/2}\left(\frac{4i+j}{p}\right)=\begin{cases}1 & \text{if } p\equiv 1\pmod 4\\(-1)^{(h(-p)-1)/2+\lfloor p/8\rfloor} & \text{if } p\equiv 8\pmod{12}\\(-1)^{\left|\left\{1\leqslant k<\frac{p}{4}:\left(\frac{k}{p}\right)=-1\right\}\right|} & \text{if } p\equiv 7\pmod 8\end{cases}$$

and

$$\prod_{\substack{i,j=1\\p\nmid 4i-j}}^{(p-1)/2}\left(\frac{4i-j}{p}\right)=\begin{cases}(-1)^{(p-1)/4} & \text{if } p\equiv 1\pmod 4\\(-1)^{\lfloor p/8\rfloor} & \text{if } p\equiv 3\pmod 4\end{cases}$$

Conjecture 7.8 Let $p>5$ be a prime. Then

$$(-1)^{\left|\left\{1\leqslant k<\frac{p}{10}:\left(\frac{k}{p}\right)=-1\right\}\right|}\prod_{\substack{i,j=1\\p\nmid 5i+j}}^{(p-1)/2}\left(\frac{5i+j}{p}\right)=\begin{cases}(-1)^{\lfloor(p+1)/10\rfloor} & \text{if } p\equiv\pm 1,\pm 3\pmod{20}\\(-1)^{\lfloor p/20\rfloor} & \text{if } p\equiv\pm 7\pmod{20}\\(-1)^{\lfloor(p+9)/20\rfloor} & \text{if } p\equiv\pm 9\pmod{20}\end{cases}$$

and

$$\prod_{\substack{i,j=1\\p\nmid 5i-j}}^{(p-1)/2}\left(\frac{5i-j}{p}\right)=\begin{cases}(-1)^{(h(-p)+1)/2} & \text{if } p\equiv 3,7\pmod{20}\\(-1)^{(p+9)/20} & \text{if } p\equiv-9\pmod{20}\\(-1)^{\left|\left\{1\leqslant k<\frac{p}{10}:\left(\frac{k}{p}\right)=-1\right\}\right|+(h(-p)-1)/2} & \text{if } p\equiv-1\pmod{20}\\(-1)^{\left|\left\{1\leqslant k<\frac{p}{10}:\left(\frac{k}{p}\right)=-1\right\}\right|+\lfloor(p+3)/20\rfloor} & \text{if } p\equiv 1,-3\pmod{20}\\(-1)^{\left|\left\{1\leqslant k<\frac{p}{10}:\left(\frac{k}{p}\right)=-1\right\}\right|+\lfloor(p-3)/20\rfloor} & \text{if } p\equiv-7,9\pmod{20}\end{cases}$$

Conjecture 7.9 For any prime $p>3$, we have

$$\prod_{\substack{i,j=1\\p\nmid 6i+j}}^{(p-1)/2}\left(\frac{6i+j}{p}\right)=\begin{cases}(-1)^{\left|\left\{1\leqslant k<\frac{p}{12}:\left(\frac{k}{p}\right)=-1\right\}\right|} & \text{if } p\equiv 1\pmod{24}\\(-1)^{\left|\left\{\frac{p+3}{4}\leqslant k\leqslant\lfloor\frac{p+1}{3}\rfloor:\left(\frac{k}{p}\right)=-1\right\}\right|} & \text{if } p\equiv 5,-7,-11\pmod{24}\\(-1)^{(h(-p)+1)/2+\lfloor(p+1)/24\rfloor} & \text{if } p\equiv-1,-5\pmod{24}\\(-1)^{\lfloor p/24\rfloor-1} & \text{if } p\equiv 7,11\pmod{24}\end{cases}$$

172

and

$$\prod_{\substack{i,j=1\\p\nmid 6i-j}}^{(p-1)/2} \left(\frac{6i-j}{p}\right) = (-1)^{\left|\left\{\frac{p+2}{4}<k<\frac{p}{3}:\left(\frac{k}{p}\right)=1\right\}\right|}$$

Conjecture 7.10 Let $p>3$ be a prime. Then

$$(-1)^{\left|\left\{1\leqslant k<\frac{p}{4}:\left(\frac{k}{p}\right)=-1\right\}\right|} \prod_{\substack{i,j=1\\p\nmid 8i+j}}^{(p-1)/2} \left(\frac{8i+j}{p}\right) = \begin{cases} (-1)^{(p+1)/8} & \text{if } p\equiv-1\,(\mathrm{mod}\ 8) \\ 1 & \text{otherwise} \end{cases}$$

and

$$\prod_{\substack{i,j=1\\p\nmid 8i-j}}^{(p-1)/2} \left(\frac{8i-j}{p}\right) = \begin{cases} (-1)^{\left|\left\{1\leqslant k<\frac{p}{4}:\left(\frac{k}{p}\right)=1\right\}\right|} & \text{if } p\equiv 1\,(\mathrm{mod}\ 4) \\ (-1)^{(h(-p)+1)/2+(p-3)/8} & \text{if } p\equiv 3\,(\mathrm{mod}\ 8) \\ -1 & \text{if } p\equiv 7\,(\mathrm{mod}\ 8) \end{cases}$$

Acknowledgments

The research is supported by the Natural Science Foundation of China(Grant No. 11971222). The author would like to thank the referee for helpful comments.

References

[1] B. C. Berndt, R. J. Evans and K. S. Williams, Gauss and Jacobi Sums (John Wiley&Sons,1998).

[2] K. Burde, Eine Verteilungseigenschaft der Legendresymbole, J. Number Theory 12(1980),273-277.

[3] S. Chowla, B. Dwork and R. J. Evans. On the mod p^2 determination of $\begin{pmatrix}(p-1)/2\\(p-1)/4\end{pmatrix}$. J. Number Theory 24(1986),188-196.

[4] L. E. Dickson, History of the Theory of Numbers, Vol. Ⅲ (AMS Chelsen Publ. ,1999).

[5] R. H. Hudson and K. S. Williams, Class number formulae of Dirichlet type, Math. Comp. 39(1982),725-732.

[6] K. Ireland and M. Rosen, A Classical Introduction to Modern Number Theory, 2nd edn. Graduate Texts in Mathematics, Vol. 84 (Springer, New York,1990).

[7] M. Jenkins, Proof of an Arithmetical Theorem leading, by means of Gauss fourth demonstration of Legendres law of reciprocity, to the

extension of that law，Proc. London Math. Soc. 2(1867)29-32.

[8] L. J. Mordell, The congruence $((p\text{-}1)/2)! \equiv \pm 1 (\bmod\ p)$，Amer. Math. Monthly 68(1961)145-146.

[9] H. Rademacher，Lectures on Elementary Number Theory (Blaisdell Publishing Company，New York，1964).

[10] P. Ribenboim，The Book of Prime Number Records (Springer，New York，1980).

[11] Z. H. Sun，Values of Lucas sequences modulo primes，Rocky Mountain J. Math. 33(2013)1123-1145.

[12] Z. H. Sun and Z. W. Sun，Fibonacci numbers and Fermat's last theorem，Acta Arith. 60(1992)371-388.

[13] Z. W. Sun，Binomial coefficients，Catalan numbers and Lucas quotients，Sci. China Math. 53(2010)2473-3488.

[14] Z. W. Sun. On some determinants with Legendre symbol entries，Finite Fields Appl. 56(2019)285-307.

[15] Z. W. Sun. Quadratic residues and related permutations and identities，Finite Fields Appl. 59(2019)246-283.

[16] K. S. Williams. On the quadratic residues (mod p) in the interval (0，$p/4$)，Canad. Math. Bull. 26(1983)123-124.

[17] K. S. Williams and J. D. Currie，Class numbers and biquadratic reciprocity，cCanad. J. Math. 34(1982)969-988.

学习数学读一点经典著作，做几道真正有价值的习题是非常重要的. 中国科学院物理研究所的曹则贤研究员在其新著《物理学中二指南》一书中曾有这样的表述：

这两位物理学巨擘——泡利和狄拉克，不仅在少年时就学会了相对论，且还会运用相对论. 他们都是量子力学的奠基人，相对论的功底以及对相对论的贡献也可圈可点. 他们之所以能到达如此的高度，重要的一点是在岁数更小的少年时期真正地学会了真正的数学. 所谓的"完全掌握了数学物理的工具"（the full command of the tools of mathematical physics），才是不二法则．注意，我说的数学是真正的数学，不是你家少年在教科书或辅导书中学到的那种数学．

在古典教育中，教育的最重要功能是"认识自己"，但在现代社会，教育被赋予了"改变命运"的使命．由此带来的一个令普通人都感到困惑的现象，那就是"内卷化"．这本是一个社会学研究中的一个名词，没想到在今天处处可见．它是一种向外努力的势头被限制之后方向的扭曲．比如所谓的高考数学，它将所有学生的宝贵时间及求知欲、探索欲都限制在越来越简单的高考数学大纲中．而我们数学工作室在成立之初就立志要将世界各国的数学名著引介到国内，不忘初心，牢记使命，今天我们在路上．

本书虽然是名家名著，但是太薄了．国人在消费领域还停留在 20 世纪那种"高、大、厚、重"的贫穷思维中，所以不得已由笔者进行了一点"增肥"．真正懂行的读者完全可以忽略之而只读原文，并将其视为包装精品的纸屑．当然如果读之能有些许收获那是意外之喜．笔者很认同周作人先生对文章的比喻：

> 在《结缘豆》这篇文章里，周作人说他很喜欢佛教里的两个字，曰业曰缘，又将写文章比作"结缘豆"——"煮豆微撒以盐而给人吃之"．他说："古人往矣，身后名亦复何足道，唯留存二三佳作，使今人读之欣然有同感，斯已足矣，今人之所能留赠后人者亦止此，此均是豆也；几颗豆豆，吃过忘记未为不可，能略为记得，无论转化作何形状，都是好的，我想这恐怕是文艺的一点效力，他只是结点缘罢了．"
>
> （摘自《青灯集》，钟叔河著，湖北人民出版社，2008．）

刘培杰

2021 年 5 月 10 日

于哈工大

人名索引

俄文人名索引

刘培杰数学工作室
已出版(即将出版)图书目录——初等数学

书 名	出版时间	定 价	编号
新编中学数学解题方法全书(高中版)上卷(第2版)	2018—08	58.00	951
新编中学数学解题方法全书(高中版)中卷(第2版)	2018—08	68.00	952
新编中学数学解题方法全书(高中版)下卷(一)(第2版)	2018—08	58.00	953
新编中学数学解题方法全书(高中版)下卷(二)(第2版)	2018—08	58.00	954
新编中学数学解题方法全书(高中版)下卷(三)(第2版)	2018—08	68.00	955
新编中学数学解题方法全书(初中版)上卷	2008—01	28.00	29
新编中学数学解题方法全书(初中版)中卷	2010—07	38.00	75
新编中学数学解题方法全书(高考复习卷)	2010—01	48.00	67
新编中学数学解题方法全书(高考真题卷)	2010—01	38.00	62
新编中学数学解题方法全书(高考精华卷)	2011—03	68.00	118
新编平面解析几何解题方法全书(专题讲座卷)	2010—01	18.00	61
新编中学数学解题方法全书(自主招生卷)	2013—08	88.00	261
数学奥林匹克与数学文化(第一辑)	2006—05	48.00	4
数学奥林匹克与数学文化(第二辑)(竞赛卷)	2008—01	48.00	19
数学奥林匹克与数学文化(第二辑)(文化卷)	2008—07	58.00	36'
数学奥林匹克与数学文化(第三辑)(竞赛卷)	2010—01	48.00	59
数学奥林匹克与数学文化(第四辑)(竞赛卷)	2011—08	58.00	87
数学奥林匹克与数学文化(第五辑)	2015—06	98.00	370
世界著名平面几何经典著作钩沉——几何作图专题卷(共3卷)	2022—01	198.00	1460
世界著名平面几何经典著作钩沉(民国平面几何老课本)	2011—03	38.00	113
世界著名平面几何经典著作钩沉(建国初期平面三角老课本)	2015—08	38.00	507
世界著名解析几何经典著作钩沉——平面解析几何卷	2014—01	38.00	264
世界著名数论经典著作钩沉(算术卷)	2012—01	28.00	125
世界著名数学经典著作钩沉——立体几何卷	2011—02	28.00	88
世界著名三角学经典著作钩沉(平面三角卷Ⅰ)	2010—06	28.00	69
世界著名三角学经典著作钩沉(平面三角卷Ⅱ)	2011—01	38.00	78
世界著名初等数论经典著作钩沉(理论和实用算术卷)	2011—07	38.00	126
发展你的空间想象力(第3版)	2021—01	98.00	1464
空间想象力进阶	2019—05	68.00	1062
走向国际数学奥林匹克的平面几何试题诠释.第1卷	2019—07	88.00	1043
走向国际数学奥林匹克的平面几何试题诠释.第2卷	2019—09	78.00	1044
走向国际数学奥林匹克的平面几何试题诠释.第3卷	2019—03	78.00	1045
走向国际数学奥林匹克的平面几何试题诠释.第4卷	2019—09	98.00	1046
平面几何证明方法全书	2007—08	35.00	1
平面几何证明方法全书习题解答(第2版)	2006—12	18.00	10
平面几何天天练上卷·基础篇(直线型)	2013—01	58.00	208
平面几何天天练中卷·基础篇(涉及圆)	2013—01	28.00	234
平面几何天天练下卷·提高篇	2013—01	58.00	237
平面几何专题研究	2013—07	98.00	258
平面几何解题之道.第1卷	2022—05	38.00	1494
几何学习题集	2020—10	48.00	1217
通过解题学习代数几何	2021—04	88.00	1301

刘培杰数学工作室
已出版(即将出版)图书目录——初等数学

书　名	出版时间	定　价	编号
最新世界各国数学奥林匹克中的平面几何试题	2007－09	38.00	14
数学竞赛平面几何典型题及新颖解	2010－07	48.00	74
初等数学复习及研究(平面几何)	2008－09	68.00	38
初等数学复习及研究(立体几何)	2010－06	38.00	71
初等数学复习及研究(平面几何)习题解答	2009－01	58.00	42
几何学教程(平面几何卷)	2011－03	68.00	90
几何学教程(立体几何卷)	2011－07	68.00	130
几何变换与几何证题	2010－06	88.00	70
计算方法与几何证题	2011－06	28.00	129
立体几何技巧与方法	2014－04	88.00	293
几何瑰宝——平面几何500名题暨1500条定理(上、下)	2021－07	168.00	1358
三角形的解法与应用	2012－07	18.00	183
近代的三角形几何学	2012－07	48.00	184
一般折线几何学	2015－08	48.00	503
三角形的五心	2009－06	28.00	51
三角形的六心及其应用	2015－10	68.00	542
三角形趣谈	2012－08	28.00	212
解三角形	2014－01	28.00	265
探秘三角形:一次数学旅行	2021－10	68.00	1387
三角学专门教程	2014－09	28.00	387
图天下几何新题试卷.初中(第2版)	2017－11	58.00	855
圆锥曲线习题集(上册)	2013－06	68.00	255
圆锥曲线习题集(中册)	2015－01	78.00	434
圆锥曲线习题集(下册·第1卷)	2016－10	78.00	683
圆锥曲线习题集(下册·第2卷)	2018－01	98.00	853
圆锥曲线习题集(下册·第3卷)	2019－10	128.00	1113
圆锥曲线的思想方法	2021－08	48.00	1379
圆锥曲线的八个主要问题	2021－10	48.00	1415
论九点圆	2015－05	88.00	645
近代欧氏几何学	2012－03	48.00	162
罗巴切夫斯基几何学及几何基础概要	2012－07	28.00	188
罗巴切夫斯基几何学初步	2015－06	28.00	474
用三角、解析几何、复数、向量计算解数学竞赛几何题	2015－03	48.00	455
用解析法研究圆锥曲线的几何理论	2022－05	48.00	1495
美国中学几何教程	2015－04	88.00	458
三线坐标与三角形特征点	2015－04	98.00	460
坐标几何学基础.第1卷,笛卡儿坐标	2021－08	48.00	1398
坐标几何学基础.第2卷,三线坐标	2021－09	28.00	1399
平面解析几何方法与研究(第1卷)	2015－05	18.00	471
平面解析几何方法与研究(第2卷)	2015－06	18.00	472
平面解析几何方法与研究(第3卷)	2015－07	18.00	473
解析几何研究	2015－01	38.00	425
解析几何学教程.上	2016－01	38.00	574
解析几何学教程.下	2016－01	38.00	575
几何学基础	2016－01	58.00	581
初等几何研究	2015－02	58.00	444
十九和二十世纪欧氏几何学中的片段	2017－01	58.00	696
平面几何中考.高考.奥数一本通	2017－07	28.00	820
几何学简史	2017－08	28.00	833
四面体	2018－01	48.00	880
平面几何证明方法思路	2018－12	68.00	913

刘培杰数学工作室
已出版(即将出版)图书目录——初等数学

书　名	出版时间	定　价	编号
平面几何图形特性新析.上篇	2019—01	68.00	911
平面几何图形特性新析.下篇	2018—06	88.00	912
平面几何范例多解探究.上篇	2018—04	48.00	910
平面几何范例多解探究.下篇	2018—12	68.00	914
从分析解题过程学解题:竞赛中的几何问题研究	2018—07	68.00	946
从分析解题过程学解题:竞赛中的向量几何与不等式研究(全2册)	2019—06	138.00	1090
从分析解题过程学解题:竞赛中的不等式问题	2021—01	48.00	1249
二维、三维欧氏几何的对偶原理	2018—12	38.00	990
星形大观及闭折线论	2019—03	68.00	1020
立体几何的问题和方法	2019—11	58.00	1127
三角代换论	2021—05	58.00	1313
俄罗斯平面几何问题集	2009—08	88.00	55
俄罗斯立体几何问题集	2014—03	58.00	283
俄罗斯几何大师——沙雷金论数学及其他	2014—01	48.00	271
来自俄罗斯的5000道几何习题及解答	2011—03	58.00	89
俄罗斯初等数学问题集	2012—05	38.00	177
俄罗斯函数问题集	2011—03	38.00	103
俄罗斯组合分析问题集	2011—01	48.00	79
俄罗斯初等数学万题选——三角卷	2012—11	38.00	222
俄罗斯初等数学万题选——代数卷	2013—08	68.00	225
俄罗斯初等数学万题选——几何卷	2014—01	68.00	226
俄罗斯《量子》杂志数学征解问题100题选	2018—08	48.00	969
俄罗斯《量子》杂志数学征解问题又100题选	2018—08	48.00	970
俄罗斯《量子》杂志数学征解问题	2020—05	48.00	1138
463个俄罗斯几何老问题	2012—01	28.00	152
《量子》数学短文精粹	2018—09	38.00	972
用三角、解析几何等计算解来自俄罗斯的几何题	2019—11	88.00	1119
基谢廖夫平面几何	2022—01	48.00	1461
数学:代数、数学分析和几何(10—11年级)	2021—01	48.00	1250
立体几何.10—11年级	2022—01	58.00	1472
直观几何学:5—6年级	2022—04	58.00	1508

谈谈素数	2011—03	18.00	91
平方和	2011—03	18.00	92
整数论	2011—05	38.00	120
从整数谈起	2015—10	28.00	538
数与多项式	2016—01	38.00	558
谈谈不定方程	2011—05	28.00	119

解析不等式新论	2009—06	68.00	48
建立不等式的方法	2011—03	98.00	104
数学奥林匹克不等式研究(第2版)	2020—07	68.00	1181
不等式研究(第二辑)	2012—02	68.00	153
不等式的秘密(第一卷)(第2版)	2014—02	38.00	286
不等式的秘密(第二卷)	2014—01	38.00	268
初等不等式的证明方法	2010—06	38.00	123
初等不等式的证明方法(第二版)	2014—11	38.00	407
不等式·理论·方法(基础卷)	2015—07	38.00	496
不等式·理论·方法(经典不等式卷)	2015—07	38.00	497
不等式·理论·方法(特殊类型不等式卷)	2015—07	48.00	498
不等式探究	2016—03	38.00	582
不等式探秘	2017—01	88.00	689
四面体不等式	2017—01	68.00	715
数学奥林匹克中常见重要不等式	2017—09	38.00	845

刘培杰数学工作室
已出版(即将出版)图书目录——初等数学

书　名	出版时间	定　价	编号
三正弦不等式	2018—09	98.00	974
函数方程与不等式:解法与稳定性结果	2019—04	68.00	1058
数学不等式.第1卷,对称多项式不等式	2022—05	78.00	1455
数学不等式.第2卷,对称有理不等式与对称无理不等式	2022—05	88.00	1456
数学不等式.第3卷,循环不等式与非循环不等式	2022—05	88.00	1457
数学不等式.第4卷,Jensen不等式的扩展与加细	2022—05	88.00	1458
数学不等式.第5卷,创建不等式与解不等式的其他方法	2022—05	88.00	1459
同余理论	2012—05	38.00	163
[x]与{x}	2015—04	48.00	476
极值与最值.上卷	2015—06	28.00	486
极值与最值.中卷	2015—06	38.00	487
极值与最值.下卷	2015—06	28.00	488
整数的性质	2012—11	38.00	192
完全平方数及其应用	2015—08	78.00	506
多项式理论	2015—10	88.00	541
奇数、偶数、奇偶分析法	2018—01	98.00	876
不定方程及其应用.上	2018—12	58.00	992
不定方程及其应用.中	2019—01	78.00	993
不定方程及其应用.下	2019—02	98.00	994
历届美国中学生数学竞赛试题及解答(第一卷)1950—1954	2014—07	18.00	277
历届美国中学生数学竞赛试题及解答(第二卷)1955—1959	2014—04	18.00	278
历届美国中学生数学竞赛试题及解答(第三卷)1960—1964	2014—06	18.00	279
历届美国中学生数学竞赛试题及解答(第四卷)1965—1969	2014—04	28.00	280
历届美国中学生数学竞赛试题及解答(第五卷)1970—1972	2014—06	18.00	281
历届美国中学生数学竞赛试题及解答(第六卷)1973—1980	2017—07	18.00	768
历届美国中学生数学竞赛试题及解答(第七卷)1981—1986	2015—01	18.00	424
历届美国中学生数学竞赛试题及解答(第八卷)1987—1990	2017—05	18.00	769
历届中国数学奥林匹克试题集(第3版)	2021—10	58.00	1440
历届加拿大数学奥林匹克试题集	2012—08	38.00	215
历届美国数学奥林匹克试题集:1972~2019	2020—04	88.00	1135
历届波兰数学竞赛试题集.第1卷,1949~1963	2015—03	18.00	453
历届波兰数学竞赛试题集.第2卷,1964~1976	2015—03	18.00	454
历届巴尔干数学奥林匹克试题集	2015—05	38.00	466
保加利亚数学奥林匹克	2014—10	38.00	393
圣彼得堡数学奥林匹克试题集	2015—01	38.00	429
匈牙利奥林匹克数学竞赛题解.第1卷	2016—05	28.00	593
匈牙利奥林匹克数学竞赛题解.第2卷	2016—05	28.00	594
历届美国数学邀请赛试题集(第2版)	2017—10	78.00	851
普林斯顿大学数学竞赛	2016—06	38.00	669
亚太地区数学奥林匹克竞赛题	2015—07	18.00	492
日本历届(初级)广中杯数学竞赛试题及解答.第1卷(2000~2007)	2016—05	28.00	641
日本历届(初级)广中杯数学竞赛试题及解答.第2卷(2008~2015)	2016—05	38.00	642
越南数学奥林匹克题选:1962—2009	2021—07	48.00	1370
360个数学竞赛问题	2016—08	58.00	677
奥数最佳实战题.上卷	2017—06	38.00	760
奥数最佳实战题.下卷	2017—05	58.00	761
哈尔滨市早期中学数学竞赛试题汇编	2016—07	28.00	672
全国高中数学联赛试题及解答:1981—2019(第4版)	2020—07	138.00	1176
2021年全国高中数学联合竞赛模拟题集	2021—04	30.00	1302
20世纪50年代全国部分城市数学竞赛试题汇编	2017—07	28.00	797

刘培杰数学工作室
已出版(即将出版)图书目录——初等数学

书　名	出版时间	定　价	编号
国内外数学竞赛题及精解:2018~2019	2020—08	45.00	1192
国内外数学竞赛题及精解:2019~2020	2021—11	58.00	1439
许康华竞赛优学精选集.第一辑	2018—08	68.00	949
天问叶班数学问题征解100题.Ⅰ,2016—2018	2019—05	88.00	1075
天问叶班数学问题征解100题.Ⅱ,2017—2019	2020—07	98.00	1177
美国初中数学竞赛:AMC8准备(共6卷)	2019—07	138.00	1089
美国高中数学竞赛:AMC10准备(共6卷)	2019—08	158.00	1105
王连笑教你怎样学数学:高考选择题解题策略与客观题实用训练	2014—01	48.00	262
王连笑教你怎样学数学:高考数学高层次讲座	2015—02	48.00	432
高考数学的理论与实践	2009—08	38.00	53
高考数学核心题型解题方法与技巧	2010—01	28.00	86
高考思维新平台	2014—03	38.00	259
高考数学压轴题解题诀窍(上)(第2版)	2018—01	58.00	874
高考数学压轴题解题诀窍(下)(第2版)	2018—01	48.00	875
北京市五区文科数学三年高考模拟题详解:2013~2015	2015—08	48.00	500
北京市五区理科数学三年高考模拟题详解:2013~2015	2015—09	68.00	505
向量法巧解数学高考题	2009—08	28.00	54
高中数学课堂教学的实践与反思	2021—11	48.00	791
数学高考参考	2016—01	78.00	589
新课程标准高考数学解答题各种题型解法指导	2020—08	78.00	1196
全国及各省市高考数学试题审题要津与解法研究	2015—02	48.00	450
高中数学章节起始课的教学研究与案例设计	2019—05	28.00	1064
新课标高考数学——五年试题分章详解(2007~2011)(上、下)	2011—10	78.00	140,141
全国中考数学压轴题审题要津与解法研究	2013—04	78.00	248
新编全国及各省市中考数学压轴题审题要津与解法研究	2014—05	58.00	342
全国及各省市5年中考数学压轴题审题要津与解法研究(2015版)	2015—04	58.00	462
中考数学专题总复习	2007—04	28.00	6
中考数学较难题常考题型解题方法与技巧	2016—09	48.00	681
中考数学难题常考题型解题方法与技巧	2016—09	48.00	682
中考数学中档题常考题型解题方法与技巧	2017—08	68.00	835
中考数学选择填空压轴好题妙解365	2017—05	38.00	759
中考数学:三类重点考题的解法例析与习题	2020—04	48.00	1140
中小学数学的历史文化	2019—11	48.00	1124
初中平面几何百题多思创新解	2020—01	58.00	1125
初中数学中考备考	2020—01	58.00	1126
高考数学之九章演义	2019—08	68.00	1044
化学可以这样学:高中化学知识方法智慧感悟疑难辨析	2019—07	58.00	1103
如何成为学习高手	2019—09	58.00	1107
高考数学:经典真题分类解析	2020—04	78.00	1134
高考数学解答题破解策略	2020—11	58.00	1221
从分析解题过程学解题:高考压轴题与竞赛题之关系探究	2020—08	88.00	1179
教学新思考:单元整体视角下的初中数学教学设计	2021—03	58.00	1278
思维再拓展:2020年经典几何题的多解探究与思考	即将出版		1279
中考数学小压轴汇编初讲	2017—07	48.00	788
中考数学大压轴专题微言	2017—09	48.00	846
怎么解中考平面几何探索题	2019—06	48.00	1093
北京中考数学压轴题解题方法突破(第7版)	2021—11	68.00	1442
助你高考成功的数学解题智慧:知识是智慧的基础	2016—01	58.00	596
助你高考成功的数学解题智慧:错误是智慧的试金石	2016—04	58.00	643
助你高考成功的数学解题智慧:方法是智慧的推手	2016—04	68.00	657
高考数学奇思妙解	2016—04	38.00	610
高考数学解题策略	2016—05	48.00	670
数学解题泄天机(第2版)	2017—10	48.00	850

刘培杰数学工作室
已出版(即将出版)图书目录——初等数学

书　名	出版时间	定　价	编号
高考物理压轴题全解	2017—04	58.00	746
高中物理经典问题25讲	2017—05	28.00	764
高中物理教学讲义	2018—01	48.00	871
高中物理教学讲义:全模块	2022—03	98.00	1492
高中物理答疑解惑65篇	2021—11	48.00	1462
中学物理基础问题解析	2020—08	48.00	1183
2016年高考文科数学真题研究	2017—04	58.00	754
2016年高考理科数学真题研究	2017—04	78.00	755
2017年高考理科数学真题研究	2018—01	58.00	867
2017年高考文科数学真题研究	2018—01	48.00	868
初中数学、高中数学脱节知识补缺教材	2017—06	48.00	766
高考数学小题抢分必练	2017—10	48.00	834
高考数学核心素养解读	2017—09	38.00	839
高考数学客观题解题方法和技巧	2017—10	38.00	847
十年高考数学精品试题审题要津与解法研究	2021—10	98.00	1427
中国历届高考数学试题及解答.1949—1979	2018—01	38.00	877
历届中国高考数学试题及解答.第二卷,1980—1989	2018—10	28.00	975
历届中国高考数学试题及解答.第三卷,1990—1999	2018—10	48.00	976
数学文化与高考研究	2018—03	48.00	882
跟我学解高中数学题	2018—07	58.00	926
中学数学研究的方法及案例	2018—05	58.00	869
高考数学抢分技能	2018—07	68.00	934
高一新生常用数学方法和重要数学思想提升教材	2018—06	38.00	921
2018年高考数学真题研究	2019—01	68.00	1000
2019年高考数学真题研究	2020—05	88.00	1137
高考数学全国卷六道解答题常考题型解题诀窍:理科(全2册)	2019—07	78.00	1101
高考数学全国卷16道选择、填空题常考题型解题诀窍.理科	2018—09	88.00	971
高考数学全国卷16道选择、填空题常考题型解题诀窍.文科	2020—01	88.00	1123
新课程标准高中数学各种题型解法大全.必修一分册	2021—06	58.00	1315
高中数学一题多解	2019—06	58.00	1087
历届中国高考数学试题及解答:1917—1999	2021—08	98.00	1371
2000～2003年全国及各省市高考数学试题及解答	2022—05	88.00	1499
突破高原:高中数学解题思维探究	2021—08	48.00	1375
高考数学中的"取值范围"	2021—10	48.00	1429
新课程标准高中数学各种题型解法大全.必修二分册	2022—01	68.00	1471

书　名	出版时间	定　价	编号
新编640个世界著名数学智力趣题	2014—01	88.00	242
500个最新世界著名数学智力趣题	2008—06	48.00	3
400个最新世界著名数学最值问题	2008—09	48.00	36
500个世界著名数学征解问题	2009—06	48.00	52
400个中国最佳初等数学征解老问题	2010—01	48.00	60
500个俄罗斯数学经典老题	2011—01	28.00	81
1000个国外中学物理好题	2012—04	48.00	174
300个日本高考数学题	2012—05	38.00	142
700个早期日本高考数学试题	2017—02	88.00	752
500个前苏联早期高考数学试题及解答	2012—05	28.00	185
546个早期俄罗斯大学生数学竞赛题	2014—03	38.00	285
548个来自美苏的数学好问题	2014—11	28.00	396
20所苏联著名大学早期入学试题	2015—02	18.00	452
161道德国工科大学生必做的微分方程习题	2015—05	28.00	469
500个德国工科大学生必做的高数习题	2015—06	28.00	478
360个数学竞赛问题	2016—08	58.00	677
200个趣味数学故事	2018—02	48.00	857
470个数学奥林匹克中的最值问题	2018—10	88.00	985
德国讲义日本考题.微积分卷	2015—04	48.00	456
德国讲义日本考题.微分方程卷	2015—04	38.00	457
二十世纪中叶中、英、美、日、法、俄高考数学试题精选	2017—06	38.00	783

刘培杰数学工作室
已出版(即将出版)图书目录——初等数学

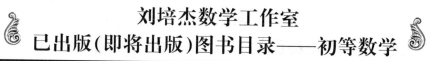

书　名	出版时间	定　价	编号
中国初等数学研究　2009卷(第1辑)	2009—05	20.00	45
中国初等数学研究　2010卷(第2辑)	2010—05	30.00	68
中国初等数学研究　2011卷(第3辑)	2011—07	60.00	127
中国初等数学研究　2012卷(第4辑)	2012—07	48.00	190
中国初等数学研究　2014卷(第5辑)	2014—02	48.00	288
中国初等数学研究　2015卷(第6辑)	2015—06	68.00	493
中国初等数学研究　2016卷(第7辑)	2016—04	68.00	609
中国初等数学研究　2017卷(第8辑)	2017—01	98.00	712
初等数学研究在中国.第1辑	2019—03	158.00	1024
初等数学研究在中国.第2辑	2019—10	158.00	1116
初等数学研究在中国.第3辑	2021—05	158.00	1306
初等数学研究在中国.第4辑	2022—06	158.00	1520
几何变换(Ⅰ)	2014—07	28.00	353
几何变换(Ⅱ)	2015—06	28.00	354
几何变换(Ⅲ)	2015—01	38.00	355
几何变换(Ⅳ)	2015—12	38.00	356
初等数论难题集(第一卷)	2009—05	68.00	44
初等数论难题集(第二卷)(上、下)	2011—02	128.00	82,83
数论概貌	2011—03	18.00	93
代数数论(第二版)	2013—08	58.00	94
代数多项式	2014—06	38.00	289
初等数论的知识与问题	2011—02	28.00	95
超越数论基础	2011—03	28.00	96
数论初等教程	2011—03	28.00	97
数论基础	2011—03	18.00	98
数论基础与维诺格拉多夫	2014—03	18.00	292
解析数论基础	2012—08	28.00	216
解析数论基础(第二版)	2014—01	48.00	287
解析数论问题集(第二版)(原版引进)	2014—05	88.00	343
解析数论问题集(第二版)(中译本)	2016—04	88.00	607
解析数论基础(潘承洞,潘承彪著)	2016—07	98.00	673
解析数论导引	2016—07	58.00	674
数论入门	2011—03	38.00	99
代数数论入门	2015—03	38.00	448
数论开篇	2012—07	28.00	194
解析数论引论	2011—03	48.00	100
Barban Davenport Halberstam 均值和	2009—01	40.00	33
基础数论	2011—03	28.00	101
初等数论100例	2011—05	18.00	122
初等数论经典例题	2012—07	18.00	204
最新世界各国数学奥林匹克中的初等数论试题(上、下)	2012—01	138.00	144,145
初等数论(Ⅰ)	2012—01	18.00	156
初等数论(Ⅱ)	2012—01	18.00	157
初等数论(Ⅲ)	2012—01	28.00	158

刘培杰数学工作室
已出版（即将出版）图书目录——初等数学

书　名	出版时间	定　价	编号
平面几何与数论中未解决的新老问题	2013—01	68.00	229
代数数论简史	2014—11	28.00	408
代数数论	2015—09	88.00	532
代数、数论及分析习题集	2016—11	98.00	695
数论导引提要及习题解答	2016—01	48.00	559
素数定理的初等证明．第2版	2016—09	48.00	686
数论中的模函数与狄利克雷级数(第二版)	2017—11	78.00	837
数论：数学导引	2018—01	68.00	849
范氏大代数	2019—02	98.00	1016
解析数学讲义．第一卷，导来式及微分、积分、级数	2019—04	88.00	1021
解析数学讲义．第二卷，关于几何的应用	2019—04	68.00	1022
解析数学讲义．第三卷，解析函数论	2019—04	78.00	1023
分析·组合·数论纵横谈	2019—04	58.00	1039
Hall 代数：民国时期的中学数学课本：英文	2019—08	88.00	1106
数学精神巡礼	2019—01	58.00	731
数学眼光透视(第2版)	2017—06	78.00	732
数学思想领悟(第2版)	2018—01	68.00	733
数学方法溯源(第2版)	2018—08	68.00	734
数学解题引论	2017—05	58.00	735
数学史话览胜(第2版)	2017—01	48.00	736
数学应用展观(第2版)	2017—08	68.00	737
数学建模尝试	2018—04	48.00	738
数学竞赛采风	2018—01	68.00	739
数学测评探营	2019—05	58.00	740
数学技能操握	2018—03	48.00	741
数学欣赏拾趣	2018—02	48.00	742
从毕达哥拉斯到怀尔斯	2007—10	48.00	9
从迪利克雷到维斯卡尔迪	2008—01	48.00	21
从哥德巴赫到陈景润	2008—05	98.00	35
从庞加莱到佩雷尔曼	2011—08	138.00	136
博弈论精粹	2008—03	58.00	30
博弈论精粹．第二版(精装)	2015—01	88.00	461
数学 我爱你	2008—01	28.00	20
精神的圣徒 别样的人生——60位中国数学家成长的历程	2008—09	48.00	39
数学史概论	2009—06	78.00	50
数学史概论(精装)	2013—03	158.00	272
数学史选讲	2016—01	48.00	544
斐波那契数列	2010—02	28.00	65
数学拼盘和斐波那契魔方	2010—07	38.00	72
斐波那契数列欣赏(第2版)	2018—08	58.00	948
Fibonacci 数列中的明珠	2018—06	58.00	928
数学的创造	2011—02	48.00	85
数学美与创造力	2016—01	48.00	595
数海拾贝	2016—01	48.00	590
数学中的美(第2版)	2019—04	68.00	1057
数论中的美学	2014—12	38.00	351

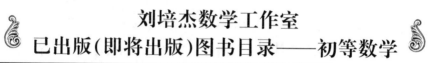

刘培杰数学工作室
已出版(即将出版)图书目录——初等数学

书 名	出版时间	定 价	编号
数学王者 科学巨人——高斯	2015－01	28.00	428
振兴祖国数学的圆梦之旅:中国初等数学研究史话	2015－06	98.00	490
二十世纪中国数学史料研究	2015－10	48.00	536
数字谜、数阵图与棋盘覆盖	2016－01	58.00	298
时间的形状	2016－01	38.00	556
数学发现的艺术:数学探索中的合情推理	2016－07	58.00	671
活跃在数学中的参数	2016－07	48.00	675
数海趣史	2021－05	98.00	1314
数学解题——靠数学思想给力(上)	2011－07	38.00	131
数学解题——靠数学思想给力(中)	2011－07	48.00	132
数学解题——靠数学思想给力(下)	2011－07	38.00	133
我怎样解题	2013－01	48.00	227
数学解题中的物理方法	2011－06	28.00	114
数学解题的特殊方法	2011－06	48.00	115
中学数学计算技巧(第2版)	2020－10	48.00	1220
中学数学证明方法	2012－01	58.00	117
数学趣题巧解	2012－03	28.00	128
高中数学教学通鉴	2015－05	58.00	479
和高中生漫谈:数学与哲学的故事	2014－08	28.00	369
算术问题集	2017－03	38.00	789
张教授讲数学	2018－07	38.00	933
陈永明实话实说数学教学	2020－04	68.00	1132
中学数学学科知识与教学能力	2020－06	58.00	1155
怎样把课讲好:大罕数学教学随笔	2022－03	58.00	1484
中国高考评价体系下高考数学探秘	2022－03	48.00	1487
自主招生考试中的参数方程问题	2015－01	28.00	435
自主招生考试中的极坐标问题	2015－04	28.00	463
近年全国重点大学自主招生数学试题全解及研究.华约卷	2015－02	38.00	441
近年全国重点大学自主招生数学试题全解及研究.北约卷	2016－05	38.00	619
自主招生数学解证宝典	2015－09	48.00	535
中国科学技术大学创新班数学真题解析	2022－03	48.00	1488
中国科学技术大学创新班物理真题解析	2022－03	58.00	1489
格点和面积	2012－07	18.00	191
射影几何趣谈	2012－04	28.00	175
斯潘纳尔引理——从一道加拿大数学奥林匹克试题谈起	2014－01	28.00	228
李普希兹条件——从几道近年高考数学试题谈起	2012－10	18.00	221
拉格朗日中值定理——从一道北京高考试题的解法谈起	2015－10	18.00	197
闵科夫斯基定理——从一道清华大学自主招生试题谈起	2014－01	28.00	198
哈尔测度——从一道冬令营试题的背景谈起	2012－08	28.00	202
切比雪夫逼近问题——从一道中国台北数学奥林匹克试题谈起	2013－04	38.00	238
伯恩斯坦多项式与贝齐尔曲面——从一道全国高中数学联赛试题谈起	2013－03	38.00	236
卡塔兰猜想——从一道普特南竞赛试题谈起	2013－06	18.00	256
麦卡锡函数和阿克曼函数——从一道前南斯拉夫数学奥林匹克试题谈起	2012－08	18.00	201
贝蒂定理与拉姆贝克莫斯尔定理——从一个拣石子游戏谈起	2012－08	18.00	217
皮亚诺曲线和豪斯道夫分球定理——从无限集谈起	2012－08	18.00	211
平面凸图形与凸多面体	2012－10	28.00	218
斯坦因豪斯问题——从一道二十五省市自治区中学数学竞赛试题谈起	2012－07	18.00	196

刘培杰数学工作室
已出版(即将出版)图书目录——初等数学

书 名	出版时间	定 价	编号
纽结理论中的亚历山大多项式与琼斯多项式——从一道北京市高一数学竞赛试题谈起	2012—07	28.00	195
原则与策略——从波利亚"解题表"谈起	2013—04	38.00	244
转化与化归——从三大尺规作图不能问题谈起	2012—08	28.00	214
代数几何中的贝祖定理(第一版)——从一道IMO试题的解法谈起	2013—08	18.00	193
成功连贯理论与约当块理论——从一道比利时数学竞赛试题谈起	2012—04	18.00	180
素数判定与大数分解	2014—08	18.00	199
置换多项式及其应用	2012—10	18.00	220
椭圆函数与模函数——从一道美国加州大学洛杉矶分校(UCLA)博士资格考题谈起	2012—10	28.00	219
差分方程的拉格朗日方法——从一道2011年全国高考理科试题的解法谈起	2012—08	28.00	200
力学在几何中的一些应用	2013—01	38.00	240
从根式解到伽罗华理论	2020—01	48.00	1121
康托洛维奇不等式——从一道全国高中联赛试题谈起	2013—03	28.00	337
西格尔引理——从一道第18届IMO试题的解法谈起	即将出版		
罗斯定理——从一道前苏联数学竞赛试题谈起	即将出版		
拉克斯定理和阿廷定理——从一道IMO试题的解法谈起	2014—01	58.00	246
毕卡大定理——从一道美国大学数学竞赛试题谈起	2014—07	18.00	350
贝齐尔曲线——从一道全国高中联赛试题谈起	即将出版		
拉格朗日乘子定理——从一道2005年全国高中联赛试题的高等数学解法谈起	2015—05	28.00	480
雅可比定理——从一道日本数学奥林匹克试题谈起	2013—04	48.00	249
李天岩—约克定理——从一道波兰数学竞赛试题谈起	2014—06	28.00	349
整系数多项式因式分解的一般方法——从克朗耐克算法谈起	即将出版		
布劳维不动点定理——从一道前苏联数学奥林匹克试题谈起	2014—01	38.00	273
伯恩赛德定理——从一道英国数学奥林匹克试题谈起	即将出版		
布查特—莫斯特定理——从一道上海市初中竞赛试题谈起	即将出版		
数论中的同余数问题——从一道普特南竞赛试题谈起	即将出版		
范·德蒙行列式——从一道美国数学奥林匹克试题谈起	即将出版		
中国剩余定理:总数法构建中国历史年表	2015—01	28.00	430
牛顿程序与方程求根——从一道全国高考试题解法谈起	即将出版		
库默尔定理——从一道IMO预选试题谈起	即将出版		
卢丁定理——从一道冬令营试题的解法谈起	即将出版		
沃斯滕霍姆定理——从一道IMO预选试题谈起	即将出版		
卡尔松不等式——从一道莫斯科数学奥林匹克试题谈起	即将出版		
信息论中的香农熵——从一道近年高考压轴题谈起	即将出版		
约当不等式——从一道希望杯竞赛试题谈起	即将出版		
拉比诺维奇定理	即将出版		
刘维尔定理——从一道《美国数学月刊》征解问题的解法谈起	即将出版		
卡塔兰恒等式与级数求和——从一道IMO试题的解法谈起	即将出版		
勒让德猜想与素数分布——从一道爱尔兰竞赛试题谈起	即将出版		
天平称重与信息论——从一道基辅市数学奥林匹克试题谈起	即将出版		
哈密尔顿—凯莱定理:从一道高中数学联赛试题的解法谈起	2014—09	18.00	376
艾思特曼定理——从一道CMO试题的解法谈起	即将出版		

刘培杰数学工作室
已出版(即将出版)图书目录——初等数学

书　　名	出版时间	定　价	编号
阿贝尔恒等式与经典不等式及应用	2018－06	98.00	923
迪利克雷除数问题	2018－07	48.00	930
幻方、幻立方与拉丁方	2019－08	48.00	1092
帕斯卡三角形	2014－03	18.00	294
蒲丰投针问题——从2009年清华大学的一道自主招生试题谈起	2014－01	38.00	295
斯图姆定理——从一道"华约"自主招生试题的解法谈起	2014－01	18.00	296
许瓦兹引理——从一道加利福尼亚大学伯克利分校数学系博士生试题谈起	2014－08	18.00	297
拉姆塞定理——从王诗宬院士的一个问题谈起	2016－04	48.00	299
坐标法	2013－12	28.00	332
数论三角形	2014－04	38.00	341
毕克定理	2014－07	18.00	352
数林掠影	2014－09	48.00	389
我们周围的概率	2014－10	38.00	390
凸函数最值定理:从一道华约自主招生题的解法谈起	2014－10	28.00	391
易学与数学奥林匹克	2014－10	38.00	392
生物数学趣谈	2015－01	18.00	409
反演	2015－01	28.00	420
因式分解与圆锥曲线	2015－01	18.00	426
轨迹	2015－01	28.00	427
面积原理:从常庚哲命的一道CMO试题的积分解法谈起	2015－01	48.00	431
形形色色的不动点定理:从一道28届IMO试题谈起	2015－01	38.00	439
柯西函数方程:从一道上海交大自主招生的试题谈起	2015－02	28.00	440
三角恒等式	2015－02	28.00	442
无理性判定:从一道2014年"北约"自主招生试题谈起	2015－01	38.00	443
数学归纳法	2015－03	18.00	451
极端原理与解题	2015－04	28.00	464
法雷级数	2014－08	18.00	367
摆线族	2015－01	38.00	438
函数方程及其解法	2015－05	38.00	470
含参数的方程和不等式	2012－09	28.00	213
希尔伯特第十问题	2016－01	38.00	543
无穷小量的求和	2016－01	28.00	545
切比雪夫多项式:从一道清华大学金秋营试题谈起	2016－01	38.00	583
泽肯多夫定理	2016－03	38.00	599
代数等式证题法	2016－01	28.00	600
三角等式证题法	2016－01	28.00	601
吴大任教授藏书中的一个因式分解公式:从一道美国数学邀请赛试题的解法谈起	2016－06	28.00	656
易卦——类万物的数学模型	2017－08	68.00	838
"不可思议"的数与数系可持续发展	2018－01	38.00	878
最短线	2018－01	38.00	879
幻方和魔方(第一卷)	2012－05	68.00	173
尘封的经典——初等数学经典文献选读(第一卷)	2012－07	48.00	205
尘封的经典——初等数学经典文献选读(第二卷)	2012－07	38.00	206
初级方程式论	2011－03	28.00	106
初等数学研究(Ⅰ)	2008－09	68.00	37
初等数学研究(Ⅱ)(上、下)	2009－05	118.00	46,47

刘培杰数学工作室
 已出版(即将出版)图书目录——初等数学

书　　名	出版时间	定　价	编号
趣味初等方程妙题集锦	2014－09	48.00	388
趣味初等数论选美与欣赏	2015－02	48.00	445
耕读笔记(上卷):一位农民数学爱好者的初数探索	2015－04	28.00	459
耕读笔记(中卷):一位农民数学爱好者的初数探索	2015－05	28.00	483
耕读笔记(下卷):一位农民数学爱好者的初数探索	2015－05	28.00	484
几何不等式研究与欣赏.上卷	2016－01	88.00	547
几何不等式研究与欣赏.下卷	2016－01	48.00	552
初等数列研究与欣赏·上	2016－01	48.00	570
初等数列研究与欣赏·下	2016－01	48.00	571
趣味初等函数研究与欣赏.上	2016－09	48.00	684
趣味初等函数研究与欣赏.下	2018－09	48.00	685
三角不等式研究与欣赏	2020－10	68.00	1197
新编平面解析几何解题方法研究与欣赏	2021－10	78.00	1426
火柴游戏(第2版)	2022－05	38.00	1493
智力解谜.第1卷	2017－07	38.00	613
智力解谜.第2卷	2017－07	38.00	614
故事智力	2016－07	48.00	615
名人们喜欢的智力问题	2020－01	48.00	616
数学大师的发现、创造与失误	2018－01	48.00	617
异曲同工	2018－09	48.00	618
数学的味道	2018－01	58.00	798
数学千字文	2018－10	68.00	977
数贝偶拾——高考数学题研究	2014－04	28.00	274
数贝偶拾——初等数学研究	2014－04	38.00	275
数贝偶拾——奥数题研究	2014－04	48.00	276
钱昌本教你快乐学数学(上)	2011－12	48.00	155
钱昌本教你快乐学数学(下)	2012－03	58.00	171
集合、函数与方程	2014－01	28.00	300
数列与不等式	2014－01	38.00	301
三角与平面向量	2014－01	28.00	302
平面解析几何	2014－01	38.00	303
立体几何与组合	2014－01	28.00	304
极限与导数、数学归纳法	2014－01	38.00	305
趣味数学	2014－03	28.00	306
教材教法	2014－04	68.00	307
自主招生	2014－05	58.00	308
高考压轴题(上)	2015－01	48.00	309
高考压轴题(下)	2014－10	68.00	310
从费马到怀尔斯——费马大定理的历史	2013－10	198.00	I
从庞加莱到佩雷尔曼——庞加莱猜想的历史	2013－10	298.00	II
从切比雪夫到爱尔特希(上)——素数定理的初等证明	2013－07	48.00	III
从切比雪夫到爱尔特希(下)——素数定理100年	2012－12	98.00	III
从高斯到盖尔方特——二次域的高斯猜想	2013－10	198.00	IV
从库默尔到朗兰兹——朗兰兹猜想的历史	2014－01	98.00	V
从比勃巴赫到德布朗斯——比勃巴赫猜想的历史	2014－02	298.00	VI
从麦比乌斯到陈省身——麦比乌斯变换与麦比乌斯带	2014－02	298.00	VII
从布尔到豪斯道夫——布尔方程与格论漫谈	2013－10	198.00	VIII
从开普勒到阿诺德——三体问题的历史	2014－05	298.00	IX
从华林到华罗庚——华林问题的历史	2013－10	298.00	X

刘培杰数学工作室
已出版(即将出版)图书目录——初等数学

书　　名	出版时间	定　价	编号
美国高中数学竞赛五十讲.第1卷(英文)	2014-08	28.00	357
美国高中数学竞赛五十讲.第2卷(英文)	2014-08	28.00	358
美国高中数学竞赛五十讲.第3卷(英文)	2014-09	28.00	359
美国高中数学竞赛五十讲.第4卷(英文)	2014-09	28.00	360
美国高中数学竞赛五十讲.第5卷(英文)	2014-10	28.00	361
美国高中数学竞赛五十讲.第6卷(英文)	2014-11	28.00	362
美国高中数学竞赛五十讲.第7卷(英文)	2014-12	28.00	363
美国高中数学竞赛五十讲.第8卷(英文)	2015-01	28.00	364
美国高中数学竞赛五十讲.第9卷(英文)	2015-01	28.00	365
美国高中数学竞赛五十讲.第10卷(英文)	2015-02	38.00	366
三角函数(第2版)	2017-04	38.00	626
不等式	2014-01	38.00	312
数列	2014-01	38.00	313
方程(第2版)	2017-04	38.00	624
排列和组合	2014-01	28.00	315
极限与导数(第2版)	2016-04	38.00	635
向量(第2版)	2018-08	58.00	627
复数及其应用	2014-08	28.00	318
函数	2014-01	38.00	319
集合	2020-01	48.00	320
直线与平面	2014-01	28.00	321
立体几何(第2版)	2016-04	38.00	629
解三角形	即将出版		323
直线与圆(第2版)	2016-11	38.00	631
圆锥曲线(第2版)	2016-09	48.00	632
解题通法(一)	2014-07	38.00	326
解题通法(二)	2014-07	38.00	327
解题通法(三)	2014-05	38.00	328
概率与统计	2014-01	28.00	329
信息迁移与算法	即将出版		330
IMO 50年.第1卷(1959-1963)	2014-11	28.00	377
IMO 50年.第2卷(1964-1968)	2014-11	28.00	378
IMO 50年.第3卷(1969-1973)	2014-09	28.00	379
IMO 50年.第4卷(1974-1978)	2016-04	38.00	380
IMO 50年.第5卷(1979-1984)	2015-04	38.00	381
IMO 50年.第6卷(1985-1989)	2015-04	58.00	382
IMO 50年.第7卷(1990-1994)	2016-01	48.00	383
IMO 50年.第8卷(1995-1999)	2016-06	38.00	384
IMO 50年.第9卷(2000-2004)	2015-04	58.00	385
IMO 50年.第10卷(2005-2009)	2016-01	48.00	386
IMO 50年.第11卷(2010-2015)	2017-03	48.00	646

刘培杰数学工作室
已出版(即将出版)图书目录——初等数学

书 名	出版时间	定 价	编号
数学反思(2006—2007)	2020—09	88.00	915
数学反思(2008—2009)	2019—01	68.00	917
数学反思(2010—2011)	2018—05	58.00	916
数学反思(2012—2013)	2019—01	58.00	918
数学反思(2014—2015)	2019—03	78.00	919
数学反思(2016—2017)	2021—03	58.00	1286
历届美国大学生数学竞赛试题集.第一卷(1938—1949)	2015—01	28.00	397
历届美国大学生数学竞赛试题集.第二卷(1950—1959)	2015—01	28.00	398
历届美国大学生数学竞赛试题集.第三卷(1960—1969)	2015—01	28.00	399
历届美国大学生数学竞赛试题集.第四卷(1970—1979)	2015—01	18.00	400
历届美国大学生数学竞赛试题集.第五卷(1980—1989)	2015—01	28.00	401
历届美国大学生数学竞赛试题集.第六卷(1990—1999)	2015—01	28.00	402
历届美国人学生数学竞赛试题集.第七卷(2000—2009)	2015—08	18.00	403
历届美国大学生数学竞赛试题集.第八卷(2010—2012)	2015—01	18.00	404
新课标高考数学创新题解题诀窍:总论	2014—09	28.00	372
新课标高考数学创新题解题诀窍:必修1~5分册	2014—08	38.00	373
新课标高考数学创新题解题诀窍:选修2—1,2—2,1—1,1—2分册	2014—09	38.00	374
新课标高考数学创新题解题诀窍:选修2—3,4—4,4—5分册	2014—09	18.00	375
全国重点大学自主招生英文数学试题全攻略:词汇卷	2015—07	48.00	410
全国重点大学自主招生英文数学试题全攻略:概念卷	2015—01	28.00	411
全国重点大学自主招生英文数学试题全攻略:文章选读卷(上)	2016—09	38.00	412
全国重点大学自主招生英文数学试题全攻略:文章选读卷(下)	2017—01	58.00	413
全国重点大学自主招生英文数学试题全攻略:试题卷	2015—07	38.00	414
全国重点大学自主招生英文数学试题全攻略:名著欣赏卷	2017—03	48.00	415
劳埃德数学趣题大全.题目卷.1:英文	2016—01	18.00	516
劳埃德数学趣题大全.题目卷.2:英文	2016—01	18.00	517
劳埃德数学趣题大全.题目卷.3:英文	2016—01	18.00	518
劳埃德数学趣题大全.题目卷.4:英文	2016—01	18.00	519
劳埃德数学趣题大全.题目卷.5:英文	2016—01	18.00	520
劳埃德数学趣题大全.答案卷:英文	2016—01	18.00	521
李成章教练奥数笔记.第1卷	2016—01	48.00	522
李成章教练奥数笔记.第2卷	2016—01	48.00	523
李成章教练奥数笔记.第3卷	2016—01	38.00	524
李成章教练奥数笔记.第4卷	2016—01	38.00	525
李成章教练奥数笔记.第5卷	2016—01	38.00	526
李成章教练奥数笔记.第6卷	2016—01	38.00	527
李成章教练奥数笔记.第7卷	2016—01	38.00	528
李成章教练奥数笔记.第8卷	2016—01	48.00	529
李成章教练奥数笔记.第9卷	2016—01	28.00	530

刘培杰数学工作室

已出版(即将出版)图书目录——初等数学

书　名	出版时间	定　价	编号
第19～23届"希望杯"全国数学邀请赛试题审题要津详细评注(初一版)	2014—03	28.00	333
第19～23届"希望杯"全国数学邀请赛试题审题要津详细评注(初二、初三版)	2014—03	38.00	334
第19～23届"希望杯"全国数学邀请赛试题审题要津详细评注(高一版)	2014—03	28.00	335
第19～23届"希望杯"全国数学邀请赛试题审题要津详细评注(高二版)	2014—03	38.00	336
第19～25届"希望杯"全国数学邀请赛试题审题要津详细评注(初一版)	2015—01	38.00	416
第19～25届"希望杯"全国数学邀请赛试题审题要津详细评注(初二、初三版)	2015—01	58.00	417
第19～25届"希望杯"全国数学邀请赛试题审题要津详细评注(高一版)	2015—01	48.00	418
第19～25届"希望杯"全国数学邀请赛试题审题要津详细评注(高二版)	2015—01	48.00	419
物理奥林匹克竞赛大题典——力学卷	2014—11	48.00	405
物理奥林匹克竞赛大题典——热学卷	2014—04	28.00	339
物理奥林匹克竞赛大题典——电磁学卷	2015—07	48.00	406
物理奥林匹克竞赛大题典——光学与近代物理卷	2014—06	28.00	345
历届中国东南地区数学奥林匹克试题集(2004～2012)	2014—06	18.00	346
历届中国西部地区数学奥林匹克试题集(2001～2012)	2014—07	18.00	347
历届中国女子数学奥林匹克试题集(2002～2012)	2014—08	18.00	348
数学奥林匹克在中国	2014—06	98.00	344
数学奥林匹克问题集	2014—01	38.00	267
数学奥林匹克不等式散论	2010—06	38.00	124
数学奥林匹克不等式欣赏	2011—09	38.00	138
数学奥林匹克超级题库(初中卷上)	2010—01	58.00	66
数学奥林匹克不等式证明方法和技巧(上、下)	2011—08	158.00	134,135
他们学什么:原民主德国中学数学课本	2016—09	38.00	658
他们学什么:英国中学数学课本	2016—09	38.00	659
他们学什么:法国中学数学课本.1	2016—09	38.00	660
他们学什么:法国中学数学课本.2	2016—09	28.00	661
他们学什么:法国中学数学课本.3	2016—09	38.00	662
他们学什么:苏联中学数学课本	2016—09	28.00	679
高中数学题典——集合与简易逻辑·函数	2016—07	48.00	647
高中数学题典——导数	2016—07	48.00	648
高中数学题典——三角函数·平面向量	2016—07	48.00	649
高中数学题典——数列	2016—07	58.00	650
高中数学题典——不等式·推理与证明	2016—07	38.00	651
高中数学题典——立体几何	2016—07	48.00	652
高中数学题典——平面解析几何	2016—07	78.00	653
高中数学题典——计数原理·统计·概率·复数	2016—07	48.00	654
高中数学题典——算法·平面几何·初等数论·组合数学·其他	2016—07	68.00	655

刘培杰数学工作室
已出版(即将出版)图书目录——初等数学

书 名	出版时间	定 价	编号
台湾地区奥林匹克数学竞赛试题.小学一年级	2017—03	38.00	722
台湾地区奥林匹克数学竞赛试题.小学二年级	2017—03	38.00	723
台湾地区奥林匹克数学竞赛试题.小学三年级	2017—03	38.00	724
台湾地区奥林匹克数学竞赛试题.小学四年级	2017—03	38.00	725
台湾地区奥林匹克数学竞赛试题.小学五年级	2017—03	38.00	726
台湾地区奥林匹克数学竞赛试题.小学六年级	2017—03	38.00	727
台湾地区奥林匹克数学竞赛试题.初中一年级	2017—03	38.00	728
台湾地区奥林匹克数学竞赛试题.初中二年级	2017—03	38.00	729
台湾地区奥林匹克数学竞赛试题.初中三年级	2017—03	28.00	730
不等式证题法	2017—04	28.00	747
平面几何培优教程	2019—08	88.00	748
奥数鼎级培优教程.高一分册	2018—09	88.00	749
奥数鼎级培优教程.高二分册.上	2018—04	68.00	750
奥数鼎级培优教程.高二分册.下	2018—04	68.00	751
高中数学竞赛冲刺宝典	2019—04	68.00	883
初中尖子生数学超级题典.实数	2017—07	58.00	792
初中尖子生数学超级题典.式、方程与不等式	2017—08	58.00	793
初中尖子生数学超级题典.圆、面积	2017—08	38.00	794
初中尖子生数学超级题典.函数、逻辑推理	2017—08	48.00	795
初中尖子生数学超级题典.角、线段、三角形与多边形	2017—07	58.00	796
数学王子——高斯	2018—01	48.00	858
坎坷奇星——阿贝尔	2018—01	48.00	859
闪烁奇星——伽罗瓦	2018—01	58.00	860
无穷统帅——康托尔	2018—01	48.00	861
科学公主——柯瓦列夫斯卡娅	2018—01	48.00	862
抽象代数之母——埃米·诺特	2018—01	48.00	863
电脑先驱——图灵	2018—01	58.00	864
昔日神童——维纳	2018—01	48.00	865
数坛怪侠——爱尔特希	2018—01	68.00	866
传奇数学家徐利治	2019—09	88.00	1110
当代世界中的数学.数学思想与数学基础	2019—01	38.00	892
当代世界中的数学.数学问题	2019—01	38.00	893
当代世界中的数学.应用数学与数学应用	2019—01	38.00	894
当代世界中的数学.数学王国的新疆域(一)	2019—01	38.00	895
当代世界中的数学.数学王国的新疆域(二)	2019—01	38.00	896
当代世界中的数学.数林撷英(一)	2019—01	38.00	897
当代世界中的数学.数林撷英(二)	2019—01	48.00	898
当代世界中的数学.数学之路	2019—01	38.00	899

刘培杰数学工作室
已出版(即将出版)图书目录——初等数学

书　名	出版时间	定　价	编号
105 个代数问题:来自 AwesomeMath 夏季课程	2019－02	58.00	956
106 个几何问题:来自 AwesomeMath 夏季课程	2020－07	58.00	957
107 个几何问题:来自 AwesomeMath 全年课程	2020－07	58.00	958
108 个代数问题:来自 AwesomeMath 全年课程	2019－01	68.00	959
109 个不等式:来自 AwesomeMath 夏季课程	2019－04	58.00	960
国际数学奥林匹克中的 110 个几何问题	即将出版		961
111 个代数和数论问题	2019－05	58.00	962
112 个组合问题:来自 AwesomeMath 夏季课程	2019－05	58.00	963
113 个几何不等式:来自 AwesomeMath 夏季课程	2020－08	58.00	964
114 个指数和对数问题:来自 AwesomeMath 夏季课程	2019－09	48.00	965
115 个三角问题:来自 AwesomeMath 夏季课程	2019－09	58.00	966
116 个代数不等式:来自 AwesomeMath 全年课程	2019－04	58.00	967
117 个多项式问题:来自 AwesomeMath 夏季课程	2021－09	58.00	1409

书　名	出版时间	定　价	编号
紫色彗星国际数学竞赛试题	2019－02	58.00	999
数学竞赛中的数学:为数学爱好者、父母、教师和教练准备的丰富资源.第一部	2020－04	58.00	1141
数学竞赛中的数学:为数学爱好者、父母、教师和教练准备的丰富资源.第二部	2020－07	48.00	1142
和与积	2020－10	38.00	1219
数论:概念和问题	2020－12	68.00	1257
初等数学问题研究	2021－03	48.00	1270
数学奥林匹克中的欧几里得几何	2021－10	68.00	1413
数学奥林匹克题解新编	2022－01	58.00	1430

书　名	出版时间	定　价	编号
澳大利亚中学数学竞赛试题及解答(初级卷)1978～1984	2019－02	28.00	1002
澳大利亚中学数学竞赛试题及解答(初级卷)1985～1991	2019－02	28.00	1003
澳大利亚中学数学竞赛试题及解答(初级卷)1992～1998	2019－02	28.00	1004
澳大利亚中学数学竞赛试题及解答(初级卷)1999～2005	2019－02	28.00	1005
澳大利亚中学数学竞赛试题及解答(中级卷)1978～1984	2019－03	28.00	1006
澳大利亚中学数学竞赛试题及解答(中级卷)1985～1991	2019－03	28.00	1007
澳大利亚中学数学竞赛试题及解答(中级卷)1992～1998	2019－03	28.00	1008
澳大利亚中学数学竞赛试题及解答(中级卷)1999～2005	2019－03	28.00	1009
澳大利亚中学数学竞赛试题及解答(高级卷)1978～1984	2019－05	28.00	1010
澳大利亚中学数学竞赛试题及解答(高级卷)1985～1991	2019－05	28.00	1011
澳大利亚中学数学竞赛试题及解答(高级卷)1992～1998	2019－05	28.00	1012
澳大利亚中学数学竞赛试题及解答(高级卷)1999～2005	2019－05	28.00	1013

书　名	出版时间	定　价	编号
天才中小学生智力测验题.第一卷	2019－03	38.00	1026
天才中小学生智力测验题.第二卷	2019－03	38.00	1027
天才中小学生智力测验题.第三卷	2019－03	38.00	1028
天才中小学生智力测验题.第四卷	2019－03	38.00	1029
天才中小学生智力测验题.第五卷	2019－03	38.00	1030
天才中小学生智力测验题.第六卷	2019－03	38.00	1031
天才中小学生智力测验题.第七卷	2019－03	38.00	1032
天才中小学生智力测验题.第八卷	2019－03	38.00	1033
天才中小学生智力测验题.第九卷	2019－03	38.00	1034
天才中小学生智力测验题.第十卷	2019－03	38.00	1035
天才中小学生智力测验题.第十一卷	2019－03	38.00	1036
天才中小学生智力测验题.第十二卷	2019－03	38.00	1037
天才中小学生智力测验题.第十三卷	2019－03	38.00	1038

刘培杰数学工作室
已出版(即将出版)图书目录——初等数学

书　名	出版时间	定　价	编号
重点大学自主招生数学备考全书:函数	2020—05	48.00	1047
重点大学自主招生数学备考全书:导数	2020—08	48.00	1048
重点大学自主招生数学备考全书:数列与不等式	2019—10	78.00	1049
重点大学自主招生数学备考全书:三角函数与平面向量	2020—08	68.00	1050
重点大学自主招生数学备考全书:平面解析几何	2020—07	58.00	1051
重点大学自主招生数学备考全书:立体几何与平面几何	2019—08	48.00	1052
重点大学自主招生数学备考全书:排列组合·概率统计·复数	2019—09	48.00	1053
重点大学自主招生数学备考全书:初等数论与组合数学	2019—08	48.00	1054
重点大学自主招生数学备考全书:重点大学自主招生真题.上	2019—04	68.00	1055
重点大学自主招生数学备考全书:重点大学自主招生真题.下	2019—04	58.00	1056
高中数学竞赛培训教程:平面几何问题的求解方法与策略.上	2018—05	68.00	906
高中数学竞赛培训教程:平面几何问题的求解方法与策略.下	2018—06	78.00	907
高中数学竞赛培训教程:整除与同余以及不定方程	2018—01	88.00	908
高中数学竞赛培训教程:组合计数与组合极值	2018—04	48.00	909
高中数学竞赛培训教程:初等代数	2019—04	78.00	1042
高中数学讲座:数学竞赛基础教程(第一册)	2019—06	48.00	1094
高中数学讲座:数学竞赛基础教程(第二册)	即将出版		1095
高中数学讲座:数学竞赛基础教程(第三册)	即将出版		1096
高中数学讲座:数学竞赛基础教程(第四册)	即将出版		1097
新编中学数学解题方法1000招丛书.实数(初中版)	2022—05	58.00	1291
新编中学数学解题方法1000招丛书.式(初中版)	2022—05	48.00	1292
新编中学数学解题方法1000招丛书.方程与不等式(初中版)	2021—04	58.00	1293
新编中学数学解题方法1000招丛书.函数(初中版)	2022—05	38.00	1294
新编中学数学解题方法1000招丛书.角(初中版)	2022—05	48.00	1295
新编中学数学解题方法1000招丛书.线段(初中版)	2022—05	48.00	1296
新编中学数学解题方法1000招丛书.三角形与多边形(初中版)	2021—04	48.00	1297
新编中学数学解题方法1000招丛书.圆(初中版)	2022—05	48.00	1298
新编中学数学解题方法1000招丛书.面积(初中版)	2021—07	28.00	1299
高中数学题典精编.第一辑.函数	2022—01	58.00	1444
高中数学题典精编.第一辑.导数	2022—01	68.00	1445
高中数学题典精编.第一辑.三角函数·平面向量	2022—01	68.00	1446
高中数学题典精编.第一辑.数列	2022—01	58.00	1447
高中数学题典精编.第一辑.不等式·推理与证明	2022—01	58.00	1448
高中数学题典精编.第一辑.立体几何	2022—01	58.00	1449
高中数学题典精编.第一辑.平面解析几何	2022—01	68.00	1450
高中数学题典精编.第一辑.统计·概率·平面几何	2022—01	58.00	1451
高中数学题典精编.第一辑.初等数论·组合数学·数学文化·解题方法	2022—01	58.00	1452

联系地址:哈尔滨市南岗区复华四道街 10 号　哈尔滨工业大学出版社刘培杰数学工作室
网　　址:http://lpj.hit.edu.cn/
邮　　编:150006
联系电话:0451—86281378　　13904613167
E-mail:lpj1378@163.com